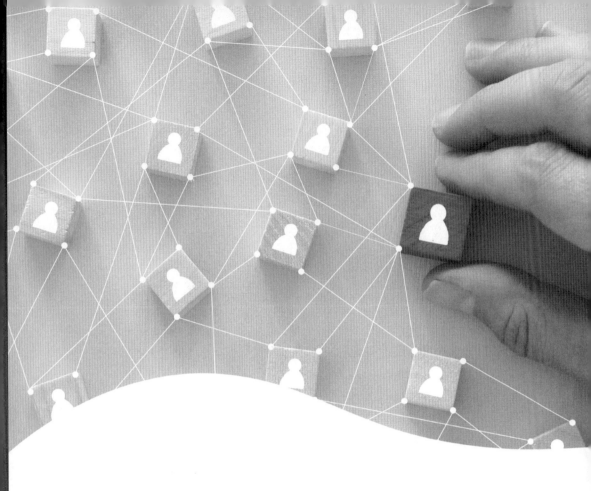

管理與人生

五南圖書出版公司 印行

推薦人

白崇亮

臺灣奧美整合行銷傳播集團董事長

張序

　　《管理與人生》這本書，是陳澤義教授在臺北大學、東華大學、銘傳大學教學授課將近二十年的心血結晶。陳教授是位胸懷「寧靜以致遠，淡泊以明志」的學者，對人事物的觀察，有獨到的洞察力。他持守「學問知識要為生活服務」的理念，強調理論知識並不侷限在學問研究上，更可以活用到日常生活中，常常將管理理論、組織行為或行銷學理，應用在生活行動中，並以周遭人物的實例來講解，常獲得很好的回應。

　　因此，陳教授繼《美好人生是管理出來的》和《影響力是通往世界的窗戶》二書之後，繼續將課堂中曾提及的故事與例證，有系統的整理成管理中的規劃、組織與決策、領導、協調與控制的完整架構，並增添許多新知，完成《管理與人生》一書，期盼能夠更廣泛的影響大學學子和社會人士。

　　管理與人生中，經營人生版圖的五個順序：在人生規劃上要先記錄生活，再記憶生命；在組織決策上要先理性學習，再熱情學習；在領導群倫上要先檢視關係，再領導關係；在溝通協調上要先溝通認同，再協調差異；在生活控制上要先自我升值，再自我升職，這是個人由衷的基本理念。

　　本書各篇章以「生活漫步」為開端，先來一段心靈省思的對話，再來是「問得好」，問個好問題，發人深省，也畫龍點睛的提示全章要點，繼而以一兩句話總結全章，使讀者快速提綱挈領。並經由「三國小啟思」的人物故事啟發，提升讀者的閱讀興致。本書更臚列許多則小故事，各個故事篇幅字數都極為簡化，容易閱讀吸收，在各個章節中，具承轉上下文的效果。這些小故事，不僅略帶幽默，也感人肺腑，值得多方回味。

　　在資訊混亂、匆忙的十倍速社會中，這本小書可以使你在很短的時間

中，透過系統化思考，迅速整理思緒，掌握管理脈絡和生活本質，在人生生活漫步中，管理好自己，特別在此向您推薦。

　　陳澤義教授是我在國立交通大學經營管理研究所博士班時指導的學生，日前接獲陳教授的邀請，為本書作序，感到十分榮幸。也期許澤義教授在教學和研究上，都能有更好的成績，是以樂為之序。

張保隆

逢甲大學講座教授兼校長

杜序

　　領導學大師John Maxwell說得好：「不是管理你的時間，而是管理你的生命！」的確，一個人能夠好好管理自己的生命，就掌握了個人生命的方向，一個人能活出方向，就能產生影響力，一個能夠產生影響力的人，就能夠活出意義，大概就不枉費一生了。

　　人的一生也許都在尋找自己，為自己的存在找到定位，但可惜的是，許多人忙忙碌碌卻不知道方向，許多人汲汲營營卻失去了生命的真價值，而渾渾噩噩的度過了一生。《在深夜遇見蘇格拉底》一書的作者說：「我發現在我人生的許多年，其實是睡著了的，只不過當時夢見自己是醒著的。」人生，最重要的一件事，其實就是遇見自己，並且好好負責任的發掘自己的潛能，讓自己成為一份生命的禮物，一份給自己、給朋友、給你周遭的人的一份禮物。

　　陳澤義教授的《管理與人生》這樣的一本書，正好提供你一本人生CEO管理的教戰守則。它可以幫助你掌握你的人生藍圖，發揮上帝給你的天賦才幹，做你人生的CEO。這是一本好書，特別向你推薦。

杜明翰

台灣世界展望會會長
前臺灣微軟總經理

四版序

　　這樣一本「管理與人生」通識教育的書，能夠在三年後四版，對於作者而言，不啻是最大的鼓勵，這顯示出當前有關「管理與人生」的各種課題，廣受各界重視。我們特別感謝在這段時間內，學者專家及讀者們對於本書四版所提出的諸多寶貴意見。在這次改版上，我們做出較大幅度的改變，茲說明於後：

　　首先，我們在各章節一開始，分別設置管理開場或管理亮點的說明案例，共四十多個。搭配原有各章的三國啟思十五則，期能透過古今中外管理名人親身經歷的現身說法，以各節起始個案的角色，鋪陳開啟各章節的內文章節。

　　再者，第九章領導力的內涵與第十章啟動你的領導力，係由麥肯錫管理顧問公司發想，再經由作者調整修正內容，四版則做大幅改寫內容，使論述深度更加完整紮實。

　　三者，將原有第五章的終身學習的奧祕中，重新整章改寫。即原有第五章的學習方法和倍增學習法則，全面加以改寫內容。此外，重寫第四節：網路資訊社會的終身學習，期使論述更能夠適應當前網路社會。

　　四者，將原有第一章「使命第一」、第二章「培養環境洞察力」、第七章「你的決策品質」、第十二章「有效的連結」、第十三章「衝突帶出機會」，共五章的內容，予以整篇大幅改寫，使得內容更加簡潔有力，容易閱讀。

此外，在章節多處均增添若干提綱性文字，期能綱舉目張，並調整若干例證內容，使「管理與人生」一書更貼近時代脈動和章節重點。同時，更在多處章節文字上，予以潤飾修正，使說明更加流暢、容易閱讀。最後，謹將本書獻給　上帝，作者並祈望學者專家先進與各界讀者能繼續給予指教，是幸。

陳澤義

識於國立臺北大學
國際企業研究所
2022.6

自序

　　《管理與人生》一書，就有如一本「如何成功」的武林祕笈，透過由淺入深的講解鋪陳，讓原本模糊不清的概念與方法，能夠獲得清晰的脈絡。其中的知識，集各樣管理學理之大成，可使讀者快速掌握並釐清人生脈絡，進而在工作和家庭生活中，成為絕佳的教戰手策。

　　本書是有系統的應用管理學理，活用在人生管理上的教戰守則。管理是「房舍之下誰當官，方圓百里誰做王」的會意字。管理不僅適用在企業管理，更能管理人生，做自己的主人。透過管理學理來管理生活，當能過一平安、快樂的人生歲月，誠為本書特色。

撰寫本書的三個目的

　　個人在臺北大學、東華大學、銘傳大學授課教學已逾二十寒暑，個人深信「管理理論與日常生活不可分」，管理知識理當能夠活用在日常生活領域，個人經常在大學專業課程上分享，管理學不僅可以應用在企業經營上，並可實踐在人生生活面，藉此鼓勵年輕學子，活用管理學理，擴展寬廣視野與胸襟，進而管理時間、人際關係、感情生活、工作物質，此廣獲學生好評，回響不斷，學生們都表示受益良多。

　　後來，個人忝為國立臺北大學通識教育中心主任，並且開設「管理與美好人生」通識課程，透過將管理學理有系統的應用在個人生活層面，來幫助年輕學子走出徬徨、茫然的迷霧，進而成為「感恩惜福、與人和好」的幸福人生，這也成為我在通識教學上的一大願景，個人期許能在通識教育上，協助大學生如何與父母和好，如何不放棄自己，也如何有效管理時間。因著此一理念，個人遂將「管理與美好人生」通識課程的授課內容，加以有系統的整理編輯，完成此本《管理與人生》教科書，此為個人完成

此書的第一個目的。

我完成這一本教科書的第二個目的是，期望能夠有系統地提供個人生活中，日常生活所需的管理知識。至於有系統的生活管理「知識（knowledge）」，係指將能夠傳諸名山、承傳後世，禁得起歲月考驗的正確「理論（theory）」或「定律（law）」，經由有效編纂整理而獲得的成果。此應非大學生或年輕人在網際網路上，互相下載轉錄的消息「情報（message）」所能及，蓋因情報係針對某一特定情境所撰述，不同情境應加以調整修正，同時情報的正確性仍有待驗證。亦非是個人經驗色彩濃厚的「資訊（information）」或「資料（data）」，如谷歌（Google）或雅虎上所搜尋得到的所謂「知識」解答所能及。其中資訊為經由初步整理的資料，資料則是尚未整理好的文字或數字，而此兩者的正確性亦有待反覆印證。

至於第三個目的是，影響大學生工作事業、家庭生活上的成敗，除專業學科訓練外，亦需要生活管理的知識。大學生或社會青年十分需要有系統的掌握，關於人生管理的基要原則。因此，大學生需要先回答下列問題：

「我怎樣發揮自己所長？」「我怎樣把握機會擴張能力優勢？」「我怎樣具有合宜的學習態度？」「我怎樣才能持續成長？」「在團體中我怎樣演好自己的角色？」甚至是更直接的問題，如：

「我畢業後要從事何種的工作？」「我需不需要遠赴大陸工作？」「我如今應不應當換工作？」「我要不要結婚？」「我該不該生小孩？」「我怎樣做出對的決定？」這些皆是很基本，卻又非常重要的決定。

此時，若是能有人生管理羅盤來指引方向，便有大用。於是，作為大學教授，本於教學使命，遂不揣淺陋，著書出版。

本書的漫步色彩

希臘哲學家亞里斯多德，創設「逍遙」學派，並提出「逍遙漫步」，強調在日常生活中領悟真理，在平日逍遙漫步中切磋學識，能夠活用各種學理，應用在日常生活中。因此，在生活管理中，即能活用管理學

理，應用在日常生活領域中，達到「管理也可以生活」的境地。

　　生活中漫步乃是「慢步」生活，即能持定正確方向，不疾不徐的生活，擺脫時下的忙、盲、茫的困境，優雅度日。生活中漫步亦是「曼步」生活，即以快樂的內心，展現曼波般的獨特舞步，擺脫制式的僵化思維，選你所愛、愛你所選的過活。

　　管理的內涵包括上層的規劃層面，中層的組織層面、決策層面、領導層面、協調層面，以及底層的控制層面。是以本書區分成「成功策略框架」、「你的軟實力」、「生命領航員」、「人脈巧實力」共四個篇章。從而以本書人生管理的內涵，即包括「I Dream」、「I Do」、「We Link」、「We Win」四者，代表人生管理的各個層面，即先求適應環境，再謀建立能力，繼以領導群倫，最後能回應目標，終底於成，如圖A-1所示。準此，期許大學生抱持「漫步」心態，掌握人生管理核心環節，跨越外界環境迷霧，自由自在走向世界。此對於現今的大學莘莘學子和社會新鮮人，當有深刻意涵。

　　本書由此處出發，推演本書的基本架構：以環境管理的規劃作業為根基起點，透過能力管理的組織與決策作業，為地基預備，搭配領導管理的

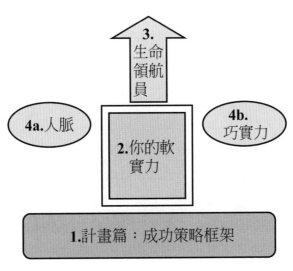

圖A-1　本書的基本架構

領導關鍵作業，以成就變革管理的協調與控制作業的永續發展。

《管理與人生》一書共四篇十五章四十八節，在各章節內容安排上，係先來一段三國小啟思，透過三國歷史人物來啟思本章要義；緊接著是一句「問得好！」以簡要發問，使讀者深思本節內容要義；再來是各節的「生活漫步」開場案例，如詩如畫般呈現本章意旨；再來就是「正文」內容，透過言簡意賅、深入淺出方式，鋪陳本節內容，中間更適時節錄「重要鑰句」或插入小故事，來畫龍點睛本節要句；最後是名人「智慧語錄」的總結；各章亦附有作業供讀者演練之用。本書係專供「管理與生活」、「生活管理」、「人生管理」、「管理與生活智慧」、「企業組織與行為」等通識課程教科用書或參考用書。

另在本書中不免會接觸到「天」或「神」的概念，在這裡，基督教或天主教意指上帝，回教意指阿拉，佛教意指佛或菩薩，道教意指神明或玉皇大帝，非任何特屬宗教或New Age思潮等，則以上天稱之。由於眾說紛紜，莫衷一是，本書全然接納各家宗教的論點，然為簡化且易於說明起見，在後面的敘述中，皆以「上帝」一詞概括承受與替代之。係由於全球中，基督教和天主教的信仰人口最多，以及作者個人的宗教信仰所致。在此作者尊重宗教多元價值，並無獨尊基督教或排斥其他宗教的意思，其他宗教信仰讀者敬請自行將上帝替換成為其他相關神祇的名稱，來閱讀相關文句即可，作者特此聲明。

感謝再感謝

《管理與人生》之得以順利完成，必須感謝國立臺北大學薛富井前校長與何志欽校長，穩定提供一個優質的教學與研究環境，以及校內同仁、學生的切磋。逢甲大學張保隆校長與台灣世界展望會杜明翰會長的賜序，使本書增色不少。再者，作者必須特別感謝愛妻彝璇這些日子以來的辛勞持家、鼓勵支持與愛心包容。誠如所羅門王《箴言》所云：「得著賢妻是得著好處，也是蒙了耶和華的恩惠。才德的婦人誰能得著，她的價值勝過珍珠。」最後，願將此書獻給上帝，和我親愛的家人：母親彩萍、結縭超

過三十年的妻子彝璇，以及兩個兒子迦樂、以樂，你們都是我的寶貝。此外，五南圖書楊士清總經理與王俐文副總編輯慨允出版；國立臺灣科技大學游紫雲講師在潤校文稿上的細心切實，作者一併衷心感謝。唯書中如有任何疏漏與缺失，應由作者負全責。最後，尚祈各界先進不吝指正，是感。

陳澤義

識於國立臺北大學
國際企業研究所

目錄

第一篇　成功策略框架：I Dream

第三篇　生命領航員：We Link

第四篇　人脈巧實力：We Win

圖目次

表目次

第一篇　成功策略框架：I Dream

我深深的相信，每個人都是帶著人生使命而來的，故使命當爲首，而由策略來導航。不管他的出身是多麼的富有與尊榮，或是多麼的平凡與不堪，一枝草一點露，天無絕人之路，一定會有一個角落爲他而留，也必定會有一些人需要他的付出。而我們都會在屬於自己的小小世界中，守著簡單的幸福，護著平凡的快樂，過著滿足的美滿，這就是美好人生。

　　「成功是得到你所想要的，而幸福卻是能夠喜歡你所得到的」。也就是等候一段色彩繽紛的花事，就是幸福；能夠在陽光下和喜愛的人一起散步，就是快樂；陪伴著一段冷暖自知的婚姻慢慢變老，就是美滿；美好人生必然是需要管理出來的。當然，也有些人會選擇在喧囂的世界中，以光彩奪目的腳步，划過這個世界，過一場高昂悲歡離合的流金歲月。

第一章 使命第一

【三國啟思：劉備的人生使命】

　　東漢末年，吏治不彰，宦官與外戚混亂朝政，導致天下大亂，戰事不斷，又以黃巾賊之亂爲著。**劉備**初識關羽和張飛，相談甚歡，後更道出個人對黃巾黨作亂降禍蒼生的憤怒感慨，意欲組織義勇軍征伐之，理念與關羽、張飛相同，三人遂於桃園結拜成異姓兄弟，史稱「劉關張桃園三結義」。此時劉備和關羽、張飛義結金蘭，情同手足，進而齊心爲復興漢室共同努力。

　　後來劉備舉兵鎮壓黃巾賊，屢立戰功，遂獲升遷任職平原相，左右助手關羽與張飛則分獲派任別部司馬，職統領兵馬軍。劉備、關羽、張飛三人情同手足，情深義重。終身以「討伐黃巾賊，復興漢室」爲人生使命，雖屢戰屢敗，唯仍不改其志。

1.1 目標導向的人生

【管理開場：比爾・蓋茲的微軟人生目標】

　　微軟（Microsoft）創辦人比爾・蓋茲（Bill Gates）出生於西雅圖，年幼時喜歡待在父親書房中閱讀，父親經常讀一本世界圖書百科全書給他聽。由於此書又大又笨重，不容易隨身攜帶，比爾・蓋茲遂想：「若是有本可以隨身攜帶的百科全書，那該有多好，那爸爸就可以隨時隨地講故事給我聽。」

　　有一次，戴爾泰勒牧師提出挑戰說：「誰能背完《聖經・馬太福音》第五章到第七章的內容，就可以到西雅圖太空塔餐廳用餐。」幾天後，11歲的比爾・蓋茲舉手，完整背完〈馬太福音〉耶穌登山寶訓的內容。

　　比爾・蓋茲在太空塔餐廳中用餐時，發想願景目標：「若是能開

創一種介面平台，直接和他人對話，那該有多好，那我就可以隨時隨地和我的好朋友聯繫。」

由於以上兩個願景目標，比爾・蓋茲後來創設微軟公司，開發「微」型電腦與作業「軟」體，啟動他的圓夢旅程。其中微型電腦可載入百科全書，作業軟體語言可和全球人士對話。

比爾・蓋茲說：「只要設定遠大目標並盡心盡力執行，在上帝面前，必然能夠完成想要完成的事【1-1】」，基於清晰的目標規劃，造就出卓越不凡的比爾・蓋茲。

進行個人目標規劃，需要同時考量事業、家庭、健康、社會四個層面，這正如一張椅子有四隻腳，一旦缺少一腳，椅子就容易傾倒。

【問得好】我希望三年後的我，能夠達成哪些目標？

1. 願景、使命與目標

人生宛如一條彎彎河流，從嬰孩時期奔流至老年，直到死時。這條人生河流會流經人生每個階段，會流過人生不同的事件，遇見不同的人事物。在這個時候，我們可以選擇留下（流入），也可以選擇跳過（流出），這是上帝給世間人的自由意志。而當我們選擇流入時，便開始和這個人或這個事件進行生命對話，經歷其間的酸甜苦辣，這就是我們人生中的生命故事。

每個人都有自己的生命故事，這些生命故事便構成人生的刻痕，也形塑現在的你我，要揭開這些生命故事，便是「管理與人生」所要探討的主題。首先，在人生的各個旅程，會有許多岔路，使我們難以抉擇。在這個時候的路標，正如天空中的太陽和北極星，以及地面上的山崗和河川，使我們不致迷路。因此，若能訂定若干人生目標，便有如在人生中設置路標，可指引旅人方向，不致上週向東、本週向西、下週向南、後來又向北，團團轉後仍留在原處，徒然耗費許多時日。因此，管理人生勢必需要

做好目標規劃。例如，當你大學畢業面對臺灣社會的大學生平均薪資28K水準，在30歲前，你即需要進行「目標規劃」，來滿足你在工作職涯和家庭婚姻目標上的追尋。

根據「願景、使命和目標」的原則，係一審慎的策略管理思維，其多半發展成「典型的（typical）」階梯式（stepwise）人生路徑（path），人生穩定成長而成果可期。至於崇尚自由的時下年輕人，也可能選擇「船到橋頭自然直」的原則，不設定願景、使命和目標，而全憑一時的直覺和衝勁來面對未來。在這種情況下，可能會有許多即興式行動，進而發展成「非典型的（non-typical）」跳躍式（jumping）人生路徑，人生可能大起大落而難以預期，甚至就此一蹶不振。

在目標規劃中，需要先有願景、使命與目標，故在此先說明願景、使命與目標三者：

(1) 願景

願景（**Vision**）是一種我們想要實現的理想或夢想。願景或稱視野，是在我們腦海中「預先看到未來的光景」的想像，是我們心智才幹的高品質呈現，它代表我們的夢想、期望、渴盼、願望與標竿焦點。

例如，我願意看到我的工作順遂，實現我的夢想；我願意看到我的兒女成群，圍繞桌前；我願意看到我的父母健在，我能在旁孝順等。當然，也可以訂定全球性的願景，如我希望擁抱和平、我希望尋得永恆、我希望追求平等與自由等。

(2) 使命

使命（**Mission**）是完成與落實夢想的方式，也可視為個人或企業存在的目的（**Purpose**），是經年累月長期持定的努力方向，直到願景實現為止。管理學之父彼得杜拉克說：「使命是管理活動的開始，使命必然居首。」告訴我們要將個人的生命願景，轉換成可執行的努力方向，使之能夠有效管理，是人生管理的重要開端。

例如，個人的使命是熱愛工作，敬業樂群；個人的使命是建立幸福美滿的家庭；個人的使命是孝順父母，使父母安享天年。同樣的，全球性的使命，如秦始皇興建萬里長城，防禦匈奴以擁抱和平；埃及法老

王建築埃及金字塔，以保肉身不滅直到永恆；紐約豎立自由女神像，象徵追求自由與平等的普世價值等。

願景與使命充滿高度內在驅力色彩，詳細內容請參見本書第六章第一節（找到你的天命願景）。此處先由具體的目標來說明。

(3) 目標

目標（**Goal**）意指在特定時間點所要達到的結果、成績或地點，是達成使命與願景的過程標竿。基於「成功是得到你所想要的人事物」，因此，達成你自己所設定的目標就是成功。成功並不是非要當董事長、住豪宅、娶美女；只要是你設定的目標，不管是出國壯遊、參加淨灘、單車環島、結婚生子、考上公職特考的目標，你都是成功的。在其中，目標包括兩個因素，即時間與空間因素，茲說明如下：

a. **時間因素**：即達成某一希望成果的特定時間點。此時即需制定明確的數字，代表某一特定時間點，從而我們能確認是否已如期達成所訂的目標。例如，我的目標是在三十歲的時候，賺到人生的「第一桶金」（指特定金額的財富）。我的目標是在三十歲的時候，生下第一個寶寶。我的目標是在五年後結婚等。

b. **空間因素**：即在某一時間點，所欲達成的目的地。此時的目的地或為成果水準、成績水準，或實際目的地處所皆可。唯同樣需要一明確數字，以表示特定的績效水準，從而我們能有所依循，進而自我審視是否已達成所訂的目標。

以上時間與空間的因素，實缺一不可。而此一目標，若是能夠妥善考量，甚至若能由上帝處獲得靈感，則是美事一樁。理由是我們立志行事，都會是上帝的能力在我們心裡運行，為要成就上帝的美好心意，更何況是沒有異象，民就放肆【1-2】。

在具體操作上，管理學之父彼得‧杜拉克（Peter Drucker）提出目標設定上的「SMART」原則，即目標要清楚明確、目標要可數量化、目標要可以達成、目標要有相關性、目標要有完成時間（圖1-1）。茲說明如下：

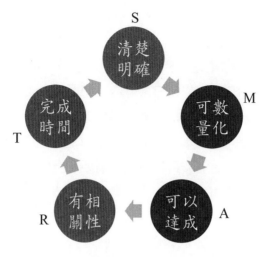

圖1-1 目標設定的SMART原則

a. **目標要清楚明確（Specific, S）**：目標首重清楚明確，需清晰不模糊。例如，我的目標是當上主任或組長，或如，我要考上律師；而非，我要成功，我要賺大錢，我要衣錦榮歸等。

b. **目標要可數量化（Measurable, M）**：目標要能夠數量化，必須要有明確數字。例如，我的目標是存到人生第一桶金100萬元，或如，我要年薪百萬；而非，我要擁有美好人生。

c. **目標要可以達成（Atainable, A）**：目標要能夠達成，要具有可行性。目標不能太簡單不具挑戰性，也不能太困難根本無法達成。例如，我的目標是要考上高普考，或如，我要結婚成家生子；而非，我要登陸火星。

d. **目標要有相關性（Relevant, R）**：目標設定要與現況相關，即要實際並且合乎現實狀，避免過於天馬行空，如此才能產生實現的動力。例如，我的目標是要薪水達到40K以上，或如，我要考上三張證照；而非，我要選總統。

e. **目標要有完成時間（Time-based, T）**：目標要有截止日期，設定完成期限。例如，我的目標是要三十歲前結婚成家，或如，我要五年後在新加坡工作；而非，我要環遊世界。

　　至於何者是目標，何者並非目標，更需加以釐清。以下接著說明的是，夢想和願望皆非目標。

　　基本上，夢想或願望是我們的想望，並不是目標。例如，某人想要飛上枝頭、想要工作升遷、想要日進斗金、想要神仙美眷、想要家庭美滿等。然而，上述的願望並非目標，理由是夢想或願望皆過於模糊不清；至於目標則是已有明確的數字水準，進而可以判定是否已經成就。例如，某人期望成為一位律師，此並非目標，他尚需要加上兩、三件事務將之轉換成為目標。例如，需要加上在兩年內就讀法律或法學等研究所，或是四年內考取律師高考等。

　　基於目標是一個有特定底線的夢想【1-3】，因此，夢想或願望需要限縮範圍至某個更明確的區域，再加上一個明確的時間點，即能成為一項目標。例如，我們夢想未來有一天要住在歐洲地區，但是歐洲地區範圍很大，它是一整個大陸板塊，故需要縮小範圍，成為一個國家、一個區域、一個州、或是一個城市，並且加入待完成的時間點。理由是唯有夢想的內容十分清晰，方能引導我們的內心朝向某特定目標移動，因此我們的夢想方能成真。又如某人夢想未來有一天要當上企業執行長（**Chief Executive Officer, CEO**），但是當CEO的範圍太大，它是一整個管理階層，需要縮小範圍，成為某一個行業、某一個地區、某一個部門，以及某個管理階層（如經理、副理、協理、襄理、主任等），方能使我們心力有一個著力點。

目標是一個有特定底線的夢想。

---

(4) 找到你的目標

　　若是你找不到你的人生目標，這個時候你需要去回答「我是誰」、「我要成為誰」、「為什麼我會在這裡」這三個問題，來拆解、發現你的人生目標，茲說明如下：

a. 「我是誰」：透過回答這樣的一個問題，釐清自己的身分，加強對

自我的認識深度。而試著進一步回答以下三個問題，相信你會更加認識「我是誰」，自己的人生目標也會逐漸被凸顯出來。

(a)在學校（班上或系學會）或社團中，你最常扮演的角色，以及被分配到的任務是什麼？

(b)什麼事情是你的好朋友告訴你許多次，你最擅長這件事？

(c)你做什麼事情的時候，時間會好像停下來凍結一般？

b. 「我要成為誰」：透過回答這樣的一個問題，界定自己的使命，進一步去釐清對自我的生命召喚與人生價值。而試著進一步回答以下三個問題，相信你會更加認識「你要成為誰」，你的生命召喚與人生價值也會逐漸被凸顯出來。

(a)有什麼事情是你如同孩提時代一般，你最想要做的事（What do you want）？

(b)什麼事情是如果你現在不去做它時，你會永遠後悔的事情？

(c)什麼事情是你最近一次因為對話、書本、電影等的啟發，感到興奮莫名的？

c. 「為什麼我會在這裡」：透過回答這樣的一個問題，尋回初心，找著回家的方向。這時候需要去問自己，我為什麼會在這樣一個地方落腳呢？藉此激發自我改變的動力。

(a)是不是貪圖眼前的短暫利益呢？

(b)是不是被一時的情慾所迷惑呢？

(c)是不是被無邊的恐懼所壓制呢？

(d)是不是有什麼特別的原因呢？

例如，國寶級廚師、烹飪節目製作人及主持人鄭衍基——「阿基師」所堅持的，他平常不敢隨便答應人或隨便訂目標，因為他一旦說出來的話，或訂定的目標，他都一定會用120%的努力，把它做到最好。他認為若是沒有辦法把事情做好，那就不要說，也用不著做，這就是真誠地做好每件事情、完成每件任務，達成具體目標。此時，他只有一件事要做，就是忘記背後，努力往前，向著標竿前進，便成為制定目標的美麗註腳。

　　例如，筆者向來秉持著「先成家後立業」的價值觀，堅持家庭優先於事業。而且堅信「沒有什麼樣的成功，能夠彌補家庭婚姻上的失敗」的信念。加以管理學的基本原則，管理就是要將最重要的事情，一直放在最重要的位置上，優先去做。因此，在28歲時雖然遭逢女友離棄，但半年後即行開始相親，積極將成家的婚姻大事放在最重要的位置上，並積極約會追求。果然，精誠所至，金石為開，我在30歲的那年即行結婚。那時我還是博士班的學生，沒錢的我則只能到溪頭和東海大學度蜜月，婚禮和婚宴也十分簡約。後來，我們繼續秉持家庭優先的原則，31歲時妻子生下大兒子，33歲時更生下二兒子，而直到34歲時我才取得博士學位，獲得加薪並有能力改善家中的經濟。

2. 管理

　　管理（**Management**）一詞，古書上即是「房舍之下誰當官，方圓百里誰做王」之會意詞。「管」字可分拆成「竹」和「官」二字；即是絲竹下之官長，古代的房舍是竹屋，伴隨茅草成房舍，此即「房舍之下誰當官」；再者「理」字可分拆成「王」和「里」二字；即是百里土地之君王也，古代以圓周百里作為面積計算的單位，故稱「方圓百里」，此即「方圓百里誰做王」。故管理的起始意涵即是主宰（Dominance）和統治（Govern）的象徵。更由於「管理者，管束之，使其具有條理也。」管理指管制和約束周遭的人事物，目的在使之條理分明、井然有序，發揮應有功能。為求有效管理，首需設定目標，此時管理上的目標規劃，即可派上用場，說明如下：

　　目標規劃法（**Objective Programming**）是為解決單一目標，以及多個目標並存的決策問題，而發展出的一種數學線性規劃科學管理方法。目標規劃法包括單目標規劃與多目標規劃，統稱目標規劃法【1-4】。目標規劃法係於1961年，由美國數學家查爾斯（Charnes）和庫柏（Cooper）所提出，最初係使用在軍事與運輸管理中。例如，為求同時達到運輸量最大和時間最短的雙重目標，軍事將領要如何運輸、調度部隊和輜重至目標地區。

在管理上，常會遇到多目標規劃的決策問題。例如，個人創業在制定銷售計畫時，不僅要考慮總利潤，而且要考慮市場占有率、銷售數量和產品品質等。甚至若干目標間更可能相互矛盾。如市場利潤可能與環境保護目標相衝突，生產數量可能與生產品質或交貨時間目標相矛盾。此時如何統籌兼顧多項目標，慎選合宜方案，是目標規劃的關鍵問題。

同樣理念可應用在生活管理上，因為人生要追求的目標通常不只一種，而是需要追求工作薪資收入、婚姻幸福美滿、身體健康長壽、造福貢獻社會等多元目標，也就是需要去追求一個豐富、美滿的平衡人生，此點出「多目標」規劃的必要性。

申言之，我們一生中有許多目標待追求，方能確保幸福、快樂與美滿。例如，若某人在工作上功成名就，有錢有權，但卻因身體不健康罹疾而英年早逝，豈不令人扼腕。或某人雖富可敵國，但卻夫妻感情不睦，子女不孝不成材，豈不心酸哀痛。又如某人雖婚姻美滿、身體硬朗，但卻長年工作無著，有志難伸，也是不完美，空留遺憾。

因為當我們欲施展理想抱負時，必然會涉及各種不同領域，必須在各領域中實現個人理想，此有如經濟體系中包括四個市場，即財貨市場、貨幣市場、勞動市場、外匯市場，經濟學者咸追求此四個市場的均衡發展。理由是上述市場間是連動發展，息息相關，而其中任何一個市場的興衰榮枯，都會影響牽動另外一個市場的發展動向。

相對於經濟體系的四個市場，我們亦有四個市場目標需要兼顧，即需在健康（生理）市場、愛情（家庭）市場、工作（事業）市場、社會（服務）市場中取得平衡，此即「美滿經濟學」的內涵。即追求幸福、快樂與美滿的人生，此即取決於如何在上述四個市場中平衡發展。

3. 達成目標之道

此時在各個市場中，如健康（生理）市場、愛情（家庭）市場、工作（事業）市場、社會（服務）市場，必定會有個別的生產作業活動，形成所謂的生產函數（**Production Function**）。亦即：

在健康（生理）方面，有健康生產函數$Q_{heal} = f_{heal}(L，K，T)$；

在愛情（家庭）方面，有愛情生產函數 $Q_{love} = f_{love}$（L，K，T）；

在工作（事業）方面，有工作生產函數 $Q_{work} = f_{work}$（L，K，T）；

在社會（服務）方面，有社會生產函數 $Q_{soci} = f_{soci}$（L，K，T）【1-5】。

其中，Q代表產出數量，L、K、T分別代表勞動、資本、時間的投入。在這個時候，如果我們想要獲得某種成果（產出），自然需要投出勞動努力、金錢資本、時間支出。此時即成為四個目標的多目標規劃問題，此四方面即組成美滿人生的內涵。

例如，若是我們想要擁有愛情，那自然需要投入勞動、金錢與時間，藉由愛情生產函數（**Love Production Function**），用心用情討好對方，花費金錢約會、花費時間陪伴對方。許多人在結婚數年後婚姻觸礁，此一現象泰半源於未能持續一如婚前熱戀，經常陪伴約會，此時只需運用愛情生產函數學理，用心生產愛情，便可回復往日的甜蜜戀情。

因此，想要達成目標之道無他，唯其用心而已。要怎麼收穫先那麼栽，投入足夠的付出、努力，就會有相對等的產出。經營美滿人生更是如此。

4. 目標的平衡發展

經濟學中的**帕雷托最適**（**Pareto Optimum**）是平衡、美滿人生的最佳註腳【1-6】。其中的帕雷托最適狀態是指若是再增加某一方面的生產或消費活動，必定會減少另一方面效用的情形。帕雷托最適係以在經濟效率和收入分配領域中，提出此概念的義大利經濟學家帕雷托（Pareto）來命名。

復基於**短期生產力不變**（**Productivity Unchanged in the Short Run**）的原則，我們的生產效率在短期間之內不會明顯增加【1-7】。因此，若是增加某一市場（如事業）的工作量，必然會排擠到其他市場的可用時間。申言之，因為我們的時間都是二十四個小時，當我們若是多「生產愛情」的時候，自然在短時間內需要減少「生產工作」或「生產社會」，才能重新恢復平衡。若是我們執意同時增加愛情生產、工作生產、社會生產三者時，自然必須壓縮或犧牲晚上睡眠的時間，此舉自然會減少「生產健康」，結果是疾病找上門的機會增加，甚至是罹患癌症等重症，危及生命

安全。

　　基本上，「管理」是美好人生的基石，故需要妥善運用目標規劃，妥善管理時間，將工作之餘的時間經營家庭市場、健康市場和社會市場，用心生產愛情、生產健康、生產社會服務，期能發揮應有功能；當然，亦需妥善管理上班時間，經營工作（事業）市場，創造高生產力，不輕言加班，方能確保有效運作其他三個市場，此係維繫管理與生活的重要法則。

　　總言之，人生管理的目的即是回應上帝在創世紀中對人類的賜福，即要生養眾多，遍滿地面，治理這地，也要管理海裡的魚、空中的鳥，和地上各式各樣行動的活物【1-8】。

【智慧語錄】

　　我的人生哲學是工作，我要揭示大自然的奧祕，並以此為人類造福。我們在世的短暫的一生中，我不知道還有什麼比這種服務更好的了。

── 發明家，愛迪生（Thomas A. Edison）

　　要有生活目標，一輩子的目標，一段時期的目標，一個階段的目標，一年的目標，一個月的目標，一個星期的目標，一天的目標，一個小時的目標，一分鐘的目標。

── 文學家，托爾斯泰（Tolstoy）

1.2 幸福快樂的生活

【管理亮點：陶淵明的幸福人生】

　　東晉著名詩人**陶淵明**，年輕時曾擔任江州祭酒及彭澤縣令等職務，但內心抱持他人不得恣意侵犯的為人處事原則，即「不為五斗米折腰」，憤而辭官回鄉。陶淵明並未懷憂喪志，反倒是樂在田園之中。田園生活遂成為陶氏作詩重要題材，後人稱他為「田園詩人」。其中膾炙人口的〈飲酒詩〉：「結廬在人境，而無車馬喧。問君何能爾，心遠地自偏。采菊東籬下，悠然見南山。山氣日夕佳，飛鳥相與還。此中有真意，欲辨已忘言。」陶淵明原本可以享有榮華富貴、衣食不缺，然因陶

淵明無法苟同當時官場政治的腐敗惡劣風氣，因此推辭不仕。陶淵明勇敢做自己，快樂徜徉田園山水間，盡享吟詩作對樂趣，浸染於幸福目標中，令人稱羨。

幸福有若青春小鳥，愈是要抓取，小鳥就飛得愈遠；然而若是停下來，小鳥就會停在我們的身上。

【問得好】你在什麼場合時會覺得自己很幸福？

「成功是得到你所想要的人事物，而幸福卻是能夠喜歡你所得到或擁有的人事物。」在許多電視、電影或童話故事的結尾，通常會明示或暗示：「從此王子與公主過著幸福快樂的生活。」這不啻告訴我們，幸福和快樂是我們內心夢寐以求的人生光景。因此，以下兩節便分別探討幸福和快樂的兩個人生管理主題，好使我們能夠擁有幸福快樂的美好人生。

1. 幸福

在達成個別市場目標時，除了達成數量目標外，更需注重品質上幸福感受。否則即令名利雙收、家庭美滿、身體健康、服務社會俱佳，但依然無幸福感受，豈不哀哉。換言之，達成數量與品質目標的幸福感受，實為人生美滿的雙腳，缺一不可，不容偏廢。

幸福像隻青春小鳥，若拼命抓取，小鳥會愈飛愈高，抓都抓不到；若我們成天追捕幸福，幸福就會離我們遠去。而當我們停下腳步時，幸福的青春小鳥就會停下來，且停在我們的頭上。

其實，幸福其實就在我們身邊，只要肯留心，停下腳步，回頭理一理心思，幸福就在我們四周，幸福並沒有離去。

當我們留心四周平常事物，如清晨散步、黃昏慢跑，還有鄰居的相互問安；學習作畫、跳舞，甚至發現新的棋譜、蒔花或食物調味方法，獲得快樂與滿足，這是幸福，需要我們花時間培養。以達到我們無論在什麼景況都可以知足，有衣有食就能知足【1-9】的美好境界。

(1) 幸福的中文意義

幸福的「福」字，左邊是「神」的部首「示」字，右邊是「一口田」的筆順，故眞正的幸福是接受並且享有「神賜一口田」的福氣，因爲敬虔加上知足的心便是大吉大利。而當我們全然接受神給的那一口田，而覺得很有價值時，屬於我們的那一份幸福自然就會留存下來，因爲基於我們內心最深處都是希望被接納、被欣賞和被自己尊重。

例如，接受自己的身高、體重和長相；接受原生家庭和居住場所；接受現在學業成績和工作業績實情；甚至是接受工作被炒魷魚或女友情變劈腿，這些都是幸福的開端。因爲唯有先能夠腳踩實地，才能再度躍起，接受現在的事實，永遠是開啟幸福人生的鎖鑰。

(2) 幸福的英文字義

幸福（Well-Being; Eudemonia）的英文是「Well-Being」，字義上是「好的（Well）」加上「所是（Being）」的合體字。也就是能夠看見自我所是的美好。其中，「所是（Being）」是指上帝所給予的一切，如長相、出身、智能高低等；而非「所爲（Doing）」的自我努力行動。幸福即是能將上帝所給予的一切，都看成是美好。申言之，幸福是一種處於精神上和物質上都和諧美善（Well），且當事人能夠自我滿足（being）的心理狀態。心靈上的幸福感是主要的、最高的善；而追求幸福則是身心靈尋求美善的務實活動。從而幸福具有雙重性，說明如下：

第一，和諧美善性（Well）。即是由亞里斯多德的「目的論」觀點而論，幸福是指所有事物達成和諧美善的終極目標，此爲一切文明工藝活動的目的所在。幸福即是最終極、最高級的目的，也就是最後、最高的善（Good），故達成目標會增加目標幸福感。

第二，知覺滿足性（Being）。即是當事人主觀滿意目前所處的狀態，「知足常樂」，爲心中知足所衍生的滿足感和快樂感受。此時是主觀感受到自身的需要、條件和活動皆處於和諧，或是對慾望已經滿足的生活狀態。

從而具備幸福感的人，較容易克服困境，得到快樂，獲致希望，成就

美滿生活。當人們發現自己能夠符合人性的基本特質時，擁有好奇心、具有想像力、進取心、社交性、助人心、關愛心、競爭心、嬉戲心，從而使生活生動，富饒樂趣，生命找到價值，獲得認可，幸福感會自然升高。

例如，出生在澳洲墨爾本的力克‧胡哲（Nicholas James），罹患先天性四肢切斷症（海豹肢症），天生沒有四肢。但他的父母因著看見自我所是的美好，接受上帝的安排，接受力克身體缺陷的事實，正向積極面對人生。因為力克和他的父母都只看自己所擁有的，而不去看自己所沒有的。力克不僅完成大學學業、結婚生子，更創辦「沒有四肢的生命（Life Without Limbs）」組織，鼓勵世人人生不要自我設限，這就是幸福人生的眞諦。

> 眞正的幸福是接受並享有「神賜一口田」的福氣。

2. 幸福的三大元素

正向心理學之父賽利格曼（Seligman）指出，快樂、希望和美滿的感受，是直接導致你對自己或他人，進行幸福行動的三大要素內涵。這是因為緬懷過去和活在當下所產生的快樂歡愉感受，足能生發幸福的體會；而擁抱未來前景所產生的希望情懷感受，則是滋生幸福的溫床；同時內心的美滿憧憬，則是使幸福行動能夠持續的內在驅動力。在其中，快樂和希望的態度，代表短期下的情境，其中快樂是對現在的關照，而希望則是對未來的期許；至於美滿的憧憬代表長期下的堅定。故快樂、希望和美滿三者當可完整的表示態度的時空各個層面，具備表達上互斥和周延的效果。以下扼要說明快樂、希望和美滿的意涵如下：

> 幸福三大元素是「快樂」、「希望」、「美滿」。

(1) 快樂

快樂（Happy）的英文名詞「Happiness」，係來自於冰島文中的「Happ」，或古挪威語的「Hap」，原意指「好運」或「機運」而言。至於和「Happ」有關的字根，則是「偶然（Haphazard）」和「偶發事件（Happen）」等字。從而，突然而來的好運才是使人感受到真正快樂的方式。所表現出來的就是「改善時刻」、「情況好轉」時，所產生強烈的快樂知覺感受，這是瞬間即逝的。如喜獲麟兒的父母親、衝線得勝的運動員，或得知運彩彩券中獎的剎那。然而，此種「改善時刻」、「情況好轉」並非一蹴可幾，經常發生的。從而在今日，世人愈來愈擁有財富和地位，然而內心卻仍然不開心，也不快樂。因此，快樂的追求即需要從內心上學習「轉念」，創造在內心上的「改善時刻」、「情況好轉」情境，獲得隨時能夠從心底快樂起來，創就「常常喜樂」的具體功效。

申言之，快樂（Happiness）的意義為「個人一種即時幸福滿足的狀態，一個心理愉悅的滿意經驗」。析言之，快樂來自於「助人為快樂之本」、「有朋自遠方來，不亦悅乎」、「美景美食之享受歡樂」、「知足常樂」、「心滿意足」、「心想事成」的快樂，其當以此為基準，殆無庸置疑。此時即是人們的心中順從態度，表現出主觀上滿意他人，這一切活動內容或服務時內心滿足的心情。理由是人們接受這一個事物是符合個人期望的，期望能夠實現更是一件十分快樂的事情。因此，個人就直接順著周遭活動的內容來解讀，產生不假思索的順從態度。

快樂更是滿足，是一種滿意感受（Satisfaction）。這時，我們要對這現況的「一口田」感到滿意，我們需要先事前調整自己的「心想」（就是調整自己的知覺期望），來搭配現實環境中所出現的「事成」（就是自己的知覺品質）。如此即會出現賓果（就是確認）的情形，進而產生「滿意」的快樂結局。俗話說：「心想事成」，也就是要先「心想」（知覺期望降低），再加上要「事成」（知覺品質提高），這樣就能確認，即滿意現狀，並且接受並享有這一口田的快

樂。這就是管理學中滿意度的期望確認模式（Expectancy-Confirmation Model），由奧立佛（Oliver）所提出【1-10】。其中「知覺期望」就是「心想」；「知覺品質」就是「事成」；「確認」就是「心想事成」；而「滿意」就是「快樂」。圖1-2說明期望確認模式。

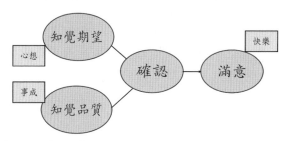

資料來源：整理自 Oliver（1980）。

圖1-2　期望確認模式

(2) 希望

希望（Hope）的性情被定義為一般的期望，懷有正面希望的人，感認為在生活中會發生好事而非壞事，有如「Hop」跳躍般的跳出現實環境。即正面希望的樂觀人士會對未來有好的期待，負面希望的悲觀人士則是想著未來有壞事發生。並且相較於悲觀者而言，樂觀者會有較多信心認為他們的能力可以達成目標或是避免阻礙，他們會較擅長於辨別適合的目標，以及把握去追求目標。析言之，希望係來自於「人活著就有希望」、「留得青山在，不怕沒柴燒」、「往好處去想」、「期待雲破日出，黑夜終將過去」、「明天必然會更好」的期望。此時即是個人心中認同的態度，並且表現出覺得該事務標的很有價值的看法。理由是個人認同這一個事物是符合成本效益的，且效益大於成本，是一個十分划算的交易。因此，個人就能夠認同周遭事務的內容，產生心中接受的認同態度。

快樂更是未來價值，是一種知覺價值感受（Perceived Value）。這時，我們要對未來的「一口田」感到希望，我們需要先事前調整自己的「大碗」（就是自己的知覺品質），並降低現實環境中所需要感受

的「俗」（就是調整自己的知覺價格）。如此即會出現知覺價值（就是希望很大）的結果，進而產生「價值」的希望結局。俗話說：「俗擱大碗（臺語發音）」，也就是要先「大碗」（知覺品質提高），再加上要「俗」（知覺價格降低），這樣就能充滿希望，並且追求並預約一口田的希望。這就是管理學中知覺價值模式（Perceived Value Model），由史威尼（Sweeney）所提出【1-11】。其中「知覺品質」就是「大碗」；「知覺價格」就是「俗」；「知覺價值」就是「俗擱大碗」；而「知覺價值」愈高，就愈有「希望」。圖1-3說明知覺價值模式。

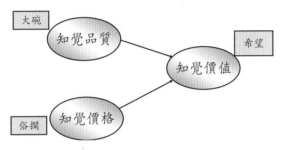

資料來源：整理自 Sweeney 等人（1999）。

圖1-3　知覺價值模式

(3) 美滿

美滿（Flourish）是個人心中勾勒出的美麗風情，是表現出打從心底內化的態度，從而在工作、家庭、健康、社會等各個層面中，有如「Flour」麵粉般的四處打滾浸染，皆獲得美好生活的喜悅。理由是個人從心底憧憬的樣態，相信生活中的這一切美麗和豐富都是真實的，絲毫沒有欺騙和虛假的成分。因此，個人就能夠放心的追求這一平衡的生命，產生心中擁有充足安全感的內化態度。更有甚者，美滿更可延伸至個人和自己和好、個人和他人和好、個人和大自然和好、個人和上帝和好的美好狀態，這是個人擁有上帝所賜的永恆生命之圓滿狀態呈現。另美滿的影響力道十分宏大，因為「內化的驅動力量當源遠

流長」，若缺乏腳踏實地眞實感受到恆久的美滿，而僅有仰望未來的希望和當下的快樂，則恐流於久旱祈求甘霖、枯木待逢春的柏拉圖式精神幻夢。

總體經濟體系中有四個市場，即財貨市場（IS曲線）、貨幣市場（LM曲線）、勞動市場（菲力普曲線）、外匯市場（BP曲線），四個市場要兼顧，以健全經濟發展。同樣的，在人生中也有四個市場目標需要兼顧，即需在工作、家庭、身體健康、社會服務的四個市場中取得平衡。要追求美滿的人生，需要在上述四個市場中平衡發展，此即構成「美滿經濟學」（如圖1-4）。

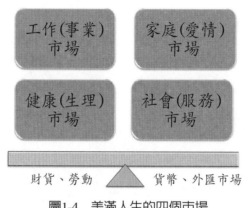

圖1-4　美滿人生的四個市場

在一次同學會中，某位女士以羨慕的眼神，對著笑瞇瞇的筆者說：「你是知名大學教授，有位溫柔賢淑的妻子，夫妻感情又好，生了兩個讀知名大學的陽光男孩，還住在臺北市的大樓裡，你的這一切實在令人羨慕，所以你才會每天笑口常開，非常快樂。」

我笑瞇瞇的回答說：「說眞的，這是因爲我每天心裡都很滿足，感到很幸福，因此我每天都很快樂，有力氣的努力向上，在上帝的祝福中，一步一腳印的獲得這樣的成果。」

最後，我們常說，幸福快樂的心情掌控於自己，是由自己的意志力去決定要幸福要快樂。因此，幸福快樂不是因爲他人給出感情、給出某樣

東西，或是因為自己會得到什麼、一切一帆風順而快樂，而是我們選擇要幸福與快樂。因此我們宜努力在上帝面前「常常喜樂，不住祈禱，凡事謝恩」【1-12】。

【智慧語錄】

　　人們所努力追求的庸俗的目標——財產、虛榮、奢侈的生活——我總覺得都是可笑的。至於啟發我並永遠使我充滿生活樂趣的理想是真、善、美。

——科學家，愛因斯坦（Albert Einstein）

　　人生至高的幸福，便是感到自己有人愛；有人為你是這個樣子而愛你，更進一步說，有人不問你是什麼樣子則仍舊一心愛你。

——詩人，雨果（Victor Hugo）

　　人有了物質才能生存，人有了理想才談得上生活。你要了解生存與生活的不同嗎？動物生存，而人則生活。

——詩人，雨果（Victor Hugo）

【本章註釋】

1-1 在本書中不免會接觸到「天」或「神」的概念，在這裡，基督教或天主教意指上帝，回教意指阿拉，佛教意指佛或菩薩，道教意指神明或玉皇大帝，非任何特屬宗教或New Age思潮等，則以上天稱之，由於眾說紛紜，莫衷一是，本書全然接納各家宗教論點，然為簡化且易於說明起見，在後面的敘述中，皆以「上帝」一詞概括承受與替代之，且不再重複加註說明。因為全球中基督教（含天主教）的信仰人口最多，以及作者的個人信仰所致。作者尊重宗教多元價值，並無獨尊基督教或排斥其他宗教的意思，其他宗教信仰讀者敬請自行將上帝替換成為其他相關神祇名稱來閱讀相關文句即可，作者特此聲明。

1-2 「因為你們立志行事，都是　上帝在你們心裡運行，為要成就祂的美意」，原文出自《聖經‧腓立比書》2章13節。另「沒有異象，民就放肆」，原文出自〈所羅門王箴言〉29章18節。

1-3 目標是一個有特定底限的夢想，原文出自Urban, H.（1995），*20 Things I Want My Kids to Know*，伍爾本著，曹明星譯，《黃金階梯》，臺北市：宇宙光出版。

1-4 目標規劃法（objective programming），由查爾斯（Charnes）和庫柏（Cooper）於1961年提出，詳細內容請參見Charles, Hill and Gareth Jones著（2007），朱文儀、陳建男譯，《策略管理》（第七版），臺北市：華泰文化出版。與許志義著（2000），《多目標決策》，臺北市：三民書局出版。

1-5 《愛情市場、健康市場、事業市場與社會市場，以及連帶的愛情生產函數的相關論述》，請參閱陳澤義著（2011），《美好人生是管理出來的》，臺北市：聯經出版，第一篇「三生有幸」中，第三章「美滿豐富的生命」的說明。

1-6 帕雷托最適（Pareto Optimum），指沒有辦法再行提高某人的福利，而不會損害他人福利的情況，意指已經達成福利最大化的情事。

1-7 「短期生產力不變」原則是經濟學家奉為圭臬的準則，為個體經濟學生產理論的核心精神，指短期之下由於技術水準不變，是以生產效率無法改變，長期生產力才會因為技術進步而提升、改變。

1-8 「要生養眾多，遍滿地面，治理這地，也要管理海裡的魚、空中的鳥，和地上各樣行動的活物」。原文出自《聖經‧創世紀》1章28節。

1-9 「只要有衣有食就當知足」，原文出自《聖經‧提摩太前書》6章8節。另「敬虔

加上知足的心便是大利」，原文出自《聖經‧提摩太前書》6章6節。

1-10 「期望─確認模式」（Expectancy-Confirmation Model），由奧立佛（Oliver）於1980年所提出，為滿意度的核心理論，此即著名的「期望─確認模式」。請參見Oliver, Richard L. (1980), "A Cognitive Model of the Antecedents and Consequences of Satisfaction Decisions," *Journal of Marketing Research*, 17: pp. 460-469。詳細內容請參閱陳澤義著（2019），服務管理（第六版），臺北市，華泰文化出版，第五章第二節「顧客滿意程度」的說明。至於知覺期望與滿意度，以及連帶的快樂滿足與幸福感受的相關論述，請參閱陳澤義（2011），《美好人生是管理出來的》，臺北市：聯經出版，第一篇「三生有幸」的說明。

1-11 「知覺價值模式」（Perceived Value Model），由史威尼（Sweeney）於1999年所提出，請參見Sweeney, C. J., Soutar, G. N. and Johnson, L. W. (1999), "The Role of Perceived Value in the Quality-value Relationship: A Study in Retail Environment," *Journal of Retailing*, 75: pp. 77-105。詳細內容請參見陳澤義著（2019），服務管理（第六版），臺北市，華泰文化出版，第五章第三節「知覺價值」的說明。而後續價值管理模式（Value Based Management）係由萊曼（Lehmann）和克勞福德（Crawford）於2002年所提出，請參見《策略管理》、《產品管理》方面的專書。

1-12 「常常喜樂，不住禱告，凡事謝恩，因為這是上帝在基督耶穌裡，向你們所定的旨意」，原文出自聖經帖撒羅尼迦前書5章16-18節。

【課後學習單】

表1-1　「使命第一」單元課程學習單──目標規劃學習單

課程名稱：　　　　　　　　　　　授課教師：	
系級：　　　　　　姓名：　　　　　學號：	
1. 你希望五年後在「**工作與事業**」（或學業）上達到什麼樣的目標？	
2. 緊接著，你希望五年後在「**家庭與婚姻**」上達到什麼樣的目標？	
3. 同樣的，你希望五年後在「**身體健康和社會關懷**」上達到什麼樣的目標？	
4. 你想，你達成目標的**機會**有多大，這其中有哪些主要的「關鍵處」？	
5. 請你思考在這當中，你要怎樣做才會感到「**幸福**」呢？	
6. 請你思考在這當中，你要怎樣做才會感到「**滿意**」或「**快樂**」呢？	
7. 你會建議做哪些的「**決定或計畫**」呢？	
老師與助教評語	

第二章　培養環境洞察力

【三國啟思：隆中策三分天下】

在《三國演義》中，諸葛亮長於環境分析，能夠高瞻遠矚，明察天下大勢。他對劉備提出「隆中策」，斷言天下必將三分。在三分天下的環境分析中，諸葛亮建議劉備應當：

1. 在天時中北讓曹操，基於曹操業已挾天子以令諸侯多日，氣勢已成且難攖其鋒，故中原地區應當讓給曹操占領。

2. 在地利中東讓孫權，基於孫權占據江東地區已屆三世（即孫策、孫堅、孫權），東吳占有天險長江，基業深厚無從動搖，故江東地區應當讓給孫權占有。

3. 在人和中當仁不讓，基於劉備素常禮賢下士、軍令嚴明且厚待百姓，深得民心歡迎，故四川西蜀漢中應當直接取得。

由於諸葛亮能夠洞察環境大勢，故能提出合宜的策略方案，是為「隆中策」。

2.1 環境力管理

【管理開場：華德・迪士尼勇於面對惡劣環境，並創造出米老鼠】

華德・迪士尼（Walt Disney）創設歡笑卡通公司製作動畫，首先創作「愛麗絲夢遊仙境」引領風騷。但正當迪士尼起步站穩腳步時。紐約影片發行商米茲卻高薪挖角歡笑卡通公司所有動畫師與製片技術師，迫使華德・迪士尼退出市場。

華德・迪士尼勇敢接受此一挫敗，不隱瞞也不逃避，他安靜回到洛杉磯老家，在火車上安靜沉思，獲得上帝賜給他米老鼠米奇的靈感，米奇正合迪士尼的個性，代表誠實、善良、樂觀、冒險、積極的生命觀。在環境力管理下，迪士尼將長處與機會結合，勇於接受挑戰。華

德·迪士尼後來被稱為米老鼠之父，完成上帝放在他身上的美好A計畫。

後來，影片錄音商包羅斯高薪挖角迪士尼的動畫專家烏比，再次打擊華德·迪士尼。迪士尼則透過米奇說明其心路歷程：「米奇是個好人，他不會傷害他人，雖然有時會遭遇困難，但總能樂觀、積極的對付，最後定會勝過一切的。」果然，沒多久華德·迪士尼就製作出《三隻小豬》動畫影片，指出小豬辛勤工作，必會豐收，大野狼奸詐貪心，必得報應。隨後，又有《唐老鴨》、《白雪公主》、《木偶奇遇記》多片陸續上市，迪士尼事業體逐勢如中天。

機會永遠是給準備好的人，透過借力使力，善用環境機會，成功將就在我們眼前。

【問得好】你要怎樣因應最近外界環境上的變化？

「國際化、人工智慧、機器人、網路社會、滑世代、少子化、老人社會、時機歹歹、壞年多、景氣暢旺」等話語，都是我們耳熟能詳的詞彙，這些都或多或少是我們身處「環境」的代名詞。「環境」就是我們周遭人事物的統稱，「環境」也是外在事件（Events）的組合，更是活動行為（Activities）的總合。在這個時刻，我們對環境狀況怎樣研判，會直接影響到我們的策略規劃，這時就需要培養環境的洞察力，方能看清楚環境的事實真相，不致被環境散發的煙霧迷失誤導。

1. 洞察力的內涵

基本上，「洞察力（Insight）」就是「In加上Sight」，進入眼光的本質內部。洞察力就是能夠分辨真實和虛假，看清方位和方向；在操作上，洞察力就是要能看到「長闊與高深」（圖2-1）。茲說明如下：

圖2-1 環境洞察力的內涵

(1) 分辨眞實和虛假

洞察力的「洞」字，是指分辨眞實和虛假。因爲眞實（Truth）是不因時間推移而改變，眞實具有長期適應性；眞實是不因空間、地點而改變，是放諸四海（全球）而皆準，眞實具有空間轉移性；眞實是不因特定人事而改變，眞實具有明確意義性；眞實更並非模仿品或仿製品，是獨一無二的，眞實具有權益保護性。在操作層次上，就是要看得「長與闊」：

a. **看得「長」**：就是要看得更遠。指時間的長度更長久，而非短視。例如，能夠看出五年後或十年後的大趨勢，而不是僅是半年或一年後。又如，太陽有日出日落，日正當中與日薄西山各有其時；月亮有陰晴圓缺，初一十五不一樣；季節更有春夏秋多，物換星移，表現出春耕夏耘與秋收多藏。因此，不要被短暫現況所侷限，而要有長期的眼光，持久經營，方能逆轉現勢，終底於成。

b. **看得「闊」**：就是要看得更廣。指空間的寬度更寬闊，而非狹隘。例如，能夠看出美國或中國大陸的演變，而不是僅是臺北市或高雄市。又如，河流爲何蜿蜒彎曲，而非筆直前行，這意味著河水碰到地形障礙，會選擇繞道再前進，最終得以入海；人生道路也是一理，遇見阻礙挫折不必硬衝，轉個彎、繞個路，事緩則圓，最後方能達標。尚且，人生道路一如彎曲河流，遇見挫折失敗乃是常態，諸事順利，反而不是常態，故俗諺說：「人生不如意事，十之八九」，因此我們乃要祝福他人「萬事如意」，也要珍惜現在，努力迎向未來。

(2) 考察方位和方向

而洞察力的「察」字,是指仔細考察方位和方向。即考察此時和此地(Now and Here),探究我們現在處在何處(Where We Are);考察前進的方向,探究我們要前往何方(Where Will You Go)。在操作層次上,就是要看得「高與深」:

a. 看得「高」:就是要看得更高。指空間的高度更有見識、更超然,而非膚淺與平面。例如,能夠以你的長官或長輩的角度看事情,而不是僅以自己或同儕的眼光看事情。又如,飛機飛上高空,則是萬里無雲的晴空,而不是地面上的烏雲密布與陰雨。

b. 看得「深」:就是要看得更深。指內容的深度更有知識、更豐富,而非常識與直覺。例如,能夠用所學的專業學理推演事情,而不是僅以一般人的普通常識判斷事情。又如選擇工作不能僅用「錢多、事少、離家近」當作標準,而是要考量赫茲柏格(Hergerg)的兩因素激勵理論模式,以及赫蘭(Holland)的工作與個性適配理論,藉由比較利益法則來推論,方為正辦。

準此,「洞察」二字,即是在眼光之內(In Sight)。包括眼光是指我們所站立的高度(即立足點),眼光是指我們眼睛所看的方向(即立定方向),眼光是指我們看事情的心態(即立場),此共同構成立足點、立定方向與立場的「三立」精神。從而管理者若是能培養環境洞察力,即不會霧裡看花,而是能撥雲見日;不會當局者迷,而是能旁觀者清;不會曠野迷途,而是能進入迦南美地。具有洞察力,就能夠看出環境中的「長闊高深」。

2. 環境的時間與空間層面

我們所處的環境(Environment),就是指日常生活的場景,大至全球與國內政經環境,小至辦公室與家庭生活環境,其皆會影響我們的生活品質與個人心情。這時我們即需要具備洞察環境的能力,先對環境進行解讀,探究目前發生何種狀況,以及我們應該怎樣因應面對,這乃是一個人具有「解決問題能力」的基本能力。為方便解讀,我們便將環境先依時間

與空間層面來劃分，這是環境分析的伊始。

(1) **時間層面**：即依照時間的推移經過，劃分成昨日環境、今日環境、明日環境三個環境。其中昨日環境指過去的歷史場景，今日環境指當前的現在情況，明日環境則指想像可能的未來情景。

(2) **空間層面**：即依照空間的位置場域，劃分成內部環境、外部環境兩個環境。其中內部環境指企業單位內部，而外部環境則指企業單位外部。並可進一步再劃分成人的環境、事的環境、物的環境三者。

至於如何解讀環境，有四個重點說明如下：

a. **評估現狀**：係評估並澄清現在的情況，探究環境中發生何事。即探究發生哪些「事件」，和事件背後所表示的涵義。

b. **探究需要**：係探究形成現況的原因和後果，探究為何會如此，藉之界定問題類型，以及背後所需面對的未滿足需要。

c. **擬定對策**：係揭櫫解決問題的歷程，此時係列舉數個方案供決策者選擇，即探詢應該要前往何方。

d. **預測未來**：係探索未來，預測未來發展的路徑和情況，以遂行預測探索的工程。

具體言之，當你面對社會的大環境，即需進行策略規劃，透過「環境管理」來追求美好人生。即如現在外界自然環境劇烈變化，例如日本311大地震、南亞強震、美國東部大風雪等，皆是在無預警下猛烈爆發，激烈波及社會大眾。此外，在經濟金融體系中，有全球金融海嘯、歐債問題延燒、美國財政懸崖、美國和日本實施寬鬆的貨幣金融政策、金磚四國的興起、臺海兩岸簽訂ECFA、中國經濟體崛起，此皆明顯衝擊影響我們所處的世界。然而，我們會發現即令處在環境風暴當中，有人倒下一蹶不振，有人卻能夠挺住而屹立不搖，這其中關鍵就在於「**偶然力（Serendipity）**」，即面對環境變化的處理能力【2-1】。其中最具體的能力，即SWOT分析的決策能力。

3. SWOT 分析

SWOT分析（SWOT analysis）係由威瑞斯於1982年所提出，是執行

環境管理的重要工具，其強調個人的資源能力需要配合周遭環境的機會，以發揮偶然力（Weihrich, 1982）【2-2】。SWOT係指優勢（Strength）、劣勢（Weakness）、機會（Opportunity）與威脅（Threat）四個英文字首的縮寫，含括個人或企業的內部資源和外部環境分析。其中，OT分析分別指機會和威脅分析，是探究外界總體與任務環境對於個人或企業所產生的機會點和威脅點，這是「知彼」的功夫。此時是「形勢是客觀的，成之於人」的情勢，是使我們能夠化環境的偶然成爲人生的機會；至於SW分析則指優勢和劣勢分析，是探究個人或企業內部的強勢與弱勢，這是「知己」的功夫，此時是聚焦在我們的實力和他人的相對優劣比較，強調「力量是主觀的，操之在我」。準此，SWOT分析可用來分析我們的優勢、劣勢、機會、威脅內涵，使個人或企業達到「知己知彼」的效益。基於「知己知彼，則百戰百勝」，故SWOT分析可成爲我們生活管理的準則標竿，如圖2-2及圖2-3所示。茲說明如下：

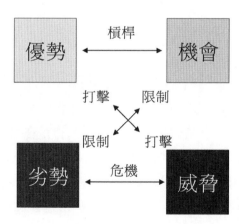

資料來源：整理自 Valentin (2001)。

圖2-2　SWOT分析架構

優勢（Strengths）	劣勢（Weaknesses）
・績效 ・重要性	・限制
機會（Opportunities）	威脅（Threats）
・市場吸引力 ・成功機會	・嚴重程度 ・發生機會

資料來源：整理自 Valentin (2001)。

圖2-3　SWOT分析要點

> **SWOT** 分析可用來分析我們的優勢、劣勢、機會、威脅內涵，使個人或企業達到「知己知彼」的效益。

(1) OT 分析

機會和威脅分析即外部環境分析，目的在找出外界環境中，對個人或企業所造成的機會和威脅。外部環境通常無法加以控制，但卻會對個人或企業的工作或經營有著深遠的影響。

OT分析的層面包括總體環境的PEST分析，以及任務環境的Porter產業競爭五力分析二者，分別代表對周遭環境的宏觀與微觀層次。然而，無論是宏觀與微觀層次分析，皆需探究外界環境對於個人或企業的管理功能影響，亦即探究其對於生產、銷售、人力資源、研究發展、財務、資訊管理上的衝擊。

然而，同樣的一件環境事件，對某甲可能是威脅，但對某乙卻可能是機會。例如，颱風過境造成傷害，某甲從事花卉種植損失慘重，某乙從事水電修繕，卻意外增加很多房屋修繕的生意，無形中增加很多收入，故是一項機會。

再如，2008年全球環境上發生雷曼兄弟企業倒閉，導致全球金融海嘯，股市大跌與房市衰退，然由於個人並未投入連動債，財務上安然度過危機，此時即可逢低買進股票或房地產。又如，日本311大地震，

導致多棟房屋倒塌，此對於建築業而言則是生產與銷售上的大利多，因為有大量房舍需要重建。

申言之，就人生管理，特別是工作領域中，需要以水平化思維，來探究不同層面上的機會（或威脅）項目，例如，在政治和法律變化情勢下，有何新機會產生？最近的經濟情勢變化，導致哪些新機會生成？消費者需求腳步的新變化，是否形塑出我們新的生產或行銷機會？最新的技術進步，是否提供我們嶄新的服務機會？社會文化的變遷，是否滋生適合我們的新機會？在未來的發展機會上，我們與他人間的不同處為何？我們如何能夠吸收新客戶？

(2) SW 分析

個人體質的優勢和劣勢分析，即如內部分析，是完成外部OT分析後的下一步工作。因為個人的體質強弱，在遭受外部環境衝擊影響時，自然會產生不同的結果，即如當個人身處風寒環境時，體質弱的人常會傷風感冒，至於體質強的人則並無大礙。

至於優勢和劣勢分析，即是欲探求個人的優點和弱點，即特定能力與可資運用的資源數量，從而和競爭對手相互比較。此時SW分析即是專注於生產、銷售、人力資源、研究發展、財務、資訊管理活動的優劣處。進一步針對個人的作業能力、業務實績、學經歷水準、財力程度，以及創新能力等管理功能領域，逐一評估。此正如個人健康檢查時，需要從身體的消化系統、呼吸系統、循環系統、排泄系統、生殖系統等功能層面，逐一檢查評量。

再者，針對生產、銷售、人力資源、研究發展、財務、資訊管理活動的優勢與劣勢評量，更可細分成數個子項目，從而各子項目再依其績效和重要性層面，分別評量。此有若個人健康檢查時，需要針對各個分析項目（如肝臟功能），測量指數的高低水準（如GOT或GPT肝功能指標），並根據各子項目的相對重要性程度，將測量項目的重要性加以標示。另外又根據各子項目的相對績效程度，將測量項目的數值高低加以標示，並且列出健康的上下可容忍數值，若是超過此一門檻，則將數值以紅色警戒表示。例如，GOT（麩草酸轉氨酶）的可容

忍參考值是落於8至38 U/L之間。GPT（麩丙酮酸轉氨脢）的可容忍參考值則是落於4至44 U/L之間。

同樣的，就個人管理而言，亦需要以水平化思維，來探究不同層面上的優勢（或劣勢）項目，例如，我們的利益是什麼？我們的個性上有何種優點？我們具有何種新技能？有何種創新策略可資借用？我們如何能夠吸引他人的青睞？我們如何做出哪些他人做不到的事務？當我們和他人相比較時，我們有何種**獨特賣點**（**Unique Selling Point, USP**）？【2-3】

4. SWOT 分析的策略意涵

為有效發揮個人優勢以拉高生命格局，藉由SWOT分析來建立環境槓桿，即是有效方式。即個人在進行SW和OT分析時，會產生SO、WO、ST、WT的四種不同情境，從而有不同的對應策略，此即SWOT因應對策矩陣（Confrontation Matrix）。茲說明如下。

(1) 當外部機會與內部優勢結合時（即 SO）

此時是外界環境存在擴展機會，且個人亦具備若干優勢時，宜發揮個人優勢，抓住機會，藉由攻擊策略（Offensive Strategy）來擴大機會利益，透過優勢發揮倍增力量，一如槓桿綜效（Leverage Effect），產生「一加一大於二」的槓桿作用，此為最佳的槓桿結果。例如，臺灣開放大陸觀光，大量陸客來臺觀光，特別是日月潭，若能具備解說日月潭風土民情的專業能力，便能大展鴻圖，業績蒸蒸日上。

當外部機會與內部優勢結合時，即會產生一加一大於二的槓桿作用。

---

(2) 當外部機會與內部劣勢結合時（即 WO）

此時是外界環境雖然存在若干機會，但由於個人並不擅長此道而為一劣勢，是以無法利用上開機會。此時宜利用外部資源來彌補個人劣勢，採行防禦策略（Denfensive Strategy），靜候競爭態勢的演變。理由是此時環境中的機會，對應到個人的劣勢，故難以發揮槓桿效益，

而形成限制情境（Constraint Scenario）的發展態勢，面對此一限制性機會，效益因而大減，僅能防守式利用。例如，雖有大量日本觀光客來臺灣觀光，然由於個人不諳日語，故難以藉此進行銷售推廣活動，只能徒呼負負。

(3) 當外部威脅與內部優勢結合時（即 ST）

此時是個人雖有環境外在威脅，但由於個人具備優勢，將僅會遭受打擊（Hit）而不會造成危機，可將威脅傷害減至最低。此時宜運用個人的優勢，減低甚至避免外界環境的傷害，甚至能夠將威脅轉換成機會，形成調整策略（Adjust Strategy）。此時係在環境威脅下，由於個人具有若干優勢，遂能夠適度進行避險（Risk Avoidance）調整以恢復能力。例如，雖然發生大地震，但由於居住在鋼骨架構的「制震宅」中，因此房屋並未傾倒受損。

(4) 當外部威脅與內部劣勢結合時（即 WT）

此時是個人遭受環境威脅，且同時個人有相關劣勢需處理。此時宜避免正面迎接外界環境威脅，而應藉由求生存策略（Survive Strategy），達到置之死地而後生的結果。理由是一旦正面撞擊威脅個人缺點的環境勢力時，個人不免會面臨嚴重生存危機，甚至導致萬劫不復的結果【2-4】。

基本上，SO情境是一種最佳的景況，是個人處在最順境情況下積極攻擊的管理作為。WT情境是一種最為悲觀的景況，是個人處在最困難情況下必須執行的求生存作為。至於WO和ST情境則是苦樂參半的景況，是個人身處在常態情況下可以採用的因應策略。

【智慧語錄】

　　一個人可以失去財富，失去愛情，但是不可以失去勇氣，在人生的運動場上，若是失去了勇氣，就等於失去了一切。　　——運動家，紀政

　　勇敢地面對光明，陰影就在我們的身後，相信上帝是我們命運的主宰。因為最美好的東西是肉眼看不到、摸不到的，但是卻可以用心去感覺、去體會的。　　——文學家，海倫·凱勒（Helen Keller）

2.2 面對總體環境

【管理亮點：又聾又盲的海倫・凱勒努力學習適應環境】

在年幼時，海倫・凱勒（Helen Keller）由於意外罹患疾病，引發失明與失聰。海倫・凱勒並不怨天尤人，反而積極適應困厄的環境，海倫・凱勒完全接納自己，從而努力克服又聾又瞎的身體限制，她在安・蘇莉文（Anne Sullivan）老師的協助下，開始學習各種技能並重新站起來。

海倫・凱勒透過安・蘇莉文常在她的手上寫字，去學習英文字母；同時海倫・凱勒透過觸碰物品，實際去感受物品是什麼形狀及大小，藉以逐步恢復海倫・凱勒的知覺感官；海倫・凱勒更透過安・蘇莉文和一些語言專家的協助，開始學習如何發音，從而逐漸開始學習意思表達，進而使用手語來溝通，並且學會基本的生活禮儀。

後來，海倫・凱勒考進哈佛大學，更透過安・蘇莉文老師的陪伴，將教科書和上課內容寫在海倫・凱勒手心上，讓她逐步學習課本內容。海倫・凱勒最後順利在哈佛大學畢業，成為美國有名的身心障礙學家與教育學者。

形勢是客觀的，成之於人；力量是主觀的，操之在我。能夠適應總體環境的人，將能知己知彼，達成百戰百勝。

【問得好】怎樣可以適應環境變局，而能夠保持獲利？

我們能否有效發揮偶然力，把握當下機會，形成絕佳優勢助力，此有賴於縝密的環境解讀。其包括適應總體環境的PEST分析，與專注任務環境的Porter五力分析兩者，即探究總體環境的因素，如何影響我們的管理方針。此處先說明總體環境PEST分析：

總體環境**PEST分析**（**PEST Analysis**）係由艾丘勒（Aguilar）於1967年提出，指探討政治上（Political）、經濟上（Economic）、社會上

（Social），以及科技上（Technological）的環境【2-5】，上述四項總體環境的英文第一個字的縮寫即是「PEST」。PEST分析是從事管理的生活應用時，環境分析的重要工具，其能幫助我們分析總體環境對管理的影響。釐清上述因素能探究總體環境的興衰、我們所處環境的態勢、潛力與努力方向的意涵。圖2-4即為總體環境PEST的主要架構。茲說明如下。

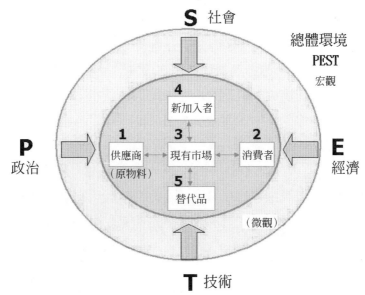

資料來源：整理自 Porter (1985)。

圖2-4　總體環境PEST分析架構

總體環境PEST分析包括政治、經濟、社會，及科技面探討。

1. 政治環境

第一是政治環境，其包含政黨傾向、政治安定、政府租稅規範、勞工就業條款、環保規章與關稅規定。例如，所得稅與土地增值稅的規定，以及執政黨的政策取向等，皆會影響個人的消費信心與生活幸福指數。

申言之，政治環境的構成環節，包含「權」和「力」兩者，權和力的隸屬與配置，明顯會影響到個人或企業的生活管理與活動方式。說明如

下：

(1) **政治環境中的「權」**

首先，在「權」的方面，包括權力的隸屬與權力的配置兩者，其中權力的隸屬包括總統或國家領導人的政黨歸屬，行政院長、首相或閣揆的政黨歸屬，以及採行總統制或內閣制等諸方面。至於權力配置則是指立法院、參議院、眾議院、縣市議會等各級民意代表中，各方政黨的席次分配比重。此明顯會影響政黨傾向、權力結構與政治安定的情勢。

(2) **政治環境中的「力」**

再者，在「力」的方面，則包括力量的強弱與力量的走向兩者，其中力量的強弱即指政府施政管制力道強勢與否；至於力量的走向則是政府施政上的大方向，此明顯會影響如政府租稅規範、所得重分配、勞工就業條款、環保規章與關稅規定的情形。

例如，在臺灣的藍或綠不同政黨執政下，明顯會在政治與經貿活動中，出現「西進」大陸或「南進」中南半島的方向上差異。

2. 經濟環境

第二是經濟環境，其包括經濟制度、經濟成長、物價、房價、利率、匯率、失業率和股價指數等指標，乃至於國際經濟合作與國際經濟局勢。例如，美中貿易戰、全球新冠肺炎疫情紓困、美國寬鬆貨幣政策、歐債危機、全球金融海嘯與股災等，皆足以影響我們個人之消費意願與實質購買力，乃至於資金分配結構等內涵。

申言之，經濟環境的經濟指標，係含括一般市場與特定市場兩者。說明如下：

(1) **經濟環境中的「一般市場」**

其中的一般市場係指財貨市場，衡量指標主要是國民所得、物價水準與經濟景氣循環指數，其為核心指標。

例如，若以臺灣的平均每人國民所得25,000美元來計算，即可換算成70,000元新臺幣（以匯率1:28計算），以及每月平均46,600元的薪資水平（以12個月加3個月年終計算），此一數字略高於主計處公布的110

年工業及服務業每人每月經常性薪資（42,835元）。

(2) 經濟環境中的「特定市場」

在特定市場方面，即包括貨幣市場、匯率市場、勞動市場與股票市場四大市場，其分別以利率水準、匯率水準、失業率水準（或平均薪資水準）與綜合股價指數為代表性的衡量指標，其與國計民生實息息相關【2-5】。

例如，若以臺灣的1.5%房貸利率計算，貸款100萬元的二十年期房貸，每月需還款4,722元。如以購置1,000萬房屋貸款八成計算，貸款800萬需要月還37,778元，連續二十年，此相當於一位30歲年輕人的工作薪資，貸款壓力十分巨大。此時若中央銀行利率調升，連帶將房貸利率提升至2.0%，則在相同條件的每月還款額即需5,139元，如貸款800萬需要月還到41,111元。

3. 社會環境

第三是社會環境，其包括人口密度與成長率、年齡結構、健康意識、工作態度和工作安全需要，乃至於人口遷移和文化演進態勢等。

申言之，社會環境包括自然環境與人文環境二方面。說明如下：

(1) 社會環境中的「自然環境」

首先，自然環境為自然地理環境，通常包括地形與氣候兩個環節。在地形中，即探討大陸板塊或是海洋島嶼、平原或是山地地形的影響因子；在氣候上，即探討氣溫酷熱或是寒凍、氣候乾燥或溼潤的影響因子。

例如，臺灣屬於海洋島嶼、多山地形、高溫潮溼的海洋型氣候，結果使人培養出積極樂觀、彈性應變的生活態度。

(2) 社會環境中的「人文環境」

再者，在人文環境即是指人文地理環境，即為各個人口統計變數，包括人口數量、種族膚色別、性別、年齡分配、教育學歷水準、職業類型、婚姻狀況、所得水準、宗教傾向等項目。其中宗教帶給我們信仰，宗教是在信仰超自然力量的基礎上，生成共有的信仰、活動和

制度。而形成我們生活的基礎，並且提供我們處理事情的基本方式。除此之外，在教育水準方面，教育是培養國民基本公民素養，待人接物價值觀和專業能力的重要程序。教育更為個人進入社會前的準備工程，有利於建構一般性和專業性人才，社會中國民教育水準高低，足能探究個人的人力資本高下，乃至於形成員工專業技術和工作生產力高低的重要指標。

例如，在宗教方面，基督教、回教和印度教的信仰人口，即占全球人口的三分之二，其中基督教（含天主教）人口則占全球人口的三分之一，為最大宗教信仰；回教人口占五分之一，為次大宗教信仰；至於印度教占七分之一人口，則排名第三。

例如，在臺灣，二十歲的青年中，已有幾近九成的人接受大學教育，此一比率遠高於歐美等已開發國家（通常僅有三至四成）。在產業界無法相對提供如此高的大學生就業機會中，不可避免的有超過一半以上的大學畢業生，無法獲得大學程度的工作機會，僅能屈就高中職學歷即可勝任的工作機會，自然相對壓低薪資水準，從而大學生平均起薪28K，甚至低至25K或22K的情形，時有所聞。

4. 科技環境

第四是科技環境，包括生態與環境方面，決定進入障礙和最低有效生產水準，影響委外購買決策。科技因素著重在研發活動、自動化、技術誘因和科技發展的速度。如新科技發明導致降低進入障礙，影響外包決策。

申言之，在技術環境方面，包括技術取得與技術利用兩者。其中，技術取得即指技術的取得與學習，包括外部取得和內部取得兩者。在外部取得上，即需探究取得技術授權、技術學習、技術移轉的質量與內容；在內部取得上，即需探究取得專利權、自力學習、研發聯盟與透過學位取得相關技術的質量及內容，乃至於個人或企業的研發能量與取得技術獎勵補助的內涵。

至於技術利用方面，包括技術儲存與技術運用兩大部分。在技術儲存上，即探究平均教育水準、證照取得張數、通過各種考試與檢定的情形；

技術運用方面，即需探究運用科技的能力、運用資訊科技的能力、運用策略聯盟使用他人技術的情形與提升生產力效率程度。

再次重申，現在個人所面對的世界，是一個「既平又擠」的世界，世界上每個角落上所發生的事情，都會和個人相關聯，也就是說，個人所面對的環境是個國際性的地球村環境，這是一個多變的環境，需要個人掌握環境變化趨勢並勇敢去面對它，這即是個人的「偶然力」。也就是我們如何化總體環境的「偶然」機遇，以做成個人機會的能力。

例如，筆者在中華經濟研究院從事研究工作時，每當完成一項研究計畫後，我的主管許志義教授便協助我，一起將研究成果改寫成英文論文，投到國際學術期刊發表。這在當時的學術界，是較少見的舉動。

許志義老師告訴我這樣做的理由有三：一則用英文撰寫可以流通到歐美先進國家，用中文撰寫則只能在臺灣流通，文章的能見度明顯有別，可提高論文外觀的有形性；二則中華經濟研究院有聘用外籍人士擔任英文祕書，英文程度甚佳，可以免費修改學術論文，增加論文英文用語的可靠性；三則歐洲學術界對臺灣和亞洲國家都相對陌生，若能及早將臺灣實證送往歐洲發表，必能提高被接受的機會，這攸關論文的反應性。這樣我對每一篇論文都認定它有美好的品質，並以滿懷希望的熱心來寫作和投稿，形成美好的良性循環。

後來，我們的文章陸續在歐洲的國際學術期刊中發表（特別是亞洲金融危機的那幾年），得以開創出全新的學術研究藍海。我更因為持續努力研究，如願升等正教授，並轉換到國立臺北大學擔任教授，這些都是上帝的美好祝福。

【智慧語錄】

人生的光榮，不在永不失敗，而在於能夠屢仆屢起。

—— 軍事學家，拿破崙（Bonaparte Napoleon）

學而不思則罔，思而不學則殆。工欲善其事，必先利其器。

—— 教育學家，孔子（Confucius）

2.3 專注任務環境

【管理亮點：豐田喜一郎獨鍾汽車】

　　豐田喜一郎（Kiichiro Toyoda），在1894年出生於日本愛知縣名古屋市，是豐田汽車（Toyota motors）創辦人兼總裁。他的父親豐田佐吉是豐田紡織株式會社負責人，是當時日本紡織業的巨擘。豐田喜一郎自東京大學畢業後，先到豐田紡織株式會社學習鼓管理技能，10年後升任常務技術經理。豐田佐吉死前交代豐田喜一郎說：「我搞紡織，你搞汽車，你要和我一樣，透過發明和創新為國家效力。」這句話就成為豐田喜一郎人生指南和奮鬥向上的力量。

　　豐田喜一郎十分著迷汽車生產，他夢想如果每5位日本人擁有一部汽車，那一億的日本人口就需要2,000萬輛汽車，若以每部汽車的壽命15年來推估，每年就需要132萬輛的新車，這真是一個相當大的市場，那時日本也沒有明顯的競爭，對手因此堅定他投身汽車事業的決心。

　　因著對環境精準的認識，以及專業的管理技能訓練，豐田喜一郎將豐田紡織株式會社轉型為豐田汽車公司，並且經營成為僅次於福斯集團，全球銷量排名第二的汽車製造商，也是知名汽車製造的國際企業。

**　　胸懷全球宏觀視野，落實處理周遭事務，千里之行，始於足下。**

【問得好】你希望在你未來的三年中，從事何種業別的工作？

　　對於個人所處任務環境的探究，即你工作的部門單位與行業環境，可依波特（Porter）於1980年提出的Porter產業競爭五力分析（**Porter Five Forces Analysis**）為分析架構【2-7】。其中五力分析係指五股競爭作用力，其對個人在該工作的部門單位與行業（或產業）影響之強弱，對策略決定具有一定的支配力量（Porter, 1980）。透過此五種作用力的分析，可釐清個人所處行業（或產業）的結構及任務競爭環境，找尋各種作用力對於行業（或產業）競爭態勢的影響程度。我們若受此五股競爭力量的壓制

愈大，就愈不容易生存、獲利與成長茁壯，此即呼應「形勢比人強」這句話。

　　波特（Porter）的五大作用力即個人所面對的五種市場競爭力量：供應商的議價力量、消費者的議價力量、現有競爭者之間的競爭狀況、新進入者的威脅，以及來自替代品的威脅。其競爭力量來源可分成垂直層面和水平層面，其中的垂直層面，係含括供應商的議價力與消費者的議價力兩者。至於水平層面，則含括替代品之威脅、新進入者的威脅、產業中的競爭者三者。Porter產業競爭五力分析，如圖2-5所示，茲說明如下：

　　波特產業競爭五力分析包括：供應商的議價力量、消費者的議價力量、現有競爭者之間的競爭狀況、新進入者的威脅，及來自替代品的威脅。

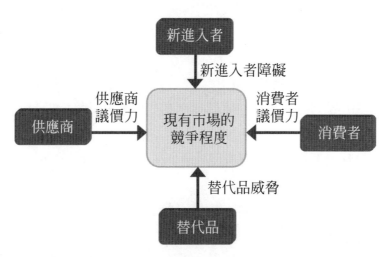

資料來源：整理自 Porter (1985)。

圖2-5　Porter產業競爭五力分析

1. 在供給方（供應商）的議價能力

　　首先是對供應商的議價能力（Supplier Bargain Power），即個人（或企業）在取得或購置原料、資源來從事生產活動時，對於供應方能夠進行討價還價的程度。例如，個人取得原物料的價格水準、取得資金的銀行貸

款利率、取得土地資源的房租（地租）價金、取得勞力資源的保母費、托育費、安養費與工作條件等。

　　此一議價能力關乎資源取得成本，基於每個人都會有成本考量，希望能夠壓低成本，來取得競爭上的更大優勢。因為資源供應者能夠透過提高勞力、資本、零組件價格，或降低品質，來給予採購方壓力，如果個人無法隨著調整售價（如薪資或價格）來吸收所墊高的成本，則超額利潤即會轉到資源供應者手中，從而供應商的議價力量會明顯影響個人在市場上的競爭力。

　　例如，大學畢業後，若是能夠住在家中和父母和睦相處，即可省下租屋、水電、洗衣支出，以及餐飲費用，相對於提高供應商的議價能力。在台北都會區中，在外租屋與生活費需每月一萬元，一年即至少12萬元以上。此在工作初期薪資微薄的情況下，相當不利於儲蓄目標的達成。

2. 在需求方（消費者）的議價能力

　　其次是對消費者的議價能力（Consumer Bargain Power），係個人（或企業）在消費商品時，對於商品的打折殺價能力。例如，個人購買商品時所獲得的價格折扣程度、個人連結其他個人共同購買商品的情形、個人同時集中購買特定商品的情形等。

　　當個人議價能力十分強大時，對方迫於市場壓力，必會降價求售，是以消費者議價能力是為衝擊影響市場競爭程度的重要因子。換句話說，這時個人是和商品生產者抗衡，企圖強迫對方降低價格，以獲取較高的產品品質，從而促使商家互相競價，導致減少利潤的情事。

　　例如，臺灣的大學生人數過多，在需求並未相對增加時，使得大學畢業生在找尋工作時，對於薪資的議價能力因而變差。此時唯有拿出紮實的「學力」功夫，能夠真正為企業解決問題，具有「解決問題的能力」，而非僅靠文憑「學歷」，方能爭取到較為優渥的薪資待遇。

　　再如，在就業市場，若是能夠修習特定專業學程、擁有學業成績優良獎項、考取相關職業證照，甚至是擁有特定的競賽優勝成果，即可增加在薪資上的議價籌碼，提高消費者的議價能力。

3. 在現有市場中的競爭程度

　　三者是市場競爭強度（Market Competitive Strength），即個人（或企業）在同一部門或行業內的競爭程度高低。例如，個人在同一工作部門中的對手多寡與能力高低、個人在同一工作行業中的對手多寡與能力高低。

　　現有市場中競爭者之間的競爭強度，影響個人的獨占力量最為明顯，此會進一步波及影響個人的利潤水準。在大多數的個人工作部門或行業，某一個人的競爭舉動，必然會誘發他人連帶抗衡的舉動。因此在個人工作部門或行業中，人數或家數規模的多寡，是影響市場競爭強度的根本元素。

　　例如，臺灣的大學一窩蜂增設資訊管理、餐飲管理、觀光與休閒管理科系，此領域的學生人數因而大量增多，導致僧多粥少，多人競爭某一職缺的情事，該領域的畢業生在現有市場中的競爭程度明顯提高。

　　再如，反而是特殊的地政（或不動產）學系、財政（或財稅）學系、休閒與運動管理學系等在現有眾多大學中，此類科系低於五個學系，屬於相對稀少的科系，此類學系的畢業生在現有市場中的競爭程度即相對較低。

4. 所面對的新進入者的威脅

　　第四是新進入者的威脅（New Joiner Threaten），即所謂個人（或企業）的進入障礙。例如，個人在同一工作部門中面對新進同事、個人在同一工作行業中面對新進對手等。

　　新進入產業的個人會對市場添增新的產能，共同分享現有市場的利益，當然也吸走一些資源，致影響到原有者的利益，導致需要花費更高的成本，使商品價格降低，此時的獨占力量已經削弱。若是潛在的進入障礙甚高，原有業者將預期會採行激烈價格戰報復；相反地，若是原有業者有能力採行價格競爭，逼迫新進入者退出市場，則可消除新進入者的威脅。

　　例如，在求職市場中，初入社會的年輕人，需要在五年內努力晉升到初階管理人員。否則會面臨到年輕一輩新加入者的威脅，特別是需要勞力或操作性的工作，明顯會不利於面對新血的競爭。

特別是大學畢業生若是一兩年換一個不同行業工作，第一年在餐飲業擔任外場、第二年在旅館業擔任房務、第二年在貿易業擔任報關、第四年在運輸業擔任會計、第五年在音樂公司擔任公關，由於工作類型不同、行業各異，經驗與資歷難以累計，日後無法與同年齡的人競爭，甚至無法與剛畢業的新鮮人競爭，因為沒有新鮮的肝，便不得不掉入悲慘世界的淘汰人生中。

5. 所面對的替代產品的威脅

最後是在替代品的威脅（Substitution Threaten）方面，指在個人（或企業）中出現與現有商品功能相同，或性質相近且價格具有威脅性的商品。例如，個人在工作上面對取代性的科技機械、新型的科技商品取代個人的工作內容。

事實上，各方人士都是和生產替代品的另外一個產業彼此競爭。基本上，替代品代表著個人化商品的最高價格，此限制住個人可以得到的投資報酬率水準。因此，替代品事實上會壓低個人的獨占利益。而若是替代品在功能和性質上與原商品相近似，則表示替代程度較明顯，從而威脅力道也自然較大【2-7】。

例如，在求職市場中，若個人僅熟悉某一項單一技術（如高速公路通行收費、洗車技術、駕駛技術），即可能會面臨替代產品的威脅，即某項技術進步（如電子收費、電動洗車、智慧無人車）而被替代的失業窘境。

總之，波特的「產業競爭五力分析」是評估產業競爭環境的基本架構，其和前節的PEST總體環境分析，可共同用來進行OT分析，如圖2-4所示。PEST分析與外部總體環境的因素互相結合就可歸納出SWOT分析中的機會與威脅。PEST、波特五力分析與SWOT可共同作為個人對於環境分析的基礎工具。

最後，縝密的環境解讀有助於培養環境洞察力。解讀環境需要包括橫向解讀和縱向解讀兩個層面。橫向解讀即適應總體環境與專注任務環境，運用上一節的PEST分析工具，與本節的Porter五力分析工具來解讀，此即本章第二節與第三節的內容。至於縱向解讀即是更深度的環境因子探究，

應含括文化、流行、潮流、世代、傳統、儀式、規範、真理等各個層面，此處僅做定義說明，至於此方面的詳細探討請參考相關專書。

文化（Culture）是指某範圍中大部分人的生活方式，若是某一群人的生活方式即為次文化（Sub-Culture），所形成的就是同儕壓力、群眾力量、宗族規範或風俗習慣等，例如，聖誕節的聖誕樹、聖誕趴與聖誕大餐，元旦跨年倒數觀賞煙火秀等。流行（Fashion）則是指某一小段時間內（如三、五個月）某一群人都在做的事情，例如，2016年夏的街頭抓寶可夢。潮流（Trend）是指某一較長時間中（如三、五年），某一群人都關注的事情，例如，大學生喜歡跳街舞、跳啦啦隊等。世代（Generation）則是指某一更長時間中（如二十、四十年）某一群人都在做的事情，例如，1980年代臺灣的民歌世代。傳統（Tradition）是過去行之經年的既定做法或活動，例如，農曆春節的全家團圓圍爐、大年初二的回娘家傳統習俗。儀式（Ritual）是表現某種文化意涵的外在形式之活動，即風俗習慣，例如，訂婚時的新娘奉茶，結婚嫁娶時的納采、問名、納吉、納徵、請期、親迎的六禮儀式。規範（Norms）是由社會約定成俗或多數成員都有共識的做事標準、準則或潛規則，例如，飯前洗手和尊敬長輩等。至於真理（Truth）則是恆真的事物或穩定的理論，可作為個人信念與價值觀的基礎。文化、流行、潮流、傳統、規範等沒有所謂的對或錯，但個人即需選擇要同流一氣，還是同流而不合污，或是完全不同流，這關乎個人價值觀、人格特質，甚至是需要道德勇氣上的堅持。

【智慧語錄】

希望就在今天，我從來不去想將來，因為明天轉眼就到。

——科學家，愛因斯坦（Albert Einstein）

我的座右銘：第一是忠誠，第二是勤奮，第三是專心工作。

——人際溝通專家，卡內基（Dale Carnegie）

《本章註釋》

2-1 偶然力（Serendipity）是個人應對變動環境下處理能力的統稱，爲哈佛大學領導學大師約瑟夫‧奈伊（Joseph Nye）教授所提出。最好的絕佳範例是牛頓（Newton）由蘋果落地來發現萬有引力。

2-2 優勢、劣勢、機會、威脅SWOT分析，出自貝勒庭（Valentin, 2001），請參閱 Valentin, E.K. (2001), "SWOT Analysis from a Resource-Based View," *Journal of Marketing Theory and Practice*, Spring, pp.54-69.

2-3 在SWOT分析方面，詳細內容亦請參見陳澤義、陳啟斌（2012），《企業診斷與績效評估──平衡計分卡之應用》（第三版），臺北市：華泰文化出版，第六章「企業核心體質診斷」中，第一節「SWOT分析」的說明。

2-4 有關環境力管理：SWOT分析一節的相關論述，亦請參閱陳澤義（2011），《美好人生是管理出來的》，臺北市：聯經出版，第五篇「偶然力」中，第一章「發揮環境槓桿」的說明。

2-5 PEST分析，又名STEP分析，由艾丘勒（Aguilar）在1967年提出，分析總體環境的政治、經濟、社會、科技面情勢，後來又增加環保面的探討，成爲STEPE。請參見Aguilar, Francis (1967), *Scanning the Business Environment*. New York: Macmillan.

2-6 在政治與經濟環境方面的分析，詳細內容請參見陳澤義、劉祥熹（2012），《國際企業管理──理論與實際》，臺北市：普林斯頓國際出版，第二章，「總體環境分析」的說明。

2-7 波特（Porter）「產業競爭五力分析」（Porter Five Forces Analysis），出自Porter（1985）。Porter, M.E. (1985), *Competitive Advantage*, NY: The Free Press.

2-8 在任務環境方面的五力分析，詳細內容請參見陳澤義、陳啟斌（2012），《企業診斷與績效評估──平衡計分卡之應用》（第三版），臺北市：華泰文化出版，第五章「企業外在環境診斷」中，第一節「Porter產業競爭五力分析」的說明。

【課後學習單】

表2-1 「培養環境洞察力」單元課程學習單──環境分析學習單

課程名稱：	授課教師：
系級： 姓名：	學號：
1. 你怎樣看待目前的「**政治與法律**」環境情勢，它對你有何衝擊影響？	
2. 緊接著，你怎樣看待目前的「**經濟與民生**」環境情勢，它對你有何衝擊影響？	
3. 同樣的，你怎樣看待目前的「**社會與科技**」環境情勢，它對你有何衝擊影響？	
4. 你想，在你的周遭環境中，對你的競爭力影響最大的又是什麼，這和「**波特的產業競爭五力分析**」有何關聯？	
5. 請思考在這些「**機會**」當中，你要怎樣做才會發揮你的「**長處**」，產生「**槓桿**」效應呢？	
6. 請你思考在這當中，你要怎樣做才能夠避免因為「**威脅**」所造成的「**危機**」？	
7. 你會建議做哪些「**因應計畫**」呢？	
老師與助教評語	

第三章　你的偶然力

【三國啟思：孔明借東風大破曹營】

　　諸葛亮在吳蜀聯軍與曹操軍隊對峙於赤壁時，預測天象風向，得知冬日末期將至，北風勢力已是強弩之末，故將會有東南風。也就是透過對於自然天候的運作預測，預知在冬季某時點，長江上空應當會吹起東南風。

　　這是基於諸葛亮上通天文、下知地理，善於觀察天象與地勢。經由《周易》八卦、洛書九宮，和六十甲子等天文學和曆書中的智慧知識，結合時間、空間和人氣，預測出最有利吹東南風的時間和方位。

　　故在東漢獻帝建安十三年冬天的十一月二十日子時，諸葛亮在南屏山築一七星壇，在壇上身著道袍，開始祭風，直到二十二日寅時為止，共「借」得三天的東南風來助長火勢，遂在赤壁之戰用火攻打敗百萬曹軍，且大獲全勝。

　　諸葛亮藉著環境的「東風」機會，對應自己的「水軍」強項，集中採用「火攻」突擊，以20%努力獲得80%戰果，遂能以寡擊眾，是為策略槓桿的絕佳範例。

3.1 策略優勢槓桿

【管理開場：柳井正的優衣庫故事】

　　優衣庫（Uniqlo）創辦人兼總裁柳井正（Tadashi Yanai），於1949年出生在日本山口縣宇部市。柳井正少年時，在父親柳井等開設的小郡商事男裝店中擔任學徒，在東京大學畢業後，先在佳世客（Jusco）百貨賣場短暫磨練，在1984年接手父親的小郡商事男裝店並擔任社長。

　　柳井正是一位時尚服飾的達人，他十分敏銳流行的趨勢，經常關切巴黎、倫敦、紐約的最新時尚潮流動向，並且能夠精準判定出下一季的新流向方向；柳井正能夠使用一件夾克或內衣就掀起時尚風潮，並在

世界各地同步開創優衣庫的流行。

　　柳井正接手父親事業的初期，舉凡商品進貨、庫存盤點、行銷、清潔打掃的事務都親自嘗試，自己思考並做出行動。柳井正因此能體會基層的心聲，也磨練出優異的管理技能。然後在逐步放手授權，這正是開店做生意的不二法則，柳井正也因此培育出一群優秀的管理者。

　　沒多久，柳井正在廣島設立第一家Unique時裝量販店，這在當時是服裝業界的創舉，不僅大幅降低成本，也打破存貨倉庫和零售店面無法共存的迷思。那時柳井正將眼光對準普羅大眾，並在行銷上主打價廉、日常風格的服裝，結果一砲而紅，開幕後天天多人漏夜排隊等候，店內更是人潮滿載。後來，由於在香港註冊時的錯誤，柳井正就將錯就錯，將Unique改為「Uniqlo」，這也是「Uniqlo」一名的由來。

　　知己知彼則百戰百勝，發現自己的強項，跟上環境所帶給你的機會，就可以拉高自己的人生格局，得以邁向成功管理。

【問得好】我要怎樣透過學習，來建立我的生命格局？

　　本章即是策略專章，策略（**Strategy**）即是在願景與使命下，調和有限的內外部資源，運作方案以達成整體目標的手段途徑。策略是屬於大方向的層面，其會決定出完整走向，在管理人生上主要即指優勢槓桿。至於方針與戰術則是依附在策略之下，是具體解構策略中的各項因應法則，以及更細緻的應對方案。

　　俗話說：「人生不如意事十之八九」，以及「人在江湖身不由己」，事實上，這是一句不負責任的話。馬丁路德說：「我們雖然無法決定空中飛鳥經過，但是我們卻可以決定不讓飛鳥築巢。」因為在外界環境中，無法負責、無法選擇的部分，通常只有不超過10%的比例。而可以選擇的卻高達90%。即有90%是可以選擇去超越的，因此我們要拿起90%的主權，這絕對是我們的責任，也是追求管理與美好人生的敲門磚。因為在

最好的機會中，也會有一無所獲的人，更會有失敗狼狽的人；相反的，在最壞的危機中，也會有逆轉勝出的人，更會有成功豐收的人。這說明著外在環境只是「偶然」的因素，而擁有「偶然力」的人，才能夠抓住環境的機運，發揮策略優勢槓桿，運作黃金管理法則，建立起人生格局。所以，請不要抱怨臺灣是一座「鬼島」，怪罪低薪與過勞，而是要洞察環境，做好偶然力管理，才是正辦。

在現今e世代中，已經不再是平靜無瀾的世代，而是波濤洶湧的世代，外界環境事物瞬息萬變，甚需主動學習，啟動偶然力，方能把握時機，趁時而作，邁向人生的成功大道。

本節探究管理者因應環境變化，係透過管理以培養因應環境變動的管理能力，即如何面對外界迅速變化的環境，靈巧變化環境的「偶然」，轉換成為「機會」，進而將機會，轉換成個人優勢的「實力」，並且再將實力優勢，拉高成為人生「格局」，即反思權變力，又名**偶然力**（**Serendipity**）【3-1】管理。準此，包括偶然、機會、實力、格局等四個基本元素，從而偶然力管理是：偶然＋機會＋實力＋格局＝偶然力管理，如圖3-1所示。

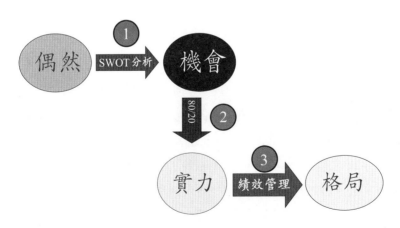

圖3-1　偶然力管理

換句話說，偶然力管理包括三個層次的轉換程序。第一次轉換是經由迅速變化的環境中，找出成功機會。第二次轉換是經由各項機會中，透過

實力培養技巧，將機會轉化成個人實力優勢。第三次轉換是經由業已建置妥當的實力優勢，拉高生命格局，成就非凡的事業。

在實際運作中，上述第一次轉換係藉由SWOT分析工具來達成，此乃主動學習的基層層次；第二次轉換是藉由80／20黃金管理法則與時間管理技能來達成，此乃主動學習的中層層次。第三次轉換是藉由緊握績效評估機制來達成，加上放下個人得失心，站穩個人生命格局，此乃主動學習的高層層次。在此時，需要尋求能夠持續練習的方式，以掌握環境的機會，並校準績效管理方向，進行主動學習。茲扼要說明於後。

1. 第一次轉換：SWOT 分析

第一次轉換是SWOT分析，即是找出「SO」的「優勢＋機會」的槓桿情況，此是管理學的利基（Niche），或經濟學中**比較利益**（**Comparative Advantage**）法則的應用【3-2】，即在特定機會下，找到足以發揮個人比較相對擅長的能力，即相對有利的基礎，以因應外界環境上的需要，產生「一加一大於二」的槓桿效應。此即第二章第一節的內容。

申言之，SWOT分析即所謂「知己知彼，則百戰百勝」，其中外界的形勢「OT」是客觀的，乃成之於人；內在力量「SW」是主觀的，係操之在我。SWOT即能夠知己知彼，達到百戰百勝的目的。

此時的SWOT分析（SWOT Analysis）（Weihrich, 1982）【3-3】是執行個人生活管理的重要分析方法，強調個人的資源能力需要和外界環境相互接軌，俾主動學習以發展偶然力。在其中，SWOT係代表優勢（Strength）、劣勢（Weakness）、機會（Opportunity）和威脅（Threat）四個英文字首之縮寫，含括內部和外部分析兩者。首先，SW分析個人內部優勢與劣勢；OT分析外部環境對個人所生成的機會與威脅。亦即，SW分析是「知己」的功夫，強勢與弱勢分析重點在於本身實力和他人間之比較，此時係「力量是主觀的，操之在我」；OT分析則是「知彼」的功夫，成就了「形勢是客觀的，成之於人」，機會與威脅分析係聚焦在外部環境的變化，對個人的影響情形，因此個人便能轉化環境的「偶然」成為人生的機會。

2. 第二次轉換：80／20 黃金管理法則

　　第二種轉換是80／20黃金管理法則，即將第一次轉換中的「SO」，即個人「優勢＋機會」的槓桿情況，透過80／20黃金法則優先執行，並置於BCG矩陣中的明星矩陣內，加碼投入加倍的資源，多次複製上述的優勢槓桿，以擴大該項明星區塊的槓桿戰果。詳細內容請參見本章第二節的內容。

　　申言之，**80／20黃金管理法則（80/20 Golden Management Rule）**【3-4】即時間管理的「ABC法則」，即是經由將事情分類（即分成A類、B類、C類）管理原則，進行效能管理，降低時間需求，獲得真實能力。在開創個人優勢拉高生命格局之際，如何重複多次複製個人優勢槓桿，誠為關鍵之舉。理由是此事能將外在機會藉由重複多次，複製轉換成為個人「實力」，進而成就個人的能力，因為能力是操練出來的。此時即需要透過效能管理，把真正重要的事物，持續維持在最重要需優先處理的位置上，且藉由重複操作，重複出現重要事情需要優先處理的法則，即「要事第一」法則，也就是「Do the Right Things More Than Do the Things Right」。

　　此時的80／20黃金管理法則係由義大利經濟學家帕雷托（Pareto）所提出，意指要將20%的時間，用來做成能夠達到80%成效的事情。在實際運作上，通常是將事情分割成數小塊，先完成最關鍵的事情，使事情業已達成80%的水準，然後再去完成其他的事情。

　　在執行80／20黃金管理法則的同時，必然會面對優先次序的選擇，此時即需勇敢取捨。詳言之，此時心中應當有數個策略事業單位（Strategic Business Unit, SBU），其是各自獨立運作，成本效益可清楚計算。例如，現階段有多件事情（或業務）正在經手，每件事情（或業務）即是一個策略事業單位。

> 在執行 **80／20** 黃金管理法則的同時，必然會面對優先次序的選擇，此時即需勇敢取捨。

接著策略問題轉成究竟應該將時間置放在哪一個策略事業單位之上，或是應該撤回哪一個策略事業單位，來執行重複操作。這時策略選擇的工具乃為矩陣分析，常用的工具是**波士頓顧問群矩陣**（**Boston Counscil Group matrix, BCG matrix**），包括利潤成長率和市場占有率矩陣，簡稱成長—占有矩陣（Growth-share Matrix）【3-5】。此時波士頓顧問群（BCG）矩陣的指標，更可改變成利潤成長率和業績數量兩者。BCG矩陣分析係將策略事業單位分成四群，即超級明星、現金乳牛、問題兒童、落水小狗。面對利潤成長率和業績數量俱佳的超級明星（Super Star），便應採行投資策略（Invest Strategy）。面對業績數量佳而利潤成長率差的現金乳牛（Cash Cow），則可採用收割策略（Harvest Strategy）來迅速獲取利潤。面對利潤成長率佳而業績數量差的問題兒童（Question Marks），宜採行優先化策略（Prioritize Strategy）處理或出清的撤退舉措。至於面對利潤成長率和業績數量俱劣的落水小狗（Dog），則應採行棄置策略（Kill Strategy）。

3. 第三次轉換：績效評估機制

第三次轉換是績效評估機制，即是將第二次轉換中的「明星」區塊的執行成果，切實反映在相對應的績效評估機制上，藉以提升生命格局。詳細內容，請參見本章第三節的內容。

申言之，我們為了在社會中立足，競爭求生存，應當學習制定個人在工作與生活的目標，並依照既有資源制定生活策略與目標，進而執行一連串主動學習的作為，包括投入、過程和產出各環節。在這一連串活動中，個人持續追求生產效率（Efficiency）最大化，進而生成工作與生活績效。再者，個人藉由績效衡量機制，充分掌握個人的各項活動，是否達成當初所制定的目標，即個人績效是否產生最大效能（Effectiveness）。此時的效率係等於產出除以投入（人力、資金）數值，至於效能則等於目標（年度目標、計畫）除以產出（實際成果）的數值，此即構成完整的**績效評估分析架構**（**Performance Evaluation Framework**）（Miles and Snow, 1978）【3-6】，而為個人工作實力和生命格局的連結。

個人為達成既定目標，需擬定生活策略，並制定具體方案。因此，個

人擬定生活策略係爲達到績效，管理策略則爲管理績效的達成，至於業務策略的擬定則爲達成生產績效。這時有個方法是試著倚靠上帝，便能結滿仁義的果子，叫榮耀稱讚歸與上帝【3-7】。

智慧語錄

天才是百分之一的靈感加上百分之九十九的勤奮。

—— 愛迪生（Thomas A. Edison），科學家，發明電燈

業精於勤，荒於嬉；行成於思，毀於隨。

—— 韓愈，文學家，〈師說〉、〈諫迎佛骨表〉作者

3.2 黃金管理法則

【管理亮點：臺大教授郭瑞祥勇敢做唯一的自己】

頂著臺大學士、加州州立大學EMBA碩士、麻省理工工程碩士、博士光環，臺灣大學國際企業學系**郭瑞祥**教授，在經歷升等教授的同時，陸續獲得三年的校內教學優良獎、連續五年國家科學委員會甲種學術研究獎等的肯定，這期間也結婚成家，有了兩個小孩，在四十歲的壯年，因在美國的博士弟弟被診斷出肝癌末期的刺激，接受全身健康檢查，結果竟然發現肝部有四公分的腫瘤，這晴天霹靂的檢查報告，告訴郭瑞祥教授死神已經輕輕敲門。

結果，郭瑞祥教授驚醒並決定做最重要的事，專注抗癌，調整生活作息，加上適當的休息和運動，並花時間在陪伴妻子和親子生活上，六年後妻子因病過世，郭教授心雖傷痛，但慶幸這六年有花時間陪伴對方。

郭瑞祥教授集中心力在關鍵項目，發揮黃金管理的「優先次序法則」，運用管理做重要的事，避免時間虛擲耗費，獲得顯著的時間管理效益。

策略槓桿的具體呈現，主要即是SWOT分析管理、80／20黃金管理法

則，以及排定各項策略單元的優先順序三者，其中SWOT已在第二章第一節中說明，至於本節與下節，即說明其餘兩者：

1. 80／20 黃金管理法則

在人生管理上，80／20黃金管理法則（80／20 Golden Management Rule）即是重要事務優先執行法則。因為在面對環境機會，並利用個人能力或資源優勢，以提高個人管理格局時，要如何運作個人的優勢槓桿，誠為最緊要的課題。這是因為如此行，必能將個人的外在機會，化做內在實力。其中關鍵中的關鍵是落實「80／20黃金管理法則」，將重要事務優先執行，即需將最重要的事務，永遠保持放在最優先執行的位置，也就是透過「要事第一」的精神，我們要做到去做對的事情，而非只是去把事情做對而已。

申言之，80／20黃金管理法則等同於重要事務優先執行法則，是個人人生管理的ABC原則。80／20黃金管理法則的創始者是義大利經濟學家帕雷托（Pareto），即是管理者需要將20%的時間與精力，用在可以產生效益80%的事務，此又名「帕雷托法則」【3-8】。後來美國經濟學者朱藍（Juran）將其應用在時間管理與生產管理領域。至於在實際運作上，是藉由將事務分為A類、B類與C類不同類型加以管理，來聚焦個人人生管理的核心。亦即將整體事務細分成多項小塊事務，並且第一優先去做最關鍵的A類事務，以成就80%的效益，然後再去做其餘的B類與C類事務，如圖3-2所示。

管理者需要將 20% 的時間與精力，用在可以產生效益 80% 的事務。

理由是在這個世界上有一明確的事實現象，即我們所完成的事務中，其中的80%產出，實際上是肇因於我們所投入時間與心力的20%。亦即我們絕大部分的付出（指八成的努力），是和最終成果不成比例的。

例如，單一個人的20%決策，即能獲得該個人80%的成功果實。單一企業的20%產品，即能獲得該企業的80%收入。單一國家中的少數20%人

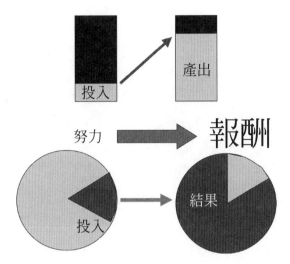

資料來源：整理自 Urban (1995)。

圖3-2　80／20黃金管理法則

口，即已消耗光該國80%的醫療資源。全世界25%的人口握有全球80%的財富。全世界25%的少數人口，已消耗全球80%的天然資源。在科技產品中，更是大者恆大，不到20%的領先群產品，早就已經握有超過80%的市場占有率。

　　簡言之，個人大多數的產出、收益或結果，皆是建立在少量的投入、努力或付出之上。亦即在投入和產出、或是努力和收益中間，原本就並不平衡。準此，我們需要以最少的心力，得到最大的利益，此為人生管理的關鍵法則。

2. 排定各項策略單元的優先順序

(1) 波士頓顧問群矩陣

　　為落實80／20黃金管理法則，需先排定各項事務（即策略單元）執行上的優先順序。此時即需運用波士頓顧問群矩陣（Boston Council Group, BCG）的管理工具。

波士頓顧問群矩陣係由德國人韓德森（Henderson）於1970年為波士頓顧問諮詢公司設計管理方案時所提出，藉由分析企業的業務與產品績

效表現結果，來協助企業更有效運用資源。他所設定的矩陣X軸與Y軸分別為利潤成長率和市場占有率，故稱成長—占有矩陣（Growth-Share Matrix）。後人更將X軸與Y軸調整為利潤成長率和銷售業績數量。

在個人管理上，即分別代表個人的「未來」和「現在」績效。因為銷售業績即是個人現在努力的績效成果，至於利潤成長率則是個人的未來績效，其理至明。且在實際運作波士頓顧問群矩陣中，即是將個別的事務視為一個策略事業單位（Strategic Business Unit, SBU），或稱策略單元，只要它們能夠個別獨立運作、它們能夠清楚計算成本效益、它們有專屬的負責人的要件即可。例如，個人現階段有許多件事情（專案）待處理，此時每一件事情（專案）即可視為一個策略事業單位（SBU）。又如，就大學生而言，所修習的每一個課程都可看做是一個SBU。

(2) BCG 矩陣的內涵

BCG矩陣係將策略事業單位分成四群，即超級明星、現金乳牛、問題記號，與落水小狗，如圖3-3所示，若你修習6個課程，則可將這些課程分成2個超級明星、2個落水小狗、1個現金乳牛、1個問題兒童課程。

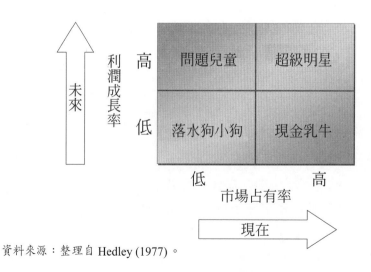

資料來源：整理自 Hedley (1977)。

圖3-3　波士頓顧問群矩陣

a. **超級明星（Super Star）**：指利潤成長率高且銷售數量高的事務，其為最成功的策略事業單位，代表著未來和現在績效俱佳的事務。此時應採行投資策略（Invest Strategy），優先執行該事務以擴大其投入效益。例如，針對前述的2個超級明星課程，即是與未來就業或工作績效高度相關的課程，則需要投資大量時間和精力，全力以赴，並以獲得最少90分以上的成績為目標。

b. **現金乳牛（Cash Cow）**：指利潤成長率雖低，但是卻能夠帶來高銷售數量，賺取大量現金利益的事務；或具有龐大市場占有率，然利潤成長率則相對較緩者。代表著現在績效佳，但未來則否的事務，此時應採行收割策略（Harvest Strategy），第二優先執行此事務以快速實現利潤。此時無需再行擴大投資，理由是即令增加投資亦無法獲致更多現金收入。例如，針對前述的1個現金乳牛課程，基本上，這些課程多半是一些容易輕鬆獲得高分的課程，則僅需適度投入努力，收割獲得該有的成績即可。

c. **問題記號（Question Marks）**：又稱為問題兒童（Problem Child），指銷售數量雖低，但是卻能夠帶來高利潤成長率的事務；或是相對市場占有率雖小，但卻是快速成長者。代表著現在績效雖差，但未來則否的事務，此時應採行優先化策略（Prioritize Strategy），伺機優先投入資源以改善此事務的弱點，期能將未來的利潤提早實現。理由是此時若處理得當，則可將問號事務轉換成為現金乳牛。例如，針對前述的1個問題記號課程，它極可能是一些基本學科課程，如微積分、經濟學、統計學、計算機概論、工程數學等學科，為長期打算，則需要投注相當時間精力，努力學習為上。

d. **落水小狗（Dog）**：指銷售數量低且利潤成長亦低的事務，其為最不成功的策略事業單位，代表著未來和現在績效俱差的事務。此時應採行棄置策略（Kill Strategy），無需再投入資源，以免落入資金陷阱。理由是此一事務既無法帶來資金收益，並且投資報酬亦差【3-8】。例如，針對前述的1個落水小狗課程，則是以最低努力60

分及格為目標，甚至是直接放棄。

例如，此時個人手中若有八件事情要處理，即需將此八件事情區分哪兩件事情是「超級明星」，哪兩件事情是「落水小狗」，以及其餘的「現金乳牛」和「問題記號」。並將原來要投入在落水小狗的時間和心力，轉移投入在超級明星之上，產生事半功倍的效果，切勿平均分配時間和心力在此八件事情之上。同時需要重複操作上述事情，目的即是要產生自己的實力或智慧。

此時我們的策略問題即是究竟應該將時間或心力投入在何種策略事業單位上，或是應該撤回何種策略事業單位，這時即需行動勇氣來進行取捨。

【智慧語錄】

一本書像一條船，帶領著我們從狹隘的地方，駛向生活的無限廣闊的海洋。　　　　　　　　　　　——文學家，海倫‧凱勒（Helen Keller）

書籍，是人類進步的階梯。更是當代真正的大學。

　　　　　　　　　　　——文學家，高爾基（Maksim Gorkiy）

3.3 建立人生格局

【管理亮點：葛維達致力達成可口可樂的績效目標】

可口可樂總裁葛維達首先擔任化學分析師一職，一路升任研究發展處處長，在高層伍度夫刻意栽培下，先後拔擢至技術執行副總裁、總營運長、總執行長等職務，終至總裁一職。

葛維達致力於績效目標達成，並強化企業整體體質，從而帶領可口可樂由40億美元的中型企業，在16年間擴增至1,500億美元的大型企業，且成為美國第二大企業，僅次於奇異電器。

葛維達接任總裁後，更特意栽培接班人，他慧眼認出愛威特資質不凡，故將愛威特由助理稽查組長，晉升至財務經理。再因其績效卓越，屢見創意理財佳績，更一路拔擢愛威特為歐洲事業部經理、美國事

業部經理，而至可口可樂總執行長，成爲欽定接班人。

特別是葛維達總裁罹患肺癌，不到兩個月便辭世，但是，由於葛維達總裁貫徹績效達成法則，及早預備接班人，從而愛威特得以順利接班，可口可樂股票價格更是絲毫未受影響，而爲績效管理佳話。

最重要的是，事情的產出結果要和目標相對應，產生績效與效能，唯有如此，最後被炒魷魚的人才不會是你。

【問得好】你能夠提供給顧客的是哪些關鍵的事物？

1. 績效建立

個人爲求在市場上能夠永續生存和競爭發展，需要訂出人生使命和生活目的，並根據所握有的資源，擬定基本策略和努力目標，且執行一系列的投入過程和產出活動。在這一系列活動中，不斷追求效率極大化，來形成資源利用績效。因爲我們都要照自己的工作內容，得自己的賞賜。此時個人即可藉由績效衡量來探討自己的活動，已否達成起初制定的人生使命和生活目的，也就是績效能否導致最高效能。此即爲邁爾和史諾在1978年所提出的績效評估分析架構（Performance Evaluation Framework）。如圖3-4所示，其中的效率即等於產出與投入（如人力與資金）的比值；效能則是目標（如年度目標）與產出（如實際結果）的比值；至於績效即爲產出的表現情形【3-9】。

例如，個人若是已經找出自己在BCG矩陣中的「超級明星」，且業已重複操作時，此時即需要盡力將此和外在的績效評估架構做好相互連結，產生具體的成效。目的在於使自己的實力或智慧，產生生命的格局或高度。

例如，筆者在民國82年獲得博士學位時，許下到國立大學任正教授的十年目標。這個目標導引我專心學術研究，並將參與產業研討會、參與企業界活動、參與政府公聽會、出版教科書或專書、在報章雜誌發表專

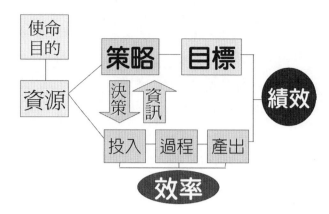

資料來源：整理自 Miles and Snow (1978)。

圖3-4 績效評估分析架構

文、參與企業教育訓練、參與學校兼課等活動降至最低，甚至拒絕參與，以換取時間專心發表學術期刊論文，結果在十二年後我來到國立東華大學任教，並升等正教授，後來更完成一百篇國際學術期刊論文，這乃是上帝的美好賜福。

2. 效率、效能與績效

基本上，做事很有效率的人，績效不一定會好；同樣的，天天超時工作、忙得頭昏轉向的人，效能也不一定會好，關鍵乃在於績效二字。因此本段首先說明效率、效能與績效之間的差別。

(1) 效率

效率（Efficiency）一詞，又名為經濟效率，其為「實際產出」除以「實際投入」的比值。我們咸期望能藉由最少的資源投入，獲致相同數量的產品產出；或是使用相同的投入資源數量，獲致最高的產品產出。例如，甲的工作時數是8個小時，銷售業績是4,800元；乙的工作時數是10個小時，銷售業績是5,600元；丙的工作時數是12個小時，銷售業績是6,000元。便可得知甲的效率是600元／小時（即4,800元除以8小時）、乙的效率是560元／小時（即4,800元除以10小時）、丙的效率是500／小時（即6,000元除以12小時），這時候，甲的效率（或生

產力）最好，丙的效率最差，甲可榮獲主管獎賞。

至於生產力（Productivity）一詞，其為「實際產出」和「潛在產出」的比值。此時的潛在產出指生產的最大可能產出水準。係由於在經濟學的生產函數中，各種人力與資本等生產要素投入，經由生產函數運作，可達成生產要素的潛在產出（指生產可能界限）。故效率與生產力在此可視為同義詞。

(2) 效能

效能（Effectiveness）是「實際產出」和「目標產出」之間的比值。基於此時包括目標產出，故效能具有價值判斷的主觀意涵，亦即效能重點在評估「目標達成情形」，其需要有別於效率。

例如，在上述的情況，若甲面對的目標產出是4,800元、乙面對的目標產出是5,200元、丙面對的目標產出是6,400元。則乙的效能最佳，超過預定目標（5,600元高於5,200元），乙可得到獎賞。至於甲剛好達成目標（4,800元），丙未能達成目標（6,000元低於6,400元）。

(3) 績效

至於績效（Performance）則是表現（Perform）的名詞，是事務或產出成果，亦即實際產出水準。例如，各銷售員中，甲的銷售量是4,800元、乙的銷售量是5,600元、丙的銷售量是6,000元，則丙的績效最佳，丙可獲得主管嘉獎。例如，某平板電腦生產線的實際生產量是14萬台，這就是該生產線的績效；又銷售部門的平板電腦銷售量是60萬台，這就是該銷售部門的績效。績效與效率不同，若是產出的數值愈高，其績效表現即被認定愈佳，此時並不關心需要投入多少資源。

然而，十分弔詭的是，各家企業皆競相獎勵高績效，祭出高額獎金與升遷機會，殊不知高績效即高額產出，其多需伴隨長時間工作的代價。因此，個人若一味追求工作上的「最高」績效，除可能忽略家庭親子生活與健康外，亦可能導致較低生產力的情形。理由是在經濟學中，經由**邊際報酬遞減法則**（**Decreasing Principle of Marginal Returns**）的運作，使得在加班時間中的平均報酬明顯下挫，從而導致加班時的生產效率低於不加班的正常時段上班之情形，理由甚明。

> 高績效即高額產出，其多需伴隨長時間工作的代價。

3. 效率衡量與績效評估

(1) 效率衡量

衡量（Measurement）指經由共通且具體的標準檢視，藉由數字或文字來描繪事件或產出的情形。衡量是經由量度工具所取得的數據，用以測度某一事件或產出的行為結果，以及經由此一測度量值，表現事件或產出的質量大小或能力高低。申言之，衡量是直接的測度事務或產出，而效率衡量（Efficiency Measurement）即是客觀的測量效率。

(2) 績效評估

至於評估（Evaluation）又稱為評鑑，指評量某一事件或產出的效率或效能，並經由制定的準則（如商品品質標準、銷售業績目標、工作收入目標等），做出價值評斷。申言之，評估即是將衡量數據加上個人主觀價值評斷，至於績效評估（Performance Evaluation），則是先衡量績效，再添加價值判斷的結果。

例如，某丁的去年度總銷售業績為400萬元，此業績原是一個客觀的衡量數值。然而，若是行銷主管對某丁業已設定年度目標是450萬元，則行銷經理遂依據該項目標，評估丁的業績是「待改善」。

實際評估績效時，主事單位通常會比較實際的產出表現和預期的目標值。從而此時的績效衡量，即成為效能評估。

在這個時候，完成「策略槓桿學習單」（表3-1）是個不錯的嘗試，可具體說明你面對外界環境的整理思考過程，以及你面對外界特定事件的思考過程。

【智慧語錄】

　　成功＝努力工作＋正確方法＋少說廢話。

　　　　　　　　　　　　　　　　——科學家，愛因斯坦（Albert Einstein）

　　世界上最快樂的事，莫過於為理想而奮鬥。

　　　　　　　　　　　　　　　　——哲學家，蘇格拉底（Socrates）

《本章註釋》

3-1 偶然力（Serendipity）是個人應對變動環境下處理能力的統稱，爲哈佛大學領導學大師約瑟夫‧奈伊（Joseph Nye）教授所提出。最好的絕佳範例是牛頓（Newton）由蘋果落地來發現萬有引力。亦請參閱陳澤義著（2011），《美好人生是管理出來的》，第五篇「偶然力」，臺北市：聯經出版。以及2014年簡體字版，深圳市：海天出版。

3-2 比較利益法則，出自李嘉圖。請參閱Ricardo, D. (1817), *The Principle of Political Economics and Tax*, NY: The Free Press.

3-3 優勢、劣勢、機會、威脅SWOT分析，參考Valentin, E. K. (2001), "SWOT Analysis from a Resource-Based View," *Journal of Marketing Theory and Practice*, Spring, pp.54-69.

3-4 黃金管理80／20法則。出自1897年義大利經濟學者帕雷托（Pareto），他發現80／20法則（Pareto Principle）。

3-5 波士頓顧問群（Boston Counscil Group; BCG）的利潤成長率與市場占有率矩陣。Hedley, B. (1977), "Strategy and the Business Portfolio," *Long Range Planning*, Elsevie Science.

3-6 績效評估分析架構，出自Miles and Snow（1978），請參閱陳澤義、陳啟斌著（民98），《企業診斷與績效評估（二版）：平衡計分卡之運用》，臺北市：華泰文化出版。

3-7 「這時便是並靠著耶穌基督，結滿了仁義的果子，叫榮耀稱讚歸與　上帝」原文出自《聖經‧腓立比書》1章11節。

3-8 同3-4之註。

3-9 在波士頓顧問群矩陣分析方面，詳細內容請參見陳澤義、劉祥熹著（2012），《國際企業管理——理論與實際》，臺北市：普林斯頓國際出版，第九章，「國際企業策略規劃」的說明中，第四節「競爭優勢意涵」的說明。

3-10 有關績效評估分析架構，係出自Miles and Snow（1978），至於詳細內容請參閱陳澤義、陳啟斌著（2015），《企業診斷與績效評估——策略管理觀點》（第四版），臺北市：華泰文化出版，第七章「企業經營績效評估」的說明。

【課後學習單】

表3-1 「你的偶然力」單元課程學習單——優勢槓桿學習單

課程名稱：	授課教師：
系級： 姓名：	學號：
1. 你怎樣找到在某一種環境中的「**機會**」，並能和自己的「**優勢**」相互對應，產生「**槓桿效果**」？	
2. 在你生活中，有哪些事情是你只需要花費 20% 的努力，就能夠獲得 80% 的成果的，那是一些什麼樣的事情呢？	
3. 同樣的，在你生活中，有哪些事情是你就算花費了 80% 的努力，卻只能夠獲得 20% 的成果的，那又是一些什麼樣的事情呢？	
4. 這時你要怎樣來使用「**80／20黃金管理法則**」，去做「**對的事情**」，那是什麼樣的事情呢？	
5. 緊接著，你怎樣運作「**績效評估／管理模式**」，來提升你的生命格局，你要做些什麼樣的事情呢？	
6. 請你思考在這當中，你要怎樣做才能夠使你對這個社會的「**貢獻**」最大化？	
7. 此時，你會想到要做哪些「**因應計畫**」呢？	
老師與助教評語	

表3-2 「你的偶然力」單元課程學習單──環境能力學習單

課程名稱：	授課教師：
系級： 姓名：	學號：
主題內容	
1. 你有沒有發現哪些「**外在環境變化**」，對你有顯著影響的？	
2. 上述外在環境變化，在「**哪一方面**」明顯的影響你？	
3. 你認爲有哪些可行的因應「**方案**」？	
4. 其中有哪些主要「**關鍵點**」（即 80／20 中的那 20）需優先被執行？	
5. 請你評估優先執行方案的「**效率**」與「**效能**」？（即是否達成績效目標）	
6. 你會建議做哪些最後的「**決定**」？	
7. 你會建議做哪些「**學習計畫**」？	
老師與助教評語	

第二篇　你的軟實力：I Do

我們每個人的一生，都是在扮演一幕又一幕的戲劇，這戲劇長短也好、真假也罷、喜悲也行。你我都在各個場域中扮演著不同的你我，做出不同的決策。這當中各自歡笑，各自悲戚，一幕戲的結束便意味著另一幕戲的開始，由青澀少年翩然來到穩重成年，再來到徐徐中年而遲暮老年。

　　因著「我們在世界上本是一場戲，留給世人和天使觀看」。所以我們無需太過於沉浸在昨天的歲月，也無庸悲嘆過往已逝去的光陰。或許你記住這一些，也或許你已經忘記這一切，那也何妨。然而，需記取生命本是一段直線，昨日不忘是後事之師，忘記背後並努力面前，好好管理每一個現在，做好當下每一個決策，這就是美好人生的真義。

第四章　選擇合適工作

【三國啟思：諸葛亮新野一役展露善於用兵之能】

在《三國演義》中，**諸葛亮**上通天文，下知地理，精於掌握多種地形地貌、風向水文，出奇兵以寡擊眾。首戰新野一役即展露善於用兵之能力。此時劉備的前軍由張飛率領，在敵前佯敗逃竄，引誘曹操先頭部隊追趕而進入險地，然後埋伏一支軍隊於山谷擊殺。

此時諸葛亮即在狹隘山谷中，安置滾木巨石、機弦火砲，並利用弓箭手射擊火箭，在絕谷內引燃稻草。同時令步兵在山腰間將火把丟入山谷，引火切斷對方的糧道，迫使對方斷糧、兵疲馬困而自亂陣腳。

總之，諸葛亮具有明顯的研究人特質，對資料有精準的判斷力，且智力極高，為絕佳的軍師企劃人才。即諸葛亮善於利用天時、地利、人和之勢，運用山川、地物、方位、風向來調兵布陣，布陣即如知名的孔明八卦陣。在調度水軍上，善用運用天文氣象、水文漲落，更擅長在水陸交界平原地帶、水岸森林濃密地帶使用火攻，藉由風助火勢擊潰敵軍，擴大戰果。

4.1 開創天生價值

【管理開場：皮爾‧卡登發揮比較利益的奮鬥人生】

皮爾‧卡登（Bill Cardon）是義大利威尼斯人，幼年在裁縫店做學徒，逐漸顯露在時裝設計上的才華，利基獨具，服裝設計匠心獨具，啼聲初試，獲得裁縫店主女兒的賞賜，取得數度服裝設計的良機。

隨後，皮爾‧卡登隻身來到巴黎，在知名的帕坎時裝設計店工作。藉由為巴黎各劇院縫製戲服的機會，皮爾‧卡登加入戲服設計，和著名藝術家科克托與馬雷結交，得以開拓服裝設計的新領域。後來在他們鼓勵下，皮爾‧卡登自立門戶，開設「皮爾‧卡登」時裝店，科克托

給他設計《美女與野獸》全部戲服的機會，使他有機會舉辦首次服裝展覽，打開知名度。

日後，皮爾・卡登創新性的舉辦男性服裝展覽，帶動男裝時尚風潮，雖然他被「服裝業主聯合會」開除，但是皮爾・卡登的聲勢卻蒸蒸日上。兩年後，服裝業主聯合會反倒邀請皮爾・卡登榮任該會主席。

皮爾・卡登後來更進一步擺脫菁英貴族服飾，轉向普羅大眾，打開大眾服裝的新潮流。皮爾・卡登亦開創童裝系列，成功打開童裝領域。現今更有「卡登香水」的新產品，皮爾・卡登持續將願景目標對準未來，進行無窮盡伸展。

發現上帝在你身上的利基，並找出你的比較利益、天賦能力。

【問得好】你需要靠何種能耐來謀生？

工作占去我們一天24小時中，最精華也相當長的一段時間（如朝九晚六上班時段），而工作時你的能力是否有效發揮，直接影響到你的工作績效高低，以及每天的快樂與否，進而連帶影響你的薪資水準。因此，選擇合適工作十分重要，而非僅是選擇「錢多、事少、離家近」的工作。理由是依據管理學中，赫茲伯格（Herzberg）的**兩因素動機理論**（**Two Factor Motivation Theory**），一則工作「事少」，失去激勵因素（Motivation Factor），無法發揮你的熱情，也沒有工作成就感；二則雖然「錢多」，只有保健因素（Hygiene Factor），僅是使你沒有不滿意，並無法使你非常滿意，也無法持續快樂。三則因為工作（Work）是來自崇拜或敬拜（Worship）的字根，故工作等於敬拜，因此「敬業」乃是工作的主旋律，如此便能找到你的工作定位。

在人生的工作和生活等層面，你我都需要具備相當的能力，執行關鍵性事務，藉以達成所設定的目標。因此，個人的能力在人生管理上實至為重要，從而本書特闢專章來說明。本章「選擇合適工作」即由此出發，上

承前三章的人生策略規劃，下接後三章的人生決策活動，其重要性自不在話下。

能力（Capability）是指「個人完成某項事務，達成目標的力量」。這是個人面對環境挑戰，發揮個人優勢，運作策略優勢槓桿的重要基礎，即為個人在從事SWOT分析時，認定個人優勢（S）的重點工作。

1. 能力與天賦能力

真是神奇啊，世界各國的人類中，沒有任何兩個人是長得百分之百相同的，事實上每個人都擁有和他人不相同的指紋、和他人不相同的眼睛水晶體，因此，我們可以經由指紋或眼睛水晶體資料作為線索，來開鎖、開門或是破案、辦案。

上帝創造的每個人皆是一個獨特的個人，是上帝匠心獨具的精心傑作。這就好似雪花片片飄揚在銀白世界，但是每一片雪花它所出現的紋路皆是不相同的。更進一步說，每個人就是王國中的那位王子，因為每個人都是他的父親的幾千萬顆精子中，賽跑得第一名的那一隻精子，它鑽進母親的卵子中，受精所結合的產品結晶。所以你絕對是第一名的，讓我們「叫你第一名」，事實上每個人正是這千萬隻精子中的冠軍之結果，所以絕對、絕對、絕對是最棒的。更準確的說，每個人都是一位王子，且住在皇宮（母親的子宮）中，懷胎十月生產出來的上帝精心傑作。

也因此，上帝在每個人的身上已經置放獨有的天賦能力，以驅動個人達成那難以揣摩的成就。換言之，上帝在每個人的身上，業已植入一種獨一無二的「細胞」，是專為每個人特別訂製的天賦能力，故我們需要格外珍惜運用它。在日常生活中，我們不經意會發覺若干事務，一下子就上手，執行起來毫不費力；換做他人卻是事倍功半，而某個人卻是事半功倍，此即適合某個人從事的工作事務。

2. 四項天賦能力

申言之，每個人天賦上就擁有三項基本能力因子，此即心智、情感、身體。準此，每個人都擁有四種基本能力：智力能力、情感能力、物理能力、心靈能力，此時的**能力（Ability）**是指為達成工作中各種目標，

所必須擁有的才能【4-1】。理由是工作先要去做個人「可以」、「能夠」做到的任務，如此一來才不致因著失敗挫折而退縮，方能做到天生我才必有所用。茲說明於後：

(1) 智力能力（**Intellectual Ability**），即智商或智力商數（**Intelligence Quotient, IQ**），係由心智年齡（**Mental Age**）除以實際年齡（**Chronological Age**）後，再乘以100而得。包括認知理解、辭彙應用、分析推理、抽象思考、心智推導等。智力能力高的人適合從事企劃、研究、設計等高度腦力密集的工作，亦即「資料」導向的事務。

(2) 情感能力（**Emotional Ability**），即情緒商數（**Emotional Quotient, EQ**），係指影響個人環境適應、勝任能力、潛能開發和壓力要求的情緒處理能力。包括：自我察覺（認知情緒感受）、自我管理（情緒反應與衝動控制的處理）、自我激勵（面對挫折失敗後，維持正面思考的能力）、同理心（能體會了解他人情緒感覺）、社交能力（進退應對與待人接物的能力）五個部分。情感能力高的人適合從事人力資源管理、行銷、諮商輔導等高度人際關係密集的工作，亦即「人群」導向的事務。

(3) 物理能力（**Physical Ability**），即體力商數（**Physical Quotient, PQ**），包括個人身體強度、伸展彈性、爆發力度、肢體協調、動態平衡等。物理能力高的人適合從事生產作業管理、行政、總務等高度肢體操作密集的工作，亦即「事務」導向的事務。

(4) 心靈能力（**Spirit Ability**），心靈能力即心靈商數（**Spirit Quotient, SQ**），表示致力人生意義追尋，及思辨倫理良心的程度。即心靈商數是探求生命意義、人生願景及追求價值的能耐，其構成信仰及價值觀的根基，高心靈商數的人易具備築夢奮鬥的意志，故可明顯強化上述前三種能力獲致成就的程度。近年來在諾貝爾獎得主中，有高達五分之一皆是猶太人，而猶太人的人口數尚不及全球的1%，因此，或謂是猶太人具有明顯的心靈能力所致，使得心靈能力被進一步探索。

3. 發揮比較利益原則

　　若要發揮上帝賜給我們的天賦能力，即是要每個人去做個人相對於他人，「比較」有特殊「利益」的工作，此即**比較利益**（**Comparative Advantage**）法則【4-2】，係由古典經濟學家李嘉圖（Ricardo）於1817年所提出，其是經濟市場交易的基本原理；同時更是管理的利基原則（**Niche Principle**）【4-3】，**我們每個人皆需要去從事一個能夠獲利的基礎**。例如，大象在舉重項目上的比較利益，就明顯大於百米賽跑和跳遠。

我們每個人皆需要去從事一個能夠獲利的基礎。

　　例如：若是你在同儕團體中（同班同學或同事），國文程度排名是名列前茅、英文程度排名是中間部分、電腦技能排名是後段班，那你的比較利益明顯就是在國文語文方面，即適合從事需要國文語文能力精進的工作，例如文字編輯、寫作或華語教學等。也明顯較不適合到國際企業工作，因為到國際企業工作，會較多使用到英文與電腦。相反地，若是你在同儕團體中的英文排名優於中文或電腦技能，那你很明顯地適合在較常使用外語的環境中工作，例如到外商或國際色彩明顯的企業單位工作，甚至是出國留學攻讀碩、博士學位，因為你運用英語明顯較中文或電腦，以及較諸其他同儕團體，具有明顯的「比較」利益。

　　例如，筆者從小就喜歡整理物品、編輯資料。喜歡將衣服摺疊整齊、將玩具整理歸位、將房間打掃乾淨、將書本排列整齊。求學念書之時，我就將上課抄的筆記，整理的井井有條，回家後特意重新整理，使用紅、藍、黑三色的原子筆來抄寫，製作出一份完整的筆記，令人驚艷，因此大家叫我「筆記王子」。

　　在學校時，我陸續擔任班刊、社刊、校刊的專欄主編，也是永遠的學藝股長，這成為我的正字標記。在學習英文時，因為很多英文字彙參考書的英文字彙排列，都是按照英文字母順序來排列，我覺得這樣不利我背誦英文單字，於是我刻意整理所閱讀的英文單字，重新整理出自己所要使用

的英文單字記誦讀本，按照人、事、時、地、物來分類排列，使之綱舉目張，規矩次序分明，來背誦、記憶英文單字。

在從事研究工作時，我擔任研究助理，很快的就將研究討論主題中，所涉及的相關文獻和參考資料迅速整理妥當，整理撰寫成文獻回顧和論文摘要，這些使我頗受主管欣賞，而有「中華第一快手」的美譽。

在學校教書時，我則是將教學教案妥善整理，慎密編輯成數本專業教科書，陸續經由出版社出版。筆者心想，這就是獨特的我，是上帝所創造最特別的自己，我絕對是與眾不同的。這就是我，如假包換的我，我是上帝絕佳設計的飛鷹，志向是飛往上帝的高處。

【智慧語錄】

創造靠智慧，處世靠常識；有常識而無智慧，謂之平庸，有智慧而無常識，謂之笨拙。智慧是一切力量中最強大的力量，是世界上唯一自覺活著力量。　　　　　　　　　　　　　── 文學家，高爾基（Maksim Gorkiy）

不是愛哪行就做哪行工作，而是一旦選擇好做哪行工作後，就要愛哪行。　　　　　　　　　　　　── 英國首相，邱吉爾（Winston Churchill）

4.2 解開生命密碼

【管理亮點：舒爾茨的星巴克傳奇】

星巴克（starbucks）創辦人霍華德·舒爾茨（Howard Schultz），是一位1952年出生在紐約布魯克林區的人。舒爾茨北密西根大學畢業後，先進入施樂企業紐約分公司擔任銷售員，一路升到行銷長。後來轉到一家瑞典廚具公司，擔任美國分公司總經理。舒爾茨在銷售商品時，無意間發現位於西雅圖，有家名叫「星巴克」的小公司，向他採購很多台的咖啡烹煮器。在好奇心驅使下，他親自拜訪「星巴克」。舒爾茨見到星巴克專門銷售現煮咖啡、香料和其他調味品。身為咖啡愛好者的他靈光一閃，想到大家要的不僅是喝一杯咖啡，而是渴望享受咖啡的片刻時光。

　　1982年，舒爾茨轉職到星巴克，擔任零售業務和營銷總監一職。兩年後，舒爾茨號召許多人一起買下星巴克的所有股份，舒爾茨成為總裁。舒爾茨重新改造星巴克，他提出咖啡館真正吸引顧客再三光顧的理由是放鬆的氣氛、交誼的空間，和心情的轉換。」「星巴克是我第三個場所（the third place），第一個是家，第二個是辦公室，星巴克則是介乎兩者中間。在這裡呆坐著，讓人感到無比舒適、安全和家的溫馨感覺。」星巴克的業務因此蒸蒸日上，成為全球知名國際企業。

　　找出你擅長的事情，並且去做合乎你長處的事情，你便容易成功。

【問得好】請思考你為何要從事這樣一份工作？

　　當你離開學校後，想要丟履歷找工作時，即需要進行「個性與能力管理」，找到合適工作。即需要問以下三個問題：
(1) 我要怎樣做才能夠選定合適的工作部門？
(2) 我要怎樣做才能夠選定合適的工作行業？
(3) 我要怎樣決定是否需要考研究所、考多益、出國念書、考證照，或是投考公職呢？
　　這即是本節和下節所要回答的問題。
　　基本上，無論是在哪一個單位或部門，皆需要各種能力的人，分工合作，各司其職完成任務。準此，各型組織方能夠有效率及效能的發揮功能，個人以為，此乃上帝賜給每個人各異的能力才幹之理由。
　　基於每個人的能力人格各異，故若要「天生我材必有所用」【4-4】，達成「人盡其才」的境地【4-5】，亟需妥善搭配個人的性格能力類型（代表供給方），以及工作事務內容（代表需求方）二者。此時每個人的能力和人格即是「天生我材」，將之擺放在對的工作項目中，即會「必有所用」。即是將「對的事情」安排「對的人」來執行，貫徹「因事設人」原則，達成綜效槓桿（Synergy Leverage），形成一加一大於二的

美好收成。

> 每個人的能力和人格即是「天生我材」，將之擺放在對的工作項目中，
> 即會「必有所用」。

在其中，人格（**Personality**）意指個人因應外界刺激、做出反應以及和他人互動的所有形式。是個人心理認知的整體狀態，更是個人決定如何調適環境變化的特定方式。例如，個性內向安靜、外向活潑、積極進取、保守穩重、團結合作、溫和合群、看重細節、具備長期眼光、高度忠誠、容易敏感等。此時你要知道：我們每個人不要看自己過於所當看的，要照著上帝所分給每個人信心的大小，看得合乎中道。

人格和工作的配適程度高低，明顯會決定工作成效，此時，赫蘭的人格與工作搭配理論即十分有用。個人需要清楚認識自己，並選擇適合自己的工作項目，方能事半功倍，走在正確的道路上。

赫 蘭（Holland）於1982年所提出的**個性和工作適配理論**（**Personality-Job Fit Theory**），又名**P-J配適**（**Personality-Job Fit**）【4-6】，即臚列個人的三種層面和六種人格特質，並認定每個人的人格類型和組織工作事務的互相搭配情形，明顯會影響個人日後的工作效率與滿意度，如圖4-1所示。

個人的三種層面分別為人群導向（People-Orientation）、事務導向（Thing-Orientation）、資料導向（Data-Orientation），此與美國勞工部的職業工作分類一致。至於三種層面、六種人格特質為：

1. 人群導向

人群導向指個性能力上善於處理「人群互動與關係建立」的行為，人群導向可包括企業人和社會人二類：

(1) 企業人（**Enterprising Man**）：為人際導向的顯性因子。企業人具備強烈的進取心，展現高度自信的人格特質，具有雄心壯志且精力十足，並具有強烈的占有慾與支配慾。企業人偏愛使用「說服」技巧來

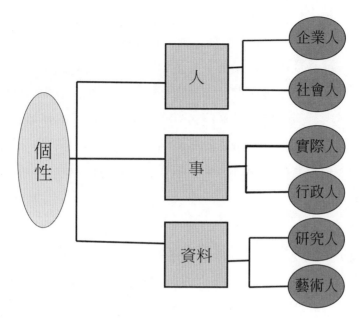

資料來源：整理自 Holland (1982)。

圖4-1　個性類型和工作間的關係

影響他人、取得名位及權力，企業人適合從事產品銷售、商業業務、公關顧問、房產仲介、律師檢察官、中小型企業主管的工作。

(2) 社會人（**Social Man**）：為人際導向的隱性因子。社會人個性溫和合群，精於社交技巧、善於建立人際關係。社會人喜愛幫助人、協助人和開發他人潛能。社會人適合從事人力資源管理、組織發展、教育訓練、課室教學、社會工作、諮商輔導、臨床心理、心靈啟發、慈善公益等工作。

2. 事務導向

　　事務導向指個性能力上善於處理「流程互動與事物操作」的行為，事務導向可包括實際人和行政人二類：

(1) 實際人（**Realistic Man**）：為事物導向的顯性因子。實際人善於肢體伸展、肢體協調、消耗體能、技術導向和機具操作的活動。實際人個性穩重、實在、順從、純眞、務實、較內向害羞。實際人適合從事電

腦操作、機械操作、生產製造、機具維修、土木工程、工安保全、環境安全、駕駛飛機車船、教練運動、農林漁牧礦等工作。

(2) **行政人（Conventional Man）**：為事物導向的隱性因子。行政人善於分門別類、次序管理，個性上嚴謹守成、恪守法令規章、依法行政、服從制度。行政人偏愛有秩序、有條理、清楚規範的作業活動。較缺乏想像力與適應性，甚至龜毛和挑剔。行政人適合從事一般行政、作業管理、檔案管理、會計出納、品管審計、法務檢查、稽核管考等工作。

3. 資料導向

資料導向指個性能力上善於處理「文字、數字和符號互動」的行為，資料導向可包括研究人和藝術人二種：

(1) **研究人（Investigative Man）**：為資料導向的顯性因子。研究人個性上富好奇心、分析力、創新力。研究人偏愛理性思辯、解決問題、策略規劃的腦力心智活動。研究人適合從事學術研究、經濟分析、行銷企劃、財務分析、資料分析、資訊管理、田野調查、策略策劃、研究企劃等工作。

(2) **藝術人（Artistic Man）**：為資料導向的隱性因子。藝術人個性上喜歡表現自我，創作表達，充滿想像力、偏愛激發創意點子和思維想像，不愛規章制度的拘束、不愛條理規律的事物。藝術人具理想化與情緒化性格、不重視實際。藝術人適合從事廣告設計、產品設計、建築設計、舞臺展場設計、室內裝潢設計、景觀設計、繪畫雕塑、音樂創作、樂曲演唱、文學撰述等工作。

值得一提的是，對應前一節的身體才能（PQ）、智力才能（IQ）、情感才能（EQ）與心靈才能（SQ）的基本能力，可以得知企業人和社會人EQ通常較高，實際人與行政人的PQ一般較高，研究人與藝術人則握有較高的IQ與SQ水準，殆無疑義。

最重要的是，每個人需要先認清自己是一個怎樣的「人」（個性能力），然後再決定適合做怎樣的「事」（工作）。了解個性可以認識自我

與了解他人，企業的人力資源經理亦可準確任用合適人才，擺放在合適的工作項目上。

在此一情形下，更需要考量四個配適（Fit），它們分別是：

(1) **個性與工作部門配適**（**Personality-Job Fit, P-J Fit**）：即個人的個性能力需要和工作的部門單位相互配合，此為本章第二節「解開生命密碼」與第三節第二小節中「選擇適合的工作」的內容，並請參考附錄中的問卷一。

(2) **個性與工作行業配適**（**Personality-Industry Fit, P-I fit**）：即個人的興趣傾向需要和工作的行業相互配合，此為本章第三節第二小節中「選擇適合的工作」的內容，並請參考附錄中的問卷二。

(3) **個性與工作組織配適**（**Personality-Organization Fit, P-O fit**）：即個人的生活風格需要和工作的機構組織文化相互調合。基本上，個人和組織文化配適，無關乎個人的個性能力特質，而在於個人的心靈商數（SQ）高低，此為組織文化層面的議題，為個人如何和組織文化相互調適的問題。

(4) **個性與工作人員配適**（**Personality-Colleague Fit, P-C fit**）：此即個人和工作的同事相互配合，基本上，個人和工作的同事相互配合，無關乎個人的個性能力特質，而在於個人的情緒商數（EQ）高低。必須指出的是，請不要因個人和工作同事無法相處而貿然離職，理由是，這是個人溝通能力的問題。不論是轉換到何種工作，必然會由於個人的情緒商數因素，而遭逢不易相處的同事，此時需要提升個人溝通能力，而不是換工作單位。

筆者的第一份工作是選擇到中華經濟研究院擔任約聘研究助理工作，這份工作十分適合我資料導向的「研究人」特質，因為這份工作經常需要撰寫研究計畫書、研究進度報告、研究結案報告初稿，也需要執行電腦程式作業，這更使我的資料整理與編輯工夫得到有效發揮。後來因為工作表現優異，獲改聘為正式研究人員，並且獲得繼續進修博士班的機會，我在向上帝懇切禱告後，更獲得院長特准，得以留職帶薪的身分進修深造，並因此獲得博士學位，開啟我獨特的研究之路，這更是上帝所賜的美

好福分。筆者博士畢業繼續在中華經濟研究院擔任研究工作，以及後來在大學擔任教授，從事教學與研究工作。由於個性與工作十分適配，使得筆者工作如魚得水，事半功倍，因此順利且快速升等正研究員與正教授。

在本書附錄中，即編列「工作部門選擇問卷」、「工作行業選擇問卷」，供讀者自行練習，找出最合適的工作部門與行業，請參見本書附錄。

【智慧語錄】

每個人都有他的隱藏的精華，和任何別人的精華不同，它使人具有自己獨特的氣味。　　——文學家，羅曼羅蘭（Romain Rolland）

要深入你的內心，認識你自己！認識你自己，方能認識人生。

——哲學家，蘇格拉底（Socrates）

4.3 錢多事少的迷思

【管理亮點：放對位置的餐飲主廚阿基師——鄭衍基】

國寶級廚師「阿基師」本名鄭衍基，為烹飪節目製作人及主持人，曾任知名五星級飯店的行政總主廚多年，更擔任總統御廚有三屆，然而阿基師卻無名車與司機接送，亦無氣派奢華的辦公場所，全無主廚的官架子。

阿基師有卓越的味蕾，善於聞香辨味，阿基師平日更喜愛烹飪調味而樂在其中，某日風強雨驟，阿基師依然騎機車上班，然因風雨過強而被吹倒，阿基師卻不懼風雨的趕到餐廳，餐廳員工忽然驚覺阿基師右手腕已骨折，阿基師卻說：「我既已答應別人，爬也要爬回來上班」，此種工作熱忱與敬業態度，令人敬佩。

誠如阿基師所持定的，要選你所愛並且愛你所選的工作，在選擇工作以前，要選擇你喜歡做的工作，然而，一旦挑選好工作內容，就要用熱情有勁的心，來擁抱你所選擇的工作。

　　對的事情需要有對的人來做，所以要去做適合你做的工作，而非僅是要求錢多、事少、離家近的工作。

【問得好】你適合做哪一行的工作？

1. 選擇適合的工作部門

　　以企業部門單位來劃分。「人群導向」的人適合從事和「人群互動與關係建立」密切相關的工作，其中企業人適合從事行銷業務或商務談判上的事務，至於社會人則適合人力資源管理或福利文化公益業務。「事務導向」的人適合從事和「流程互動與事物操作」密切相關的工作，其中實際人適合從事生產管理、品管保全或後勤維修上的事務，至於行政人則適合行政總務、財務管理或祕書行政業務。「資料導向」的人適合從事和「文字、數字和符號互動」密切相關的工作，其中研究人適合從事研究企劃、財務分析規劃或資訊管理上的事務，至於藝術人則適合產品設計、廣告設計或傳播視訊業務，如圖4-2所示。上述個性與工作的配適，亦可導源於日本小島清教授（Kiyoshi Kojima）所提出的**比較優勢**（**Comparative Advantage**）理論。亦即我們透過遵循要素稟賦（**Factor Endowment**）的運作機制，來建立稟賦優勢，以擁有最佳機會來獲得職場競爭力。

　　若以資訊科技業的工作為例，企業人可以擔任產品經理（Product Manger, PM）、品牌經理（Brand Manager, BM）、關係經理（Relation Manger, RM），或是銷售工程師；社會人適合擔任客服人員、社會公益行銷人員，或是組織發展的文化規劃師；實際人較適合擔任硬體工程師、維修工程師、廠務經理；行政人可擔任行政人員、資料輸入人員，或是專案管理人員；研究人適合擔任程式撰寫人員、研究企劃專員，或是資訊管理人員；藝術人適合擔任創意式網頁設計員、產品設計員，或是廣告創意總監等。

2. 選擇適合的工作

　　至於如何選擇合適的工作行業或產業別，此時即包括與食、衣、

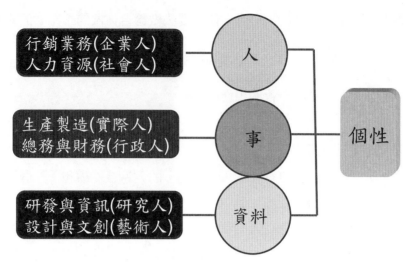

註：產銷人發財為企業五大管理功能。

圖4-2　企業不同部門單位適合不同個性類型的人來從事

住、行、育、樂、資訊、農林漁牧攸關的各個行業，茲說明如下：

(1) **與「食」攸關的行業**：包括食物的製作、加工、烹調、銷售等行為的行業。此行業的知名廠家，例如，萬家香醬油、一之軒麵包、王品牛排、鼎泰豐小籠包、鬍鬚張魯肉飯、星巴克咖啡、麥當勞速食等企業。

(2) **與「衣」攸關的行業**：包括衣服的製作、紡織、修整、銷售等行為的行業，包括廣義的鞋類與化妝品。此行業的知名廠家，例如，Zara服飾、Uniquo服飾、G2000服飾、Hang Ten服飾、台南紡織、La new鞋業、伊莉莎白雅頓化妝品等企業。

(3) **與「住」攸關的行業**：包括房屋的設計、建造、裝潢、銷售等行為的行業，包括廣義的庭園景觀在內。此行業的知名廠家，例如，寶佳建設、遠雄建設、興富發建設、新光不動產開發、IKEA家飾、永慶房屋、信義房屋等企業。

(4) **與「行」攸關的行業**：包括車船與飛機等交通工具之生產、運送、銷售等行為的行業，包括廣義的腳踏車與郵輪在內。此行業的知名廠家，例如，裕隆汽車、賓士汽車、和泰汽車、長榮海運、中華航空、

臺灣高鐵、臺北捷運、捷安特腳踏車、麗晶郵輪等企業。

(5) 與「育」攸關的行業：包括生育、養育、教育活動相關的行業，包括廣義的醫療、金控、殯葬在內。此行業的知名廠家，例如，婦幼醫院、台安醫院、長庚醫院產後護理之家、薇閣中學、臺灣大學、美加補習班、台新金控、龍巖生命等企業。

(6) 與「樂」攸關的行業：包括各種娛樂活動、觀光休閒、影視媒體、旅遊等行為的行業，包括廣義的觀光飯店與博弈彩券在內。此行業的知名廠家，例如，劍湖山世界、義大世界、東森電影戲劇、中國時報、錢櫃KTV、雄獅旅行社、東南旅行社、臺北W飯店、老爺酒店、大樂透運彩等企業。

(7) 與「資訊」攸關的行業：包括電機、電子、通訊3C相關的行業，包括廣義的半導體在內。此行業的知名廠家，例如，台積電、華碩、宏達電、微軟、蘋果、友達光電、三星、鴻海等企業。

(8) 與「農林漁牧」攸關的行業：包括自耕農、林業、漁業、牧業、採礦相關的行業，包括廣義的加工製造在內。

　　原則上此一問題的解答方向，應該是依據個人的興趣偏好來考量。例如，若是某人適合從事會計出納方面的工作，此時，下一個問題即是應當在服飾業、食品業，或是電腦業當中擔任會計人員。此時即需視當事人究竟是偏好食用美食、偏好時尚服裝、偏好汽車駕駛，或是偏好賞玩電腦周邊器材來決定。

如何選擇工作的行業或產業別，原則上此一問題的解答方向應該是依據個人的興趣偏好來考量。

　　理由是，第一是在個人的工作場域中，會需要閱讀相關的雜誌書報，甚至是專業叢書，來精進該領域的專業知識與專用術語。第二是在個人的工作場域中，所呈現的冰淇淋產品，或短袖上衣產品，或重型機車產品，或筆記型電腦產品，何者會引起當事人的興趣，甚至是成為產品愛用

者，此在生產或銷售該產品時，甚為重要。此時，當事人對於該產業或產品的偏好程度，會明顯衝擊並影響個人的書報閱讀意願與知識吸收能力，乃至於生產意志與銷售動機。結果是明顯影響個人在該領域中的專業能力，此將直接或間接地影響工作業績與晉升。

此時，每個人皆需要依照「人與事的配合」原則，來選擇個人的工作，切記需要去追問自己心中的真正想法：「我真的適合從事這一份職業嗎？」而非以外界社會時尚風潮、就業的難易程度，以及家人支持與否來選擇個人的工作，如此一來方能發現真正適合當事人的工作，達到「適才適所」的境地。

若當事人能夠真正了解自己的人格傾向，將自己的能力和人格分析妥當，便能十分自信地選定他人也許不看好，甚至被認為是「冷門」的工作或行業。然而，作者深信在當事人清楚認識自己獨有能力和人格的情況下，必能產生最佳的工作績效與滿意度。此時即正如：不要看自己過於所當看的，要照著上帝所分給各人信心的大小，看得合乎中道【4-7】。

3. 錢多事少離家近的迷思

這時我們很容易掉入選擇一份「錢多、事少、離家近」的工作的迷思。係由於我們對於自己努力工作的動機，究竟是來自「金錢或安定誘因」，還是來自於「工作本身的意義和成就感」，經常是模糊不清。若是我們選擇工作是因「錢多、事少、離家近」，而非因「工作具有挑戰性，可以學習與成長」，結果會造成對工作不甚滿意，抱著做一天算一天的心態，無法激發對工作的興奮和熱忱，這是很可惜的事。這時我們可用管理學中赫茲伯格（Herzberg）的兩因素動機理論（Two Factor Motivation Theory）中【4-8】，如圖4-3，來加以說明：

(1) 兩種激勵因素

在赫茲伯格（Herzberg）的兩因素動機理論中，係將工作動機區分成兩種因素，即「保健因素」與「激勵因素」，故又稱激勵—保健理論（Motivation-Hygiene Theory）。

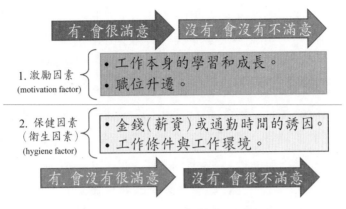

圖4-3　赫茲伯格的兩因素動機理論

a. 保健因素（**Hygiene Factor**）

所謂的保健因素指一旦失去它固然會不滿意，即如薪資和獎金水準一旦偏低，無法養家活口，這就有如一個人欠缺衛生保健般的令人不快；然而，大量擁有保健因素卻不會令人非常滿意，即令企業主給予高薪或高額獎金，事實上並不會使員工對此份工作的本質感到十分滿意，頂多是不討厭這份工作而已，這就有若一個人就算是做完整套高精密的健康檢查，也不會為他帶來很大的快樂滿足感是一樣的。金錢或通勤時間的誘因僅是一項「保健因素」，而非一項「激勵因素」，故無法使我們產生足夠的熱愛工作動機。

例如，每月領取的薪資高低是一項保健因素，高額的薪資，即「錢多」，僅會在發薪日當天帶給當事人短暫的興奮，並無法直接激勵執行日常工作，而僅是「沒有很滿意」而已；當然，過低的薪資，即「錢太少」，則會導致「很不滿意」的結果。另外，短的通勤距離，即「離家近」，僅是「沒有很滿意」；至於超長的通勤距離，即「離家遠」，則會導致「很不滿意」的結果。

b. 激勵因素（**Motivation Factor**）

所謂的激勵因素是指真正能夠使我們奮力工作的因素。即如工作本身的學習和成長，才是工作的真正激勵因素。因為只有在我們所做

的這份工作的過程本身，饒富意義，十分有趣，且充滿挑戰性，可使我們在專業領域中擔當重任，或更上層樓，這才是真正的工作激勵因素，會促使我們熱愛所做的工作。因此，欲發展工作的正向能量，就需找到工作本身的意義和對我們的人生使命。換言之，為在工作中持續保有正向能量，樂在工作，我們需在工作上持續不斷發掘有意義的內涵，從而在工作中學習新知，並擔負更大的工作責任。

例如，每天的工作內容是一項激勵因素，豐富的工作內容可供學習和成長，即「事多」，則當事人會導致「很滿意」的結果；至於較少量單調的工作內容，即「事少」，則只是會產生「沒有不滿意」的結果。另外指出的是，工作本身的學習和成長，會導致工作高績效，在假以時日後，自然會伴隨薪資的提升。

兩因素動機理論即如指南針一樣，適用在每個人和每份工作之上，這是管理理論的妙用。在我們工作前請切記，工作中的薪資、獎金、名銜、安定感等皆只是工作的保健因素，它們只是我們樂在工作時的副產品，絕非我們快樂滿意工作的真正來源。若我們能看清楚此點，我們便可專注在工作本身所帶給我們的意義、成就感和能力成長面，不會迷失方向，因為只有工作本身才能對我們產生正向的工作能量，持續激勵我們樂在工作，產生高昂的工作滿意度，並專注在真正重要的事情上。也就是要將個人目標和工作熱情緊密連結，發揮更大的效益。

當然，在選擇工作的時候，我們盡可能做出最好的決定，一旦選擇好工作，就需要努力工作，千萬不要三心二意，騎驢找馬。英國邱吉爾首相說：「不是喜愛哪一行，就做哪一行，而是一旦選擇好要做哪一行，就要喜愛哪一行。」真是一針見血之言。

4. 接受自己，活出真實的自我

最後，就是接受真實的自己，喜歡全部的自己，活出真實的自我，這是一定要的，因為這是完成任何事務的基礎。讓我們真實的和自己對話，然後在工作上和生活上盡情的揮灑自己吧！請看以下發人深省的內心自我

對話，以做為本章的結束：

「在這個世界上，都沒有人要理我，我都沒有一個朋友，
我好想要有個人喜歡我，我好想要有個人欣賞我，
這樣我就可以幸福、快樂了！
我好想要找到幸福、找到快樂喔！
我真的很想要，可是：
到底幸福和快樂在哪裡呢？我要怎麼樣才能夠找到幸福和快樂呢？
說不定在這個世界上，有一個幸福、快樂的祕訣呵？
如果我找到它，那我不就可以又幸福又快樂了。
嗯，對了，我可以做一件最快樂的事情，那我不就可以快樂了嗎！
可是，什麼才是最快樂的事情呢，
是打電動嗎？是買豪宅嗎？是當董事長嗎？是賺大錢嗎？
我一定要知道幸福和快樂的祕訣。還有，
為什麼我什麼都不會，為什麼我有這樣的爸爸媽媽，這樣的兄弟姊妹，
為什麼我長得這麼矮，為什麼我長得這麼醜，
我討厭我自己，我恨我自己，我氣我自己，是我不好，我是個爛
人！
我討厭你們，我恨你，我恨爸爸媽媽，我氣這個社會，你們不好，你
們都是壞人！
但是，這個世界上，一定有人愛我的。才會花上這麼多的心思，創造
我的眼睛、鼻子、耳朵，這是上帝用愛心特別創造出來的！
我是上帝創造的，我是特別的，我怎麼以前都沒有想過，我是最特別的。
我是最特別的！我是最特別的！我可以又幸福又快樂了！」

【智慧語錄】
　　誰要是遊戲人生，他就會一事無成，他不能主宰自己，永遠會是一個
奴僕。

——文學家，歌德（Goethe）

　　一個人就好像一個分數，他的實際才能好比是分子，而他對自己的評估就好比是分母。分母愈大，則分數的值就愈小。

——文學家，托爾斯泰（Tolstoy）

【本章註釋】

4-1 天賦能力又稱天賦才能，亦請參閱陳澤義著（2011），《美好人生是管理出來的》，臺北市：聯經出版，第二篇之界定天賦才能。以及2014年簡體字版，深圳市：海天出版。

4-2 比較利益法則，出自李嘉圖（1817）。Ricardo, D. (1817), *The Principle of Political Economics and Tax*, NY: The Free Press.

4-3 現代行銷學之父菲利普・科特勒（Philip Kotler）在《行銷管理》書中指出，利基（Niche）即指擁有可獲取利益的基礎，據此提出利基市場、利基產品與利基法則等詞彙。

4-4 「天生我材必有所用」語出李白《樂府・將進酒》：「人生得意需盡歡，莫使金樽空對月。天生我材必有用，千金散盡還復來」。

4-5 「人盡其才」語出孫中山〈上李鴻章書〉，提出救國四大綱領，需「人盡其才」、「地盡其利」、「物盡其用」、「貨暢其流」，是建國的四項目標。

4-6 赫蘭（Holland）的個性與工作搭配理論（Personality-Job Fit Theory），出自赫蘭。Holland, J. L. (1982), *Making Vocational Choices: A Theory of Vacational Personalities and Work Environments*, Upper Saddles Rivers, NJ: Prentice Hall.

4-7 「不要看自己過於所當看的，要照著上帝所分給各人信心的大小，看得合乎中道」，原文出自《聖經・羅馬書》12章3節。

4-8 兩因素理論（Two Factor Theory），一名激勵保健理論（Motivator-Hygiene Theory），為赫茲伯格（Frederick Herzberg）所提出，原文出自赫茲伯格、莫斯納、斯奈德曼合著（1959）之《工作的激勵因素》一書。

【課後學習單】

表4-1 「選擇合適工作」單元課程學習單──工作選擇學習單

課程名稱：	授課教師：
系級： 姓名：	學號：
1. 在你的**個性**中，你比較喜歡和別人打交道？還是喜歡享受做事的快感？或是往往陶醉在資料領域中而不自知？請在三者之中擇一，並說明理由？	
2. 在你的個性中，你的「**性格個性**」是屬於赫蘭的六種個性分類中的哪一種？為什麼？	
3. 在你的個性中，請分析你比較適合到企業組織中的哪一個「**部門**」或單位工作？為什麼？	
4. 承上題，請檢視你自己平常生活中，最喜歡接觸哪一種「**行業**」的物品？並說明其理由？	
5. 緊接著，在你挑選工作當中，你會偏愛到公家機關、民營大企業、民營中小企業、外資企業、財團法人、非營利組織或其他組織，並說明你挑選的原因？	
6. 最後，在你的**生涯規劃**中，請你說明會選擇出國深造、國內深造、國內就業、延後畢業、結婚生子等何種情形？請在五者之中擇一，並說明理由？	
7. 這時，你會想到要做哪些「**因應計畫**」呢？	
老師與助教評語	

第五章　終身學習奧祕

【三國啟思：孫權鼓勵呂蒙多讀兵書】

　　三國時代呂蒙為吳王孫權麾下的將領，呂蒙自年幼即熱愛武術，鮮少讀書。有回孫權對呂蒙說：「日後我要將重任付託給你，你將會掌兵握權，故你需要多涉獵兵書充實學識，進而使眼界寬廣，深信必能有所成。」呂蒙答：「我經年在軍旅勞碌奔波，無暇閱讀。」孫權則回說：「論忙碌，我比你更忙。定要記住孔子有云：『與其滿腦整日空想，不若定心抽空讀書。』」。

　　呂蒙下定決心努力讀書，果然學識閱歷皆精進，調教水軍績效卓著，遂升任水軍大都督。日後更配合陸遜使用「驕兵計」，導致關羽大意失荊州，從而誅滅關羽軍兵，聲勢如日中天。

　　東吳策士魯肅原本輕看呂蒙，然而見到日益進步的呂蒙，不禁讚嘆道出：「士別三日，令人刮目相看」。此足見終身學習的重要性，以及激勵的關鍵效益。

5.1 學習力

【管理開場：玫琳凱的正向學習哲學】

　　玫琳凱化妝品公司創辦人玫琳凱（Mary Kay）自幼家道清貧，必須負擔家中經濟，且照料經年臥病在床的父親。因此磨練出穩健沉著的個性，以及規矩有序的行政能力。玫琳凱從事金融工作達二十五年後退休，退休時正逢丈夫辭世，然而玫琳凱拭去眼淚，使用5,000美元積蓄設立「玫琳凱化妝品公司」，藉由設立公司開始玫琳凱的終身學習道路。

　　此時，母親的話：「親愛的，妳能夠做得到的！」這番激勵話語，已然內化成玫琳凱的生命信念。藉此她擁有深刻的自信心，以及源

源不絕的生命力，表現出樂觀、積極、端莊的行動感染力。

在玫琳凱化妝品公司成立二十年後，員工已超過五千人，每年銷售額更超過3億美元，是為開創第二春事業的優良事證。

找到適合你的學習方式，便能夠事半功倍，發揮槓桿效益。

【問得好】對你最有效的學習方法是什麼？

你肚子飢餓或口渴了會有感覺，驅使你去找東西來吃，找水來喝。你肚子餓或口渴的時候，是你自己要去吃喝，別人不能幫你吃東西和喝水。同時你在吃喝時，要吃進有營養的食物，而不是垃圾食物，這樣才會對身體健康有所助益。另方面，心靈飢餓或乾渴通常不會有感覺，你無感也就不會有所行動。尚且空虛心靈的吃喝補充心靈養分，更是別人無法代勞。此時更需要吃進喝入正確的心靈糧食，也就是真理知識，使你心靈保持健康。總之，你的心靈需要成長，這就需要時刻「學習」真理知識，吃喝知識來補充營養。至於吃喝的「知識」，主要來自於接收外界的資訊。

1. 學習的意義與內涵

「學習」是人生管理中最古老也是最新穎的課題，因為人類自出生到死亡，學習活動占絕大的部分。但有人自從離開學校後，幾乎就停止學習，從而他的工作生涯進展停滯，甚至家庭和情感生涯也乏善可陳；相反的，有人秉持「活到老學到老」的精神，終身學習努力不輟，結果是工作生涯精彩絕倫，家庭和情感生涯也歡樂洋溢。

即如當你離開學校踏入職場後，工作上接觸到很多的新事物或新知識；或是因應工作上的需要，你需要再學習與本科攸關的進階知識，乃至於與本科無關的其他知能；甚至為轉換工作，需要重新學習某些新知。在這個時候，一個人是否能夠積極、主動的自發性學習新知，擁有想要努力學習新知的動能，絕對是影響後來工作成效和生活品質的關鍵因素。於是本書特闢專章加以說明。

　　學習＝「學」＋「習」。即如子曰：「學而時習之，不亦悅乎！
【5-1】」「學」加「習」即等於學習。學習的意義指「學會」和「練
習」兩部分，缺一不可。

(1) **學會**：學會（Learned）指「學到」某些「新知」，學到的管道有「五
　　到」，即眼到、耳到、心到、手到、口到，透過多種方式碰觸資訊。
　　新知含括資料、資訊、情報、知識、智慧、理論等不同層級。因此，
　　若要發揮學習的效果，即需落實「學習五到」，且要博覽群書，實不
　　容偏廢。

(2) **練習**：練習（Exercise）指「取出」、「鍛鍊」以為熟悉，此需平日多
　　做重複施作的動作。取出包括照章取出和反芻取出兩類。鍛鍊是藉由
　　學校作業和測驗，以及工作或生活上問題解決以資練習。

2. 學習的真諦

　　我們接收外界資訊，實有如吃喝真理知識般，主要是依靠停、聽與
看，透過雙腳「停駐」、兩耳「聆聽」與兩眼「看見」來學習。這時更舉
真理知識學習的撒種比喻【5-2】，臚列出「三不一要」，說明如下（圖
5-1）：

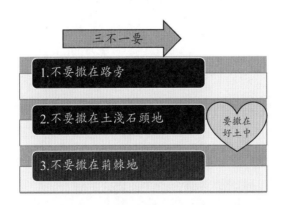

圖5-1　學習的真諦——撒種的比喻

(1) 不要撒在路旁

　　真理知識就像是種子，被撒在馬路旁邊，我們經過它卻不在意它。於

是種子不久後，就被天空的飛鳥吃得一乾二淨，所剩無幾，知識的種子我們有聽沒有到，在我們的心田內，並未留下半朵雲彩。這就是我們雖然接近知識，但卻沒有學習的情形。

這個世界有太多山寨版的訊息，使我們的內心已經被灌輸其他的資訊，就是你的心田已經被其他資訊踩踏過後變得僵硬，而不容易接受真理知識或正確新知。這主要包括兩種情形。

a. **偏見**：堅持偏差錯誤的資訊，產生以偏概全的月暈效果，或是以全概偏的刻版印象。例如，相信考古與歷史無助於工作就業，以至於歷史系學生無法深入學習歷史，進而運用歷史文物來銷售產品，如從唐代人販售涼茶看現代人銷售奶茶。又如，相信企管系與物理系學得太廣是通才，而會計系與牙醫系十分專業是專才，事實上企管系與物理系學習多種管理與物理理論，乃是博大精深；反而會計系與牙醫系是實務的學科。在歐美各大學都是較先設立企業管理或物理博士班，且較多設置，而會計系與牙醫系則是較後設立博士班，且較少設置，就是證據。

b. **成見**：堅持先入為主的看法，產生抱殘守缺，悼舊拒新的守舊思維。例如，相信婚姻是戀愛的墳墓，生養子女會妨礙自我追尋，於是排斥結婚，也拒絕學習婚姻、家庭與教養子女方面的真理知識。殊不知取得大學畢業文憑需修128個學分，那請問維持美滿婚姻需要學習多少婚姻、家庭與教養方面的真理知識學分呢？又如，相信大學學習理論對就業沒有用處，進而在大學由你玩四年浪費光陰，導致徒具大學學歷而無知識「學力」，從而只能坐領低薪；殊不知知識理論是解決問題的基礎，也是應用到多個實際工作場合的媒介。

(2) 不要撒在土淺石頭地

真理知識就像是種子，被撒在土淺石頭地塊，我們經過它也留意到它。我們在剛開始歡喜領受知識，但是因為內心並不堅持，並不是真的想要得到真理知識。這就像知識的根基不深，當太陽日照後，根就

被曬乾而枯萎了，知識在我們的心田內有如半吊子、半桶水，無法實際應用在工作或生活中。

這個世界充斥著速成、即時的思維，強調只要按一個按鈕，就能做成某件事情。這樣的思維會使我們在學習時相當短視淺薄，而會產生以下的情形。

只要知識的好處，而不要付代價學習；只要享有知識的權利與福利，而不願意付出責任與義務；只要輕鬆簡單速成的知識，而不要扎實真功夫的知識；甚至是只要祝福、擁有榮美的知識，而不要吃苦、克服磨難的知識。

(3) 不要撒在荊棘地

真理知識就像是種子，被撒在荊棘雜草叢中，我們經過它、留意到它，但我們並不是真的想要擁有它。我們已經被其他事物塞滿時間表，如世界上的功名地位、金錢迷思、情慾私慾等，以至於選擇次好的知識，代替最好的真理知識，也就是用次好的取代最好的。要知道，「次好」永遠是「最好」的敵人。而我們之所以無法進步，無法更上一層樓，有很大的原因是我們抓住次好而不願放下來追求最好的。因為在你的眼中，知識只是獲得名利的手段／工具。而只有貨真價實，具有真才實學，才能經得起人生考驗，即所謂「真金不怕火煉」。事實上只要你有真才實學、真知灼見，該有的功名利祿與人生福樂自然會來到你的身上。

(4) 要撒在好土中

真理知識的種子，若是落在好心田的好土地中，就會在心中落地生根、發芽成長、開枝散葉，乃至於會產生三十倍、六十倍，甚至一百倍的好收成。長此以往，你就會成為真理知識的識貨的人或內行人，所謂的內行人看門道，外行人看熱鬧；你的知識等第絕對不同於其他人，你就是真理知識的守門員。

至於怎樣成為好土，有以下三個步驟：

a. 進入：要挑選正確的知識，用耳朵聽或用眼睛看，使真理知識能夠進

入你的心中。此時要問自己以下三個問題：

你在什麼情況下接觸到這個知識訊息？

你怎樣使用你的耳朵聽到這個知識訊息？

你怎樣使用你的眼睛，看到這個知識訊息？

b. **相信**：更進一步，當真理知識進入心田，你必須內心醒悟過來，同時做出相信與否的決定。此時要問自己以下四個問題：

你覺得你內心的什麼地方被提醒？

你贊成或同意這個知識訊息的論點嗎？

你承認或接受這個知識訊息對你有用嗎？

你願意遵守或實行這個知識訊息的內容嗎？

c. **改變**：真理知識進入心田，必須能引起物理反應或化學反應，改變你的生活，否則這只不過是繼續堆填資料而已。我們實在需要反省自己的工作與生活，思考要如何將這知識應用出來，包括物理反應的直接增減，或是化學反應的融合轉化，這樣才能使知識得以活用出來。此時要問自己以下三個問題：

你在哪個地方應用到這個知識訊息？

你應用到這個知識訊息的程度有多大？

你應用這個知識訊息持續了多長的時間？

3. 學習與學習方法

我們一生當中都在學習，學習（Learning）是使個人的各項技能得以精進熟練的重要程序。因此，若能有效洞悉，進而增進學習技能，是我們有效進行自我管理，行事事半功倍的關鍵所在。**學習方法（Learning Method）**即是我們經由觀察、認知、解釋外界的事物，同時內化到日常生活諸多層面上，所呈現的習慣領域內涵。有效運用適合於自己風格的學習方法，是達成有效率學習的要徑，其能夠認識清楚：「你是誰？」此一問題的內涵，同時亦決定我們的成長潛力。

根據麥卡錫管理顧問公司的報告，個人學習主要包括四種方法，即想

像、分析、操作與整合【5-2】。基本上,我們的學習方法皆不相同,即如每個人有不同的指紋和簽名字跡一樣。此時,每個人接受分派來學習,藉以表彰上帝的光榮,學習是為著進步,使世人皆能蒙福。因為一切的職份皆是依從上帝的靈引導,隨著上帝的意思,分配給每個人,這真是好的無比【5-3】。

簡言之,我們可將個人的學習方法細分成四類,即印象型學習、分析型學習、運作型學習、複合型學習,此有若四種「學習血型」。例如,若干人經由觀念的思考與想像來學習,若干人經由理論的推演與檢定來學習,若干人經由實務的操作與分享來學習,若干人則經由知識的綜合與統整來學習,或是藉由本身所處的環境來學習。若是每個人皆能多加運用個人所擅長的方法來學習,必然會產生快樂學習和效率學習的果實,如圖5-2所示,茲說明於後:

資料來源:修改自麥卡錫管理顧問公司報告。

圖5-2 個人的四種學習方法

(1) **印象型學習**：印象型學習（**Imaginatory Learning**）是透過眼睛或耳朵來學習，是屬於「眼到」或「耳到」學習的人。他的學習主要是透過聆聽演講、閱聽視頻和參加研討會而得。他係經由抓住資訊的「事物的印象」，並經由傾聽和分享來學習，來奠定深廣的學習根基。印象型學習者十分重視「想像」，他會問：「我為何需要學習這些事物？」他在學習過程中非常喜愛訴說各項事件帶給他的生活「印象」和實際經驗體會，來分享他人成功或失敗的事例。印象型學習係經由觀察與感受各種事物的想像來學習，建議可多加熟讀企業管理個案、歷史人物傳記、日常生活小故事，以獲致較佳的學習成效。

(2) **分析型學習**：分析型學習（**Analytical Learning**）是透過心或手指來學習，是屬於「心到」或「手指到」學習的人。他的學習主要是透過課室學習、閱讀書本並勤做筆記而得。他係經由在課本或教室中學習新理論或新知識。分析型學習者非常重視「內容的分析」，他會問：「我需要學習些什麼知識？」他非常喜歡用理性來架構所學習到的新知識、新觀念、新理論，是傳統教學和紙筆測驗下的「優等生」。建議可以藉由典型教學課本，以清楚段落、綱舉目張的編排，獲得學習上的高效能。

> 分析型學習者看重「內容」，是傳統教學和紙筆測驗下的「優等生」。

(3) **運作型學習**：運作型學習（**Operational Learning**）透過手或腳來學習，是屬於「手到」或「腳到」學習的人。他的學習主要是透過操弄實驗、操作器材及機械設備而得。他係經由快速將所學習到的知識，直接或間接的應用在日常生活或實務工作之上，以檢視是否務實、切合實際。操作型學習者非常強調「實際的運作」，他會問：「我要怎樣運用所學？」操作型學習者是親自動手操作的「DIY」專家，他非常喜歡進行實驗，實際操作機械設備，經由檢驗和自己日常生活相關的問題，來應用所學到的知識。建議可以勤於做實驗、多做練習題、

執行田野調查，以收事半功倍的成效。

(4) **複合型學習**：複合型學習（**Comprehensive Learning**）是透過口或全身來學習，是屬於「口到」或「全身到」學習的人。他的學習主要是透過述說、演示及劇場展演而得。他係經由多種創新點子來將學習新知做統整運用。整合型學習者很重視「複合式創新」，他會問：「我要怎樣推出新產品？」整合型學習者積極使用預感，尋求新的應用方法與新的創意，透過臨機應變以保持適當彈性，是標準的創新專家。建議可以多參加創意競賽、各種展演賽事、實驗劇場演出，以收磨練中成長的效益。

此時，每個人皆需要了解到個人係運用何種學習方法來學習，同時進一步發掘所領導的部屬是運用何種學習方法來學習，藉以因材施教，因勢利導，發揮一加一大於二的學習綜效。

例如，若是一個分析型學習的人，若是觸及有條理次序的資訊，吸收效果最佳，此人能夠將所獲得的資訊，逐項、逐點來分類整理，增強吸收消化的能力。若是撰寫文稿，自然是條理分明，具備綱舉目張的架構。又如，筆者是分析型的學習者，透過「心到」或「手指到」，進行書本閱讀與做筆記，即能有效率的學習。

【智慧語錄】

書籍是全人類的營養品。生活裡沒有書籍，就好像沒有陽光；智慧裡沒有書籍，就好像鳥兒沒有翅膀。書籍若不常翻閱，則等於木片。

——文學家，莎士比亞（William Shakespeare）

知識就是力量！書籍是在時代的波濤中航行的思想之船，它小心翼翼地把珍貴的貨物運送給一代又一代。

——散文作家，培根（Nicholas Bacon）

5.2 倍增學習法則

【管理亮點：飛機發明人萊特兄弟的學習成長再學習】

　　萊特兄弟（Wright brothers）是現代飛機的發明者，哥哥奧維爾・萊特（Orville Wright），弟弟威爾伯・萊特（Wilbur Wright）。萊特兄弟在1903年駕駛自行研製的固定翼飛機飛行者一號，完成人類歷史上首次航空器動力飛行。萊特兄弟年輕時經營印刷廠與自行車店鋪，得以熟悉機械專業技術，厚植他們的機械技術基礎。他們設計小型風洞進行大量實驗，從而製造出高效率的飛機翼、螺旋槳和飛機引擎，並使用滑翔機進行大量滑行測試與訓練。在1900年開始到1903年的期間，他們經過無數次的失敗與挫折，最終成功駕駛飛行者一號完成首次動力飛行，並且成為優秀的飛行員。

　　學習成長再學習，這是倍增學習，事半功倍之道。

【問得好】使你天天樂在學習的方法為何？

　　在學習過程中，更需要透過適當的刺激工具，來提升學習成效。此稱為倍增學習法則，其又以工具制約學習（**Operant Conditioning Learning**）最為知名。工具制約學習的基本用意，是透過行為塑造的技巧，使自己的學習行為保持有效率的狀態，或是至少能夠維持在水準以上，使自己的學習能量得以精進，此為啟動學習行動的核心要旨。

　　至於常見的刺激工具有二，即內在工具與外在工具，茲說明如下：

1. 內在工具

　　指刺激工具來自於學習活動的本身，即透過適當的自我暗示或重複行為，來強化刺激與學習反應的連結，此即桑代克（Thorndike）所提出的**連結學習理論**（**Linkage Learning Theory**），將刺激與學習反應做緊密連結，來提升學習成效。桑代克更於1913年提出**桑代克學習律**（**Thorndike's Laws of Learning**），即練習律、準備律和效果律

【5-4】。

(1) **練習律**（**Law of Exercise**）：是指刺激與反應的連結，需視個人的練習次數而定，即個人練習次數增加，會增強學習成效，此即桑代克學習練習律。此提供重複練習學習的理論基礎。例如，美國大聯盟等級的巨砲陳金鋒都是先天天練習揮棒，強投陳偉殷則是先天天練習投球，因此能夠成為此一等級的好手。

(2) **準備律**（**Law of Readiness**）：是指刺激與反應的連結，需視個人的身心準備狀態是否妥當而定。即個人在具有強烈需求時，如需要獲取某項工作時，會使個人努力進行學習，並獲得愉快的學習成果，此即桑代克學習準備律。此提供需求導向學習的理論基礎。例如，職棒開打前進行密集集訓，奧運與亞運開賽前選手加強訓練，容易導致獲得好成績。

(3) **效果律**（**Law of Effect**）：是指刺激與反應的連結，需視反應後個人能否獲得滿足效果而定。即成功的行為會產生滿足的結果，個人再將滿足經驗印入記憶中，此時內在記憶即會催促成功行為，再次的重複出現，此即桑代克學習效果律。此提供成功經驗學習的理論基礎。例如，平時考試成績考高分，容易導致期中考試成績優良，期中考試成績考高分，容易導致期末考試成績優良。

2. 外在工具

指刺激工具來自於其他的獎勵或懲罰行為，將刺激與學習反應緊密連結，以提升學習成效。此即史金納（Skinner）於1953年所提出的**增強理論**（**Reinforcement Theorem**）【5-5】，至於常見的增強方法有四（見圖5-3）：

(1) 正面增強

此時即應用增強理論，對於有良好的學習表現（如考試得到高分）時，給予適度言語讚美、頒發獎狀、外出旅遊、享受美食，或物質獎賞等。即在優質行為發生後，即行滿足此人需求，藉由**正面增強**（**Positive Reinforce**）機制，來引導該項優質行為，能夠重複出現。

圖5-3　增強理論的內涵

亦即使高效率學習和正向情緒得以更行強化，擴大上述優質學習的成效，即為工具制約學習。

例如，為強化學習成效，建議在完成一段努力的工作後，如寫完一篇文章、完成一項專題後，到超商7-11買個餅乾、飲品或霜淇淋，給自己一個小小獎勵。此種自我打氣式的正面增強效果甚佳，且費用十分低廉，不像出國旅遊等所費不菲，故值得一試。

(2) **負面增強**

此時若是在學習成效不佳（如考試得到低分）時，採用處罰的**負面增強**（**Negative Reinforce**）措施，如罰款、限制自由、強制勞動、記過、降級等。即在劣質行為發生後，即行消除此人不欲見的結果。

但是由於人的罪性因素，負面增強反而可能使當事人心生憤怒，致使刻意增強此一不佳的行為，以為報復，縱使是在威嚇下也會陽奉陰違，發生「上有政策，下有對策」的負面舉動，結果是導致此一不良的學習表現（如考試得到低分）重複出現，並且持續下去。因此，負面增強是一兩面刃，需要慎用。

例如，為導正學習成效，建議在當學生、孩子或屬下發生不欲樂見的怠忽學習舉動時，建議先行忽略、忍耐、置之不理，反而需間接

了解其背後原因。因為「不要叫醒我的親愛的，要等他自己情願【5-6】」，未熟的果子千萬不要強摘。而等待對方若是一旦發生一時性的正向學習行為時，即行給予歡呼讚美等正面強化，來開啟對方的正向學習經驗，導正學習成果。

> 負面增強反而可能使當事人增強此一不佳的行為。

(3) 削弱

相反地，若是出現不欲見到的錯誤行為，即予以忽略，即是削弱（**Extinction**）。例如，幼童哭鬧不吃飯時，父母親刻意忽略，使幼童感到無趣而自行乖乖的吃飯。或如青少年出現怪異行為想要吸引他人注意時，則需採用削弱方法，刻意忽略，使對方自覺無趣而停止怪異行為。再如自己學習無方，導致成績低落時，也需要採取削弱，刻意不理采，使此一行為得以減弱，甚至消失；或是採用轉移性的削弱（如改採其他學習方法），使自己原本聚焦在學習無方的行為得以轉向，因著成績低落而失望的心情得以緩解。

(4) 懲罰

若是出現不佳的學習表現時，即行增加此人不喜歡的刺激，即是**懲罰**（**Penalty**）的措施，以期減低此人不良的行為。例如，給予責備、處罰、限制行動、強制勞動服務、記過、降級等，使此人自行降低此一不良行為，以避免下一次的責備或處罰。

3. 大學學習方向的再思

放眼今日的臺灣社會，群眾理盲、集體反智已蔚然成風，且媒體強調實務掛帥，凡事應以個人體驗為宗師。多人以為大學所學的知識已經落伍，早已不敷現代社會職場所需，故大學時期強調要多前往企業實習。然而，事實真相卻恰好相反，一則企業基於成本與現實的考量，所能提供的企業實習，絕大多數為操作性的事務性工作，或是勞力密集的作業性工作，此容易使大學生淪為被壓榨的廉價勞工；二則大部分企業界的許多管

理措施，事實上是不合管理學理、經濟理論或統計原則的，此時即需大學所學的專業知識來洞察其真偽，並能具體提出針貶之道。茲試舉四例即可知曉，說明如下：

首先，業界經常標榜該企業的客服服務最佳，顧客來電30秒鐘內必會有人接聽，以展示客服的高效率。殊不知此舉明顯忽略顧客差異化的本質，不同的顧客其商務價值必然有別。對於高商務價值的客群，如大客戶與頂級顧客，即應給予專線電話，或於來電時即顯示其身分，從而需在5秒鐘內接聽，30秒鐘即已經過久。相反的，對於無商務價值或列入「奧客」等級的顧客，在經來電顯示辨認身分後，可以讓對方多等一會，使其知難而退。至於其他顧客，則30秒鐘的績效標準即應足夠。換句話說，此時即可印證到專業教科書中的顧客差異化、行銷差別化的真義。

再則，業界也會自誇其廣告效益甚佳，多拜其「精準行銷」的功力，殊不知在高級品的銷售上，精準行銷反而是票房毒藥。例如欲行銷賓士的高級房車，常至特定族群的個人通訊軟體，如臉書或微信中置放廣告。事實上，此時應採取「對象外行銷」，針對不會購買高級房車的客群執行廣告，使其羨慕賓士級房車，而當賓士級房車出現在眼前時，不禁發出「歐！歐！」的驚嘆聲，此聲音聽在賓士級房車擁有者的耳中，就值得他掏出高價來購買，滿足其面子，即專業教科書中的「知覺社會價值（Perceived Social Value）」問題。

三者，業者紛紛宣稱網路廣告威力無遠弗屆，並結合精準行銷在日常生活上，如日常品的銷售（如洗衣粉），此即針對家庭主婦或職業婦女的客群，在其個人臉書或微信等個人通訊軟體中刊登廣告，並且附上「馬上購買」的按鈕，然而此舉的效益堪虞。因為家庭主婦或職業婦女在觀看此一廣告後，即令她對產品頗有好感，基於想要再便宜些的心態，她必然會去其他商家比價，即貨比三家不吃虧。如此一來，便可知道此一網路廣告的效果。此即專業教科書中的「知覺價格（Perceived Price）」問題。

四者，業者或傳播媒體常會誇耀電子商務的神奇魅力，並有意無意鄙視傳統通路銷售。事實上，在專業教科書中，電子商務本質上只是另外一種行銷通路，無需自我膨脹。況且，電子商務的退貨率皆高於五成，甚至

超過六成，所衍生的交易成本與法律糾紛問題，皆未見傳媒具體報導。另就統計數據得知，先進國家如美國與西歐各國，或是亞洲經濟大國如日本與中國，電子商務的銷售額占所有行銷活動的銷售額，皆不超過15%。因此，有識者實在無需隨傳播媒體起舞，從而迷失真正的焦點。

【智慧語錄】

　　只有在知道自己懂得很少的時候，才說得上有了深知。當你自己感到十分渺小的時候，才是你經歷大豐收的開始。疑惑隨著知識的增進而增長。　　　　　　　　　　　　　　　　　　——文學家，歌德（Goethe）

　　書籍是改造人類靈魂的工具。人類所需要的，是富有啟發性的養料。而閱讀，則正是這種養料。　　　　　　　——詩人，雨果（Victor Hugo）

5.3 持續自我激勵

【管理亮點：賽因戈和博特面創辦好市多】

　　賽因戈（Jim Sinegal）和博特面（Jeffrey Brotman）二人在1983年於美國華盛頓州西雅圖市創辦好市多（Costco）倉儲量販店。賽因戈具有商業頭腦，他獨排眾議堅持好市多專注銷售少數卻十分實用的熱門銷售商品，搭配銷售排行榜上前幾名的名牌商品。他精選僅約數千種商品品項，且要求上架時間不超過四週。在精選產品的策略下，透過大量進貨來降低成本，從而壓低零售價格。

　　準此，好市多採用低價格、精選貨品類目和高品質貨品並行的商業模式，就成為好市多致勝的經營特色。商品種類包括飲料、電池、成衣、生活用品、保健食品等，涵蓋廣泛。同時好市多向會員收取小額年費，藉以區隔消費市場，更能滿足中小型企業經理人和白領階級的需要。

　　好市多更創設其自有品牌「Kirkland Signature」，係源於好市多總部設於美國華盛頓州的科克蘭（Kirkland）所致，其品牌定位係提供低廉價格且品質良好的貨品。在臺灣，好市多共設有超過十四家分店。全

球則超過八百家分店。現在的好市多則已經成為全球第七大零售商，是美國最大的倉儲式量販店，以及美國第二大的零售商。

　　發現個人的激勵DNA，使努力能夠產生產出，產出獲得報酬收益，進而達成工作目標。

【問得好】你工作上的真正需要是什麼？

1. 動機、刺激與激勵

　　欲完成一項工作，端賴某個人的工作意願和工作能力，工作能力均是學習下的產物，已在前一節中加以說明，至於意願則有賴於個人是否具備強烈的工作動機。

　　動機（**Motivation**）一詞，顧名思義，即為使人「動」起來的「機」制，是使個人採取行動的運作機制，動機全然是內心思維下的產物。事實上，動機會是最後決定每個人實際上去執行的事務。

　　動機指某個人為完成某一項目標，所付出的努力情形，動機包括努力強度、努力方向和努力的持久度歷程。其中強度指個人努力的強弱程度；方向指個人努力的方向，係朝向何目標；持久度指個人能夠維持該項努力到達多久的情況。

　　動機和激勵不同，基本上由企業經理人的立場而言就是**激勵**（**Encourage**），例如，各種激勵措施（如績效獎金、分紅入股等），來引導工作者提高工作業績；至於由工作者反映的觀點而言即是「動機」。

　　動機和刺激也不相同，刺激是外來的因子，會引起被刺激者進行若干反應。通常是刺激一旦消失，被刺激者通常會回復到原來的行動。例如，觀看電視綜藝節目，內容搞笑有趣；或是觀賞電影，情節十分緊張驚險，然而一旦節目結束，即會失去刺激。因此，本節討論的重點並非是關注刺激的本身，而是如何引發動機。因為，每個人的真正動機乃是來自於心中的本身。雖然我們仍然需要受到物質激勵制度的刺激，來持續引發或強化個人的工作動機。亦即藉由刺激，滿足個人需求（**Personal Need**），從

而滋生個人想要的行動成果。

2. 期望理論

每個人皆期望努力工作的背後，可以獲得工作的酬勞，進而達成個人的若干目標，這是每個人在工作上的期望。準此，我們便可透過弗隆（Vroom）於1964年所提出的**期望理論（Expectancy Theory）【5-7】**，又名成果－工具－期望理論，來認定某個人努力工作的程度。申言之，某個人之所以願意進行某一種行動努力（如努力工作），即個人意願的強弱，係來自於當事人對於進行該項行動努力後，究竟能夠獲得何種結果的期望程度，乃至於上述結果對於當事人的吸引力強弱程度而定。

簡言之，「個人的努力」會影響「個人的績效」，進而影響「從其中獲取的報酬」，繼而影響「個人目標的達成」。其間涉及三個因果關聯，即「個人努力和個人績效的因果關聯」、「個人績效和獲取報酬的因果關聯」、「獲取報酬和個人目標的因果關聯」三者【5-8】。茲說明如下，如圖5-4所示：

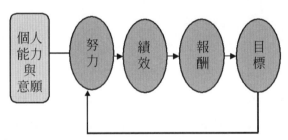

資料來源：整理自 Vroom (1964)。

圖5-4　激勵的期望模式內涵

> 「個人的努力」正向影響「個人的績效」，進而影響「從其中獲取的報酬」，繼而影響「個人目標的達成」。

(1) 個人努力正向影響個人績效

為使個人努力能夠產生個人績效，達成「一分耕耘、一分收穫」的成

效，此時個人的管理工具有二：

a. **執行目標管理（Management by Objectives, MBO）** 方案：透過自我工作目標設定，乃至於和其他員工的共同參與，訂定具體工作目標，並自我要求在期限內完成，以及回報工作績效。此時個人需要透過目標管理的目標設定方式，來提高並確保個人的努力，可以達到所要的績效。因為透過目標設定，可以定出高且可攀的目標，進而協助個人達成所要達到的目標，並產生滿意的工作績效。

b. **執行工作認同（Work Recognition）** 方案：對於個人的工作表現，時常給予自我肯定的讚賞。即當你完成工作績效時，先不論企業主、師長、學校或父母是否給你報酬，個人需要先給予工作認同，自我獎賞來自我打氣，例如送給自己一份小禮物，或是自我打氣的讚美自己說：「你做得真棒，不是嗎」，進行正面增強。若是情況許可，更可集合同事們，組成工作小組或工作品管圈，透過互相激勵的方式，提高彼此的工作認同，從而提高團體的工作績效。

(2) **個人績效正向影響報酬取得**

為使個人的績效能夠從中獲得企業給予的報酬，進而破除社會賦閒效果的吃大鍋飯迷思，此時可以採用的管理工具亦有二：

a. **經由變動薪酬機制**：個人工作績效在企業的變動薪酬制度中，將獲得認可，如經由績效獎金制度、工作目標獎金制度、利潤分紅制度等制度，個人績效即可獲得報酬，從而達成卓越的工作業績。當然，並不是每一家企業的薪酬制度皆能夠使你獲得激勵，此時當事人需要主觀認定個人工作績效的價值，進而給予適度的正面增強激勵。

b. **經由技能薪酬機制**：個人工作績效在企業的技能薪酬制度中，將獲得認可，如經由高技術水準的使用，達成高績效，給定高額的報酬，從而提升相關工作技能。當然，並不是每一家企業的薪酬制度，能夠使你的高技能獲得獎勵，此時當事人需要主觀認知個人的高技能的價值，並給予適度的正面增強激勵。

(3) 報酬取得正向影響目標達成

　　為使個人所獲得的工作報酬，能夠滿足個人目標，這時可以採用的管理工具亦有兩種。

a. **經由彈性福利設計**：個人工作報酬在企業的彈性福利制度中獲得認可，即經由各種工作獎金、獎狀獎盃、在職進修、休假安排、升遷升職、海外調職、特別福利的制度設計。個人得以各取所需。因為在各階段工作生涯中，每個人的需求各異，有人盼望固定工時，能夠準時下班照顧幼童或年邁父母親；有人盼望休假，能陪家人旅遊度假或和情侶約會；有人盼望進修充電，能夠享受學習與成長的喜悅；有人盼望獎金，能夠貼補家用或添購家電；有人則盼望公開頒發獎狀，能夠獲得掌聲或美好名聲。此時，當上述有形或無形的工作報酬，不論是金錢物質或是心理讚美，甚至是名譽獎狀，若是能夠和個人的努力目標相互一致，即能促使個人進一步付出，做出更多的工作努力，繼續奮鬥。

b. **經由工作再設計**：個人工作報酬在企業的彈性福利制度中獲得認可，即經由工作分享、工作分擔，或彈性工時的制度設計。在**工作分享制度**（**Job Sharing System**）中，個人得以和他人共同擁有一份工作，每天只需工作半天，以便家中有國小三年級以下幼童的職業婦女，能有半天的時間回家照顧小孩。在**彈性工時制度**（**Flexible Work-Time System**）中，個人得以提前或延後上下班一至二個小時，以避開上下班的塞車車潮。

　　例如，筆者是「目標導向」的期望理論應用者，筆者透過努力撰寫論文、論文出版、加薪與升等、達成個人目標、繼續努力寫論文的期望正向循環，持續自我激勵【5-9】。如今已年過六十，回首過往，不知不覺已經完成一百篇英文的國際學術期刊論文，也撰寫十六本專書，且已經升等正教授，乃至於特聘教授，內心感到十分驚奇。

【智慧語錄】

我平生只知道一件事，那就是我爲什麼是那麼的無知。

——哲學家，蘇格拉底（Socrates）

你不可能只是站在海邊看著海水，就渡過了海洋，不要讓自己沉溺在虛幻的希望中。 ——文學家，泰戈爾（Robindronath Thakur）

5.4 網路世代的終身學習

【管理亮點：東健先生創作出大阪笑臉地圖】

在日本大阪街頭，人們邁開忙碌的步伐，無視周圍他人氣息，冷漠的心腸充斥著大阪天空。

有位東健先生，出身鄉野，很不習慣大阪如此冷漠的氛圍，他心中開始思考，怎樣才能縮短人與人之間的距離。他想到，微笑和問安，最能夠溫暖每一個人冷漠的內心。

於是，東健走遍大阪每一個角落，每到一處，他就會對每一個人揮手問安，也拍下每一個人的笑容及回應的問候。在拍照前，他會先向對方說明原委，也得到對方的熱烈回應。

就這樣，一步一腳印的東健，拜訪每一個鄉鎮，也蒐集拍攝一千多張微笑的臉龐，他將這些照片整理做成一套「笑臉地圖」，並張貼在大阪的各公益展場，這樣的舉動，得到大阪居民熱烈的迴響。

在網路資訊社會，社會大眾多利用谷歌（Google）網站，或各種應用軟體（APP, application），瀏覽網頁資料檢索並進行下載，這已經是APP世代的日常，更是重要的學習方式。例如：想要尋找餐廳，谷歌一下，該餐廳獲得幾顆星便可一目了然。想要準備餐點，谷歌一下，食譜料理便可信手拈來。想要外出旅遊，住宿旅館，購買名產，谷歌一下，便可輕鬆搞定，谷歌已經變成萬事通。甚至是碰到新的專有名詞，谷歌一下，維基百科就能解釋清楚；碰到不懂的英文，谷歌一下，翻譯成中文輕而易舉。在這種情況下，食衣住行育樂各種生活瑣事，倚靠谷歌便可一指搞定。既然

生活大小事都能靠谷歌先生解決，那年輕人逐漸不愛在教室上學，不購買教科書，不閱讀書本。試問大學教科書、專業書籍和書店店頭書的用處為何？這是當前大學生、年輕人以及現代公民，需要先想清楚的問題。同時這也是本章——終身學習中，紙本教科書的角色、地位，和功能所在。

在這裡，有兩個問題需要先釐清、回答清楚。

第一個問題是：怎樣區分從資料、資訊、情報到知識？

第二個問題是：谷歌和專業書籍要怎樣取捨或相輔相成？

當我們能完整回答上述兩個問題，終身學習便能夠找到足夠的立論基礎。便能夠有效率地用專業書籍中的理論當作鋼筋骨架，利用書籍中的知識當作磚塊，利用谷歌搜尋化做水泥，共同來建造房屋，建造屬於你自己的終身學習大樓。當然，你也可以透過前人智慧或生活情報，來當作房屋的內部裝潢，使你能夠居住的更加舒適，這就是更細緻的部分。

1. 怎樣區分從資料、資訊、情報到知識

這個問題的重點是使用文案的資料品質。基本上，我們所接觸到的資料，可分成資料、資訊、情報、知識、理論等五個等級（請參見圖5-5）。你需要知道，你谷歌所接觸到的資料是屬於哪一個等級。

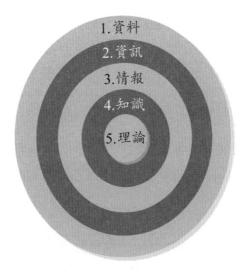

圖5-5　資料蒐集的品質水平

(1) 資料

資料（data）是最為原始、粗略，沒有或甚少經過他人整理和編譯過的文字、數字、表格、圖畫或影音等資料。資料是指個別性、零碎性的相關文案，資料是第一級、最基礎、最原始的文字或數字，是用來檢驗事實真相的最終基礎。例如，個人基本資料、企業資料、各級地方政府或國家資料、地質與水文、氣候與生物變遷資料等。

(2) 資訊

資訊（information）是經過一般性的目的而編譯過的文字、數字、表格、圖畫或影音等資訊。資料是經過整理過後的相關文案，以供一般社會大眾使用者，是為第二級的文案，資訊在現實社會中十分常見，為提供民眾生活便利來服務，然其知識的含金量較低，為其特色。例如，公車路線和候車資訊、車船與飛機的時刻表和價目表資訊、新聞報導、天氣預報和颱風地震動態資訊、電視節目表或電影播放時地資訊等。

(3) 情報

情報（message）是指為某個特定用途，而經由特定人士宣稱為具有實用價值的文字、數字、表格、圖畫或影音文案等情報。情報是為某種特定用途，而悉心編纂的相關文案，是第三級的文案，在谷歌搜尋中最為常見，情報是信仰或信念層次的產物，通常是為發訊者來服務的文案，使用時需十分謹慎。例如，企業文宣和廣告、企業行銷或財務規劃、投資理財趨勢說明、股匯市走向分析、房地產榮估動向情報、產業趨勢指南、經濟景氣動向、焦點話題專題報導、民意動向解析等。情報的使用應經由專家認證，例如，公司財務報表應經過會計師簽證、公司土建藍圖應取得建築師認證和建造執照、企業藥品文宣應經由專業醫師認證等。

(4) 知識

知識（knowledge）是指已經被大部分專業人士實際運用的文案，是相當接近正確無誤的文字、數字、表格、圖畫或影音文案等知識。知識是經過學者專家初步驗證無誤的文案，是第四級的文案，在現實社

會中較爲少見，需仔細辨認出來，在使用知識時也需要經專家檢視。例如，大學教科書、專題研究計畫報告、經專家推薦的店頭書、學術研討會研討論文、專業學術期刊論文等。必須指出的是，前人智慧（wisdom）係歸屬於知識前期的範圍，因爲這是經過歷史傳承下來的前人經驗或生活警語，以及攸關爲人處世的原則性宣示等，只是多半未經過科學驗證。在使用時應小心謹愼，不可以照單全收。例如，人生格言、生活箴言、世俗諺語等。

(5) **理論**

理論（theorem）是指經過科學精神和科學方法，反覆驗證後成立的各項命題、假說、公理（axiom）、演算式（algorithm）、模式（model）、定律（law）、理論（theory）等。理論是經過學者專家反覆驗證無誤的文案，是最高等級、第五級的文案。理論是最接近永遠不改變的事實，或恆爲眞的事物。理論是依照現有知識反覆驗證爲眞的文字、數字、表格、圖畫或影音文案等。在使用上係以簡單的因果關係陳述，成爲定律或法則，供有識者遵行。例如，人類需求層級理論、理性決策模式、水平溝通模式、期望理論、領導根基理論、社會認同理論、兩因素理論、邊際報酬遞減定律、比較利益法則、80/20黃金管理法則、熱力學第二定律、牛頓運動定律、質量不滅定律、波義耳定律等。

在接觸文案時，重點是需要應用最高級的各項理論，兼及部分第四級的知識（智慧），至於第三級的情報則特別需要愼用，避免被情報誤導。如此才是做好文案管理把關。至於第二級與初階的資訊和資料素材，則是充當最後的實際驗證用途。

另就實際決策層面，世人對於資訊文案的處理態度，可分成社會大眾、有識之士兩個等級：

(1) **社會大眾**：社會大眾是指一般普羅大眾，他們所使用的文案多半停留在第二級「資訊」或第三級「情報」，因爲這些資料是人人可及。他會透過各種APP，來運用各種「資訊」，使日常生活更加便利舒適。然而多半被大量的「情報」導引，十分需要經由對情報的合理解讀和

判斷，來過濾情報，並多使用「知識」、「理論」等級的文案。

(2) 有識之士：有識之士是指能夠充分使用知識或理論來解決問題的人，特別是受過高等教育的有識之士。他們係升級到第四級「知識」，甚至是第五級「理論」。他有能力洞察出某項決策為何會成功或為何會失敗。並且在下一次做類似決定時，將不會犯同樣的錯誤，做到孔子所說的不貳過。也就是將「資訊」、「情報」，進階到「知識」、「理論」的等級。並且透過科學驗證真偽，達到追求真理、服務人群的境界，擁有專家學者等級的金頭腦思考。

準此，在職場上要進行終身學習來實際解決問題時，文案的蒐集和處理十分關鍵，你能否充分運用知識和理論等級的文案，以確保資料品質，絕對是職場解決問題，工作成敗的決勝點。

2. 谷歌和專業書籍要怎樣取捨或相輔相成

這個問題的重點是APP世代的資料品質盲點。現代人的生活離不開手機，特別是大學生、年輕人的APP世代。高度倚賴谷歌（Google）先生來取得資料並閱讀學習。這種資料取得與學習方式，具有以下特質：

(1) **快速獲得解答**

只要提出特定問題，就能夠快速獲得答案。例如，要詢問某家餐廳或旅館的評價、要詢問某菜餚的食譜、從中和往三峽的公車和等待時間、某個颱風的明後天動向、某醫院某科別的掛號及號次等，都能在一指之間迅速搞定。

(2) **取得記憶性資料**

網頁資料檢索與下載的資料多為記憶性資料，多為第一級的資料、第二級的資訊、第三級的情報，透過這種方式蒐集資料，明顯能夠大幅減輕大腦的負擔。

(3) **容易編輯剪貼**

在提出問題後，能夠獲得多份所謂的「答案」，同時能夠透過複製與貼上來編輯剪貼答案。例如，教師發出一份作業題目，學生便在相關領域上網檢索，不日內便可得到數份相關資料，再將其剪下、複製與

貼上，便成爲一份作業報告，於是學生便不會用心閱讀相關的專業書籍。

　　但是，這種所謂的「問題—解答」檢索方式，明顯會有若干盲點和限制：

(1) 資料文案良莠不齊

　　由於每個人都能夠在網頁中平等的發布資訊，這使得在網站中檢索到的資料、資訊和情報實屬五花八門，形成良莠不齊、魚目混珠的情況。只能由資料使用人自行判斷其眞偽。由於當事人受限於自己的知識和能力水平，通常難以判斷其正確與否，進而被情報誤導而錯用、誤用資訊，自然是必然的結果。

(2) 限縮思考深度

　　由於社會人士習慣使用「問題—解答」的檢索方式，這會省下深入思考問題的時間，也會限縮大腦思考的深度，使思考淺碟化，較少做出深入性的思考，因此只能夠處理表面的小問題，而無法面對更深層的核心性問題，結果在根本上弱化了解決問題的能力。現階段民衆風行的「小確幸」思維，則是這種現象的代表。

(3) 缺乏整體思維

　　大學教科書和專業書籍都是作者整體思維的結晶，從書本的架構鋪陳、章節安排，到內容陳述，到處可見作者的匠心獨具。作者更是該領域的專家或學者，確保資料的品質。閱讀書本就是要完整掌握作者在特定領域上的整體思維，從而培養讀者的獨立思考能力，這絕對不是谷歌網路檢索的零碎性資訊所能替代。現階段大學生、年輕人繳交的各類作業或專案報告，邏輯不順文句不通，錯誤百出且錯字連篇，這些都是問題的冰山一角。

　　簡言之，APP世代所接觸的網頁檢索與下載內容，較少探索智慧、理論與定律，以及背後的思辯論證，長久以往，自然不易培養深邃的思考，以及應有的解決問題能力。準此，谷歌和專業書籍需要相輔相成，汲取各自的優點，不偏廢一方，方能克服肉體的軟弱，有效提升解決問題的能力，完成終身學習。

【智慧語錄】

　　我認為知識是一切能力中最強的力量。

——哲學家，柏拉圖（Plato）

　　誰若遊戲人生，他就一事無成；誰不能主宰自己，便永遠只是一個奴隸。

——文學家，歌德（Goethe）

【本章註釋】

5-1「學而時習之，不亦悅乎！」語出孔子《論語‧學而第一》。子曰：「學而時習之，不亦說乎？有朋自遠方來，不亦樂乎？人不知而不慍，不亦君子乎？」。

5-2學習四種方式的內涵，出自拉菲爾（LeFever, 1995）。請參見LeFever, D.M. (1995), *Learning Styles*, Colorando: ChariotVictor Publishing。另「這一切都是這位聖靈所運行，隨己意分給各人的」，原文出自《聖經‧哥林多前書》12章11節。

5-3「撒種的比喻」是耶穌所傳講的知名比喻，詳細內容請見聖經新約馬可福音第四章第1-20節。

5-4桑代克學習三大定律（Thorndike's Laws of Learning）的內涵，出自桑代克（Thorndike, 1913）的說明。請參見Thorndike, Edward Lee (1913), *Educational Phychology*, NY: The free press.

5-5史金納增強理論（Reinforcement Theorem）的內涵，出自史金納（Skinner, 1953）的說明。請參見Skinner, B.F., Boring, E.G. and G. Lindzey (1967), *History of Psychology in Autobiography* (Vol. 5), New York: Appleton Century-Crofts, 1967, pp. 387-413.

5-6「不要叫醒我所親愛的，等他自己情願」，原文出自《聖經‧雅歌》2章7節。

5-7弗隆（Vroom）期望理論（Expectancy Theory）的內涵，出自弗隆（Vroom, 1964），請參見Vroom, V. H. (1964), *Work and Motivation*, NY: John Wiley.

5-8期望理論的三個因果關聯，亦請參閱陳澤義著（2011），《美好人生是管理出來的》，臺北市：聯經出版，第三篇之持續自我激勵。以及2014年簡體字版，深圳市：海天出版。

5-9自我激勵是一種增強理論（Reinforce Theorem）的應用，即透過對於好的表現給予讚美或物質獎賞等正面強化措施，來誘使該項行為能夠重複出現的操作。亦出自Robbins, S. P. (2013), *Organization Behavior*, the fifteen edition, Prentice-Hall, Inc.

【課後學習單】

表5-1 「終身學習奧祕」單元課程學習單——終身學習學習單

課程名稱：	授課教師：
系級： 姓名：	學號：
1. 在你學習本科過程中，要如何做才能夠使你有**興趣**並有強烈**意願**來讀書學習？為什麼？	
2. 同樣的，請從中分辨出你的**「學習方法」**，或稱學習血型的種類？為什麼？	
3. 承上題，請從中探討如何使適合你的「**學習方法**」發揮最大的效果？並說明為什麼？	
4. 此時，請就此說明在這其中能否形成一套**激勵機制**，以及其中何者是「努力投入」，何者是「成果產出」，並說明其理由？	
5. 緊接著，請說明形成的激勵機制中，何者是「**獎酬**」，何者是「**目標達成**」，並說明其理由？	
6. 同樣的，在你學習生活中，請你說明如何才能夠使你產生「**熱情**」和「**自我激勵**」的情形？	
7. 這時，你會想到要做哪些「**學習計畫**」呢？	
老師與助教評語	

第六章　點燃你的熱情

【三國啟思：劉備三顧茅廬求才若渴】

　　劉備三顧茅廬是家喻戶曉的精彩故事，劉備能夠延請到諸葛亮下山相助，劉備的內在驅力應是十分關鍵。

　　劉備在投靠荊州劉表後，回想二十年顛沛流離的日子，雖有關羽和張飛等武將卻無城池寸土，遂領悟出軍師運籌帷幄的重要性。此時徐庶向劉備推薦諸葛亮。說：「諸葛亮是絕代奇才，現隱居臥龍岡，若能獲得此人幫助，天下必得安定。」徐庶接著說：「諸葛亮這個人，你親自去拜訪他或許有可能成功，但是若只是下令召喚他來，就一定不可能成功。」

　　因此，劉備帶領關羽和張飛，親自到臥龍岡拜訪諸葛亮。恰逢諸葛亮外出，劉備只得留下「劉備來訪」字條，失望而返。

　　第二次劉備來訪亦緣慳一面，劉備並下令阻擋妄想火燒茅廬的莽撞張飛行徑，也化解關羽的搖頭嘆息，透過內在驅力的堅持，依然期待雙方的見面機緣。

　　第三次劉備拜訪終得見，劉備先站在外堂，靜候諸葛亮午覺睡醒並起身更衣，直到一切就緒，劉備才與諸葛亮會見，經由暢談「隆中對」，觸及天下三分，劉備並為天下蒼生潸然落淚，這才成功邀請到諸葛亮下山相助。

　　由於劉備具備復興漢室，拯救蒼生於水火的明確願景，並彰顯出熱忱的感人動能，加上自律的自我約束，終能成就「劉備三顧茅廬」的歷史美談。

6.1 找到你的生命願景

【管理開場：至聖先師孔子胸懷有教無類的願景與熱忱】

　　春秋戰國時代的**孔丘**字仲尼，他抱持有教無類的願景與熱情，教育平民百姓，並開啟私人講學風氣。他提倡儒學影響漢朝以後的政治思想和中華文化，使得孔丘被後人尊稱為「至聖先師孔子」。

　　孔子雖為至聖先師，他的品格與修為已非平常人，然孔子內心卻不驕傲，仍然勤奮好學，教學不止，秉持謙恭態度，虛心向各家學習，如老聃、師襄、萇弘、郯子等。孔子操守言行遂成為門下三千弟子的榜樣典範，弟子們更節錄孔子和弟子間的言行對話，編著成《論語》。

　　孔子秉持崇高教學願景與熱情，四處周遊列國，傳揚教學理念。後來，博大精深的孔子儒家學說，更成為中華五千年文化的重要基石，迄今，華人的言行舉止仍多受孔子的影響。

　　做喜歡做的事，做能夠做得又快又好的事，去發現自己的熱情。

【問得好】在工作中，能夠帶給自己歡喜快樂的事情是什麼？

　　內在動機（**Internal Motivation**）顧名思義是從心中出來的行為發動機制，這是個人最深沉、最隱密、最長久持續的動力，是激發一個人行動的發動機，會深遠的影響個人的外在行為，故本書特闢專章說明。

　　在人生旅途中，必定需要面對學習、工作和家庭的各項事務，這時候個人內心是否具備火熱的內在動機，絕對會是人生勝利組或躺平組的重要分界。這當中的差異就在於「態度」。這時候常有兩種工作態度：

1. **正面工作態度**：即工作態度好，內在動機強烈。對一位工作態度好的人，他做完今天的工作，明天會「還想」做這一份工作，他會說：「這不僅是工作，更是我的事業」。對一位具備內在動機，或內在動機十分強烈的人，他會「神馳」在其中，興奮地工作做事，正向面對每個人和每件事，以一顆積極的心態來達成目標，自然會明顯提升生

產效率，容易獲得成功的甜美果實。

2. **負面工作態度**：即工作態度差，內在動機薄弱。對一位工作態度差的人，他做完今天的工作，明天「還得」做這份工作，他會說：「這不過是一份工作而已」。因為一位不具備內在動機，或內在動機十分薄弱的人，他會「擺爛」在其中，多半會抱著做一天和尚撞一天鐘，以消極心態來工作做事。

　　本章即由此出發，探究內在動機的重要素質。基本上，成功需要將個人的天賦能力和心中熱情，發揮到卓越品質的水準。此時除個人洋溢熱忱的情感能力外，更需做好開啟願景的心智能力、自律的身體能力，以及良知良能的心靈能力。茲說明如下。

1. 願景

　　願景（**Vision**）一名異象或視野，是個人能夠加以實現的心中夢想。是在個人腦海中假想「預先看到未來」的情景，是個人心智能力表現出卓越品質的成果，其表示個人的夢想、渴望、盼望與標竿所在。願景的心聲乃是天賦能力，此為個人關注的中心點。藉由想像願景，個人能夠回憶過往，放眼將來，亦能夠展演創意，轉變當前。願景是值得個人長期追求的理想，而不僅是一項單純目標。例如，興建舊金山金門大橋、倫敦大笨鐘、巴黎鐵塔、雪梨歌劇院，都是建築師展現個人願景的成果。

　　願景的功能，在於願景能夠為個人或企業員工，形塑出持續追求的使命與目標。即願景可使人們為其努力奮鬥。願景的特性有二：

(1) **願景需是可以實現的夢想**：其包括想像力和明確性兩者。第一是想像力，因為在當事人心中相信並且能夠想像出來的各種事物，都能夠將其化成真實。第二是明確性，願景在當事人心中需要如同水晶般的清晰。理由是要射中一個看得清楚的靶心，要遠比射中一個看不清楚的靶心，要來得容易達成。例如，一個人想像他在美國大聯盟棒球場投球的場景，就會促成這個人留洋，達成職棒選手的夢想。

(2) **傳達願景要能引動興奮**：願景是一種方向力的展現，指出一個人心中想要追求的目標。這其中是可能有許多的解讀，而伴隨時間的更迭，伴隨許多的溝通，願景愈來愈會被明確說明，而不再被看做是一種神

祕而難以控制的力量。例如，賈伯斯表述一種行動辦公室的願景，就促成平板電腦和微型筆電的發明。賈伯斯表述一種個人無紙筆通訊的願景，就促成智慧型觸控手機的發明。

我們需要依照個人追求的方向、精通的能力，以及感興趣的事物，來設定生活願景和人生目標。理由是：「沒有異象，民就放肆」【6-1】。當我們勇敢展開長期目標之際，即會生成更清晰的藍圖，環繞著所追求的目標，我們遂能將之凝聚在一起，形成日常生活的意義所在。從而形塑出個人希冀生活所展現的風格，並為個人生命旅程指明意義和方向，甚至是生存發展的盼望。

> 我們需要依照個人追求的方向、精通的能力，以及感興趣的事物，來設定生活願景和人生目標。

願景是個人想要做哪些事物？是個人貢獻生命的方向？當個人答覆願景和目的之際，當事人正在開啟一套生活主要旋律。例如，若是期望當一位律師，那就需要設定數年內通過律師考試（高考），並設定數年內修畢法律學院的學分。又如約瑟給他的孩子取名叫耶穌，因為天使告訴約瑟，使他知道，耶穌要將他自己的百姓從罪惡裡拯救出來。

個人的注意力必須要聚焦在個人願景、理想和目標上，亦即對準在目標之上，理由是「目標是有底線的夢想」。目標會引導個人的精神、時間和財力資源，皆整齊的移動朝向所欲實現的標的。持續以往，若欲實現上述目標便成為可行。例如，你決定一年內考取公職考試或擁有三張相關證照。俗諺云：「有志者，事竟成。」即是此理。

2. 熱忱

熱忱是內心的自然表現，表現出樂觀、興奮與決心；當個人天賦才能和外界需要能夠配合時，熱忱自然會被點燃。即當個人將自己擅長的事情（即是個人的天賦能力），和環境的工作需求（即機會）相互連結，即會生成個人的工作熱忱（即能夠做得十分起勁的事務），這是本節探討的主題。

(1) **熱忱的本質**

熱忱是個人情感的執著與付出，熱忱的心聲即是個人熱衷且有興趣去進行某件事務，表現出積極樂觀、興奮活力和行動決心的意志力量。當環境的工作需要和個人的天賦能力相互配合之時，即會點燃個人心中的生命熱情，生成熊熊的熱火，產生泉源不絕的力量，驅動個人向目標邁進，此為個人熱忱所寄，而為個人自發工作的動機。此即赫爾（Hull）於1952年所提出的**驅力降低型**（**Drive-Reduction**）的動機理論（**Motivation Theory**）的內涵【6-2】。

例如：在《冰公主》一劇中，女主角凱西喜愛溜冰，她的溜冰教練更是多次確認，凱西有溜冰的天分，在獲得地區性比賽優勝的資格之後，教練建議凱西應該參加全國花式溜冰大賽，但凱西的母親卻希望她用功念書讀大學。此時由於凱西心中已經點燃對溜冰的熱情，在面對這個機會時，凱西不顧父母的反對，毅然決然投入艱苦的半年溜冰練習，並且甘之如飴，最後終於在全國花式溜冰大賽中獲得銀牌，並且因而獲得保障進入體育大學的資格。

男性看見自己心儀的女性，感覺到特別的興奮與熱情，心想她就是想要追求的異性。工作上也是一理，個人喜歡某份工作，和工作談戀愛，就是心中喜歡，此時即已觸動個人的工作熱情。亦即個人從事想要做的事務，同時能夠做得很有生產力，即會偏愛此份工作，從而滋生熱情，熱情是個人正常的生理反應，是最自然的表現。

簡言之，**熱忱包括我們「能夠做」、我們「有興趣做」，而我們「有機會做」的三重層面**，從而發揮沛然莫之能禦的絕大熱度。

a. **「能夠做」**：是將個人的天賦能力和環境工作需求，進行巧妙結合的情況。例如，行政人來擔任總經理特別助理，研究人來擔任行銷企劃工作。

b. **「有興趣做」**：是該項事務能夠和個人的生活嗜好和興趣相互結合，成為個人樂在其中的事情。例如，喜歡逛街購買時裝的人，擔任服裝設計師的工作；平常喜歡嚐遍各地美食的人，擔任異國餐飲服務銷售

的工作。

c. 「有機會做」：是環境中出現此項工作的需求（即機會），成為個人有機會發揮實力的事情。例如，這時有一個專案計畫，需要通曉行銷企劃相關事務的人來投入，平時經常從事市場行銷研究的人便能夠抓住這一次的機會。

> 熱情包括我們「能夠做」、我們「有興趣做」，而我們「有機會做」的三重層面，從而發揮沛然莫之能禦的絕大熱度。

---

(2) 熱忱是生命力的音符

熱忱更是生命力的音符，它是個人身體自律和心智願景的推進器燃料。理由是一旦個人發現其生命的真正意義和價值信念，並且能夠為社會貢獻出個人特定的工作事務，此時即會開啟自我激勵（Self-encouragement）的鑰匙，生成強烈的工作動機。例如，某人熱愛並且擅長於MV影片製作剪接，當他報名參加諸如「爭鮮壽司」、「YouBike」或「慶城街一號」的MV影片創作競賽，他必然會焚膏繼晷的「神馳」在劇本編寫、歌曲創作、舞步排練、影片拍攝、底片修剪的樂趣熱情中，渾然忘我，甚至忘記其他事務，此乃熱忱的神奇力量。

而一旦個人能夠將環境工作需求、個人天賦能力、個人心中熱忱相互連結，便能夠釋放出無窮的力量，這時工作的動力是來自於個人內心，此時便不需要管理經理人的外力監督。我們說純正動機是來自個人內心的熱忱，就是這個道理。

我們每個人的生命，不是正應當綻放出個人生命的熱忱嗎？去做你所愛的工作，去愛你所做的工作，用你個人的熱忱來轉動我們所在的世界，甚至改變世界，我們的生命召喚即是在此處啟動。切記，請及早發覺，被個人視為了無生趣或只是玩樂的事務，請千萬不要低估「及早醒悟」的重要性，即使是平凡的人，亦可轉變成快樂的工作人。

【智慧語錄】

　　每個人都有一定的理想，這種理想決定著他的努力和判斷的方向。在這個意義上，照亮我的道路，並且不斷地給我新的勇氣去愉快地正視生活的理想，是真、善和美。　　——科學家，愛因斯坦（Albert Einstein）

　　立志是一件很重要的事情。工作隨著志向走，成功隨著工作來，這是一定的規律。立志、工作、成功，是人類活動的三大要素。立志是事業的大門，工作是登堂入室的旅程。這旅程的盡頭就有個成功在等待著，來慶祝你努力的結果。　　——生物學家，巴斯德（Louis Pasteur）

6.2 自律千錘百鍊

【管理亮點：麵包師傅吳寶春自律力爭上游】

　　臺灣麵包師傅吳寶春，在2010年獲得世界麵包大賽冠軍，成為食品業的「臺灣之光」。吳寶春說：「每個人都需要為生活來學習。」在他的心目中，做麵包是最有意義的工作，要做出高品質的麵包需要精益求精的不斷學習，不斷求新求變。但是，學習的過程需要自律，學習的觸角更需要延伸到生活各個層面，涵括欣賞美麗風景、品嚐輕食美饌、豐富品味人生等多種角度，並不僅侷限技術領域。

　　吳寶春一旦設定目標，他一定會用100%的心力，使命必達般的傾全力完成。目標是吳寶春的自我激勵標竿，自律是吳寶春的成功祕訣，吳寶春認為人們需要真誠的面對自己，自律的完成自己所承諾過的目標。

　　成功是一分的天才，加上九十九分的努力，這說明自律十分重要。

【問得好】試著找出能夠使自己克服怠惰的三個方法？

　　自律就是內心堅守著某項紀律，「紀律」的英文是指「Discipline」。其此字也可指「專業」之意。因此，我們可以說，自律就是建立紀律，而

「紀律」是專業的根本,「專業」就是要靠紀律與自律來養成。

因為遵守紀律就是遵守規範（Norm），也就是依照規範來執行。而規範是來自於歷史經驗，加上統計科學分析和學術理論驗證，所得到的專業方法。因此，自律就是遵守規範，此為建立專業的法則。所以，要成為某項「專業人士」，自律的行為誠然是培養專業智能的關鍵習慣。

許多人是「能知但不能行」，國父孫中山也說「知易行難」。若是無法痛下決心建立自律的好習慣，那學習再多的專業知識也終是枉然。特別是，每個人在學到專業方法以前，通常都已經有既有習慣或人類本能，從而自律是需要改變固有的習慣和本能，突破自己的罪性【6-1】，轉換成專業的方法。在此時，能否突破人的罪性與惰性，堅持完成改變習慣的過程，乃是成敗的關鍵。這也說明了何以當代的專業知識十分容易取得，但能夠成為真正的專業人士者為數則不多。

最後，判斷某個人能否做成專業，形成大器，核心因素在於自律和良知。若沒有「自律」，持續不斷的鍛鍊，一切仍舊是幻夢。

1. 自律

(1) 自律的起點是自我期許

自律是犧牲今日來換得光彩明日。自律是種個人自我期許，壓迫個人身體必須受苦，而有必要的操練，執行某一特定的動作使之成習，促成目標願景的實踐。操持自律即是預見環境的需求，並全力滿足上述需求。無論做何事，皆是由心底做，好像是做給上帝造物主看，並非是做給世人看，此為自律的終極表現【6-3】。換言之，自律不易自發產生，唯有在個人天賦能力滋生熱情時，自律方能成為自發意願，不然即會是個人被迫練習的不甘願，因而練習效果打了折扣。

(2) 自律的表徵是辛勤練習

成功者的特質之一即是辛勤練習，勤奮鍛鍊無以復加，此時是展現身體傑出的自律能力。如個人想要做個卓越的運動員，除仰賴天分，亦需長久持續的鍛鍊，日日操練十次、百次、甚至重複千次相同動作。例如，棒球員練習接球與傳球、籃球員練習運球與投籃、足球選手的

盤球與射門、射箭選手練習瞄準與射擊、跳水選手練習跳水與翻滾；除運動員如此做之外，其他領域諸如廚師、醫師、歌手、舞者，亦是竟日重複做著無止境的訓練，方能精進技能，只有在自律上的自我期許，方能有更好的成績。當然，不僅是技藝性項目需要自律的辛勤練習，就連文史、法商與理工等科目的學習，涉及大量的邏輯推理與理性思辨技巧，同樣需要辛勤練習，方能熟能生巧，精益求精。

在這個時刻，個人將不僅能夠發揮槓桿效果，省力的執行工作事務，並且還能夠透過熱情和自律，以使個人由江湖「生手、熟手」，逐漸轉變成為武林「高手」。在這期間，自律性的要求遂成為關鍵。

此時個人的認知思想和行動表現，皆需要個人的自我約束而有自律。理由是個人若在競賽場上比武，非按規矩，就不能得到冠冕【6-4】。請勿將個人的心思，容許氣憤的情緒感覺掌握，個人必須保持正向積極，進而逐步實現人生的目標。

2. 良知

良知是個人心底認定的道德準則，乃至於外在表現的道德行動。良知是個人心底對正義和公平的認定，對是非善惡的分辨，對建設和破壞的感知，以及對真理和虛偽的判別。當個人依據心底良知來行動時，自然有股來自心底的平靜和安穩來感受。良心的聲音催促個人去做對的事，使個人能夠分辨是非，做個誠實無過的人，一直到基督再來的日子【6-5】。

此時，誠實是最好的策略，個人最根本的原則是做個好人。關於這方面的詳細內容，請參見本書第十五章第二節，有關道德決策的說明。

事實上，世界上並沒有必然有效的管理者特質；若是欲成為成功的經理人，首先需要了解被帶領者的切身情況，再挑選最適合個人風格的管理行為。

基於「導人必因其性」，「被欣賞和被了解」是人心底最深處的渴求。於是，無論採行何種管理方式，皆需要依照帶領者與被帶領者的內心聲音，藉由傾聽被帶領者的內心聲音以及天賦能力，探求能夠激勵被帶領者的事物，來激發熱情，並配合願景、自律和良知。亦即藉由激勵與讚賞被帶領者的內心熱情，使他對環境做出貢獻，締造卓越的成績。

基於「導人必因其性」，「被欣賞和被了解」是人心底最深處的渴求。

　　柯維（Covey）指出，當管理者能夠運用「願景、熱忱、自律、良知」時，即能獲得優質的領導成果【6-6】。是時，個人在腦中洞見將來願景，透過想像力量；若是願景與熱情、天賦能力密切配合，即會生成有如上帝召喚般的動力。特別是實現或促成事情需要自律，並為未來的願景犧牲自我，如圖6-1所示。

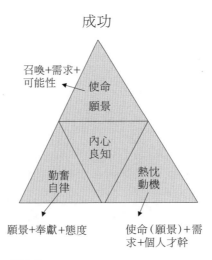

資料來源：整理自 Covey (2004)。

圖6-1　使命願景＋熱忱動機＋勤奮自律＋內心良知＝成功

3. 願景、熱忱與自律的概念化架構

　　最後，我們可透過「信念、思維、認知、態度、行為」的概念化架構，來探究願景、熱忱與自律與內在動機的角色定位。

(1)首先，我們可以將願景看成是一種「信念」的表徵，因為願景乃是一種可實現的夢想，且在訴說時會產生興奮。故願景實為價值觀的體現，係基於某種價值信念，進而生成個人的願景。

(2)再者，我們可以將熱忱看成是一種「思維」的果實，因為思想到自己

能夠做且有興趣做，直到日後有機會做，自然在此種思維襯托下，自發性的生成熱忱的火焰。故熱忱實乃思維的體現，係基於某種特定的思維，進而持續形成個人的熱忱。

(3) 三者，我們可以將自律看成是一種「認知」下的產物，因為自律是一種自我期許，進而願意持續的練習。故自律實為認知後的規範結果，係基於某種刺激認知，進而產生個人的自律。

　　願景、熱忱與自律皆會生成個人的內在動機，而所謂的內在動機，即所謂的「順從、認同、內化」的態度三層次。基本上，透過自律形成的態度，通常僅有「順從」的表面態度；透過熱忱推動自律的態度，乃是「認同」的中層態度。至於透過願景推動的熱忱，進而由熱忱推動的自律，則可達「內化」的深層態度。

　　更有甚者，經由「順從」的表面態度所形成的行為，通常僅是短暫式的行為，若是遭遇困難挫折，則自然轉彎打退堂鼓；而經由「認同」的中層態度所形成的行為，則會是中期式的行為，若是遭遇困難挫折，則會堅持下去，尋求逆轉勝的可能；至於經由「內化」的深層態度所形成的行為，必然是長期式的行為，若是遭遇困難挫折，則會呈現逆來順受的反彈行為，甚至是甘之如飴的「吃苦如同吃補」的智慧反應，直到困境過去，否極泰來。圖6-2說明此一概念化架構。

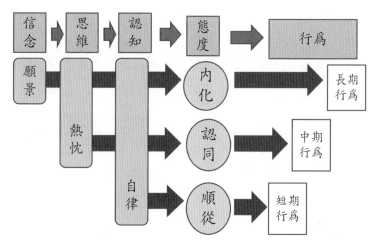

圖6-2　願景、熱忱、自律與內在動機的概念化架構

【智慧語錄】

不論你是誰，你年紀有多少，如果你想要得到持久永恆的成功，那麼驅使你邁向目標的動機，必須來自你的內心。

—— 文學家，梅爾（Paul J. Meyer）

博覽群書使人充實；冥思苦想使人深邃；探討論證使人明辨。

——科學家，富蘭克林（Benjamin Franklin）

6.3 遵守羅盤法則

【管理亮點：陳月卿體會出婚姻與健康的重要】

陳月卿生於1950年代，是位臺灣資深媒體人，曾任華視新聞記者，並擔任《天涯若比鄰》、《放眼看天下》、《華視新聞雜誌》等電視節目主持人，媒體前途一片光明。

陳月卿在三十七歲時與政治人物，前立法委員、國安會祕書長蘇起結婚，四年後發現蘇起罹患肝癌，陳月卿體會婚姻與健康的重要，遂逐漸淡出繁重的媒體工作，鑽研於生機飲食的保健療養之道，與丈夫蘇起一同經歷艱辛漫長的抗癌之路。蘇起的癌症終未惡化，此和陳月卿能夠放下美好光明前程，看重夫妻關係，和先生同心抗癌，有著密切關聯。

陳月卿在歷經丈夫的肝癌手術，以及生育子女各一人後，更於五十四歲時完全退出媒體工作，轉而全心專注於全食物療法養生推廣，並且積極撰述寫作，反而成為養生食療專家。著有《從心開始》、《全食物密碼》、《每天清除癌細胞：陳月卿全食物養生法》等書。

雖然有時候基本需求會被蒙蔽，但必將顯露出來，因為太陽東升、水往下流的自然法則，卻恆久常存。

【問得好】當有兩件事情互相衝突的時候，應當怎樣選擇？

　　在我們進行學習成長中，無論是否同意，此一社會有些放諸四海的法則，其為自然法則（**Natural Rule**），乃是無需印證的真理，並不會受到國家文化或地理區域的差異而不同，故又稱羅盤原則（**Compass Principle**）。例如，公平正義、孝順父母、尊重他人、仁民愛物、誠實守信、早睡早起等。

　　此時我們不能問為何得要如此做，而是只能選擇遵不遵守該項準則。於是，個人的任務乃是去決定哪個方向是正確的「南北」方，再將我們的力氣校準此一方向去行。我們需要倚靠正確信念，堅定拒絕世界的流行時尚價值，當我們恪守自然法則，將會獲得此一智慧所帶來的平安喜樂、幸福美滿的結果。因為時尚價值可能會操縱個人的行動，然而自然法則卻是會導向最終的結果。

　　又當我們恪守自然法則，並內化成為清晰明確的真理，便能夠使我們在自我意識當中，充分且自由自在的揮灑。理由是我們必曉得真理，真理必使我們得以自由。這當中的法則之一即是馬斯洛的人類需求層級理論。

1. 馬斯洛人類需求層級理論要旨

　　馬斯洛於1954年提出人類需求層級理論（**Maslow Demand Human Demand Hierarchy Theory**），探討人類需求的層級化現象，闡述出每個人的需求傾向【6-7】。其包括五種需要，如圖6-3所示，茲說明如下：

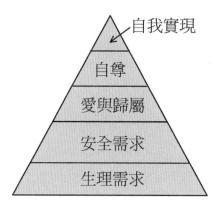

資料來源：整理自 Maslow (1977)。

圖6-3　馬斯洛人類需求層級理論

(1) **生理需求**（**Physiological Needs**）：生理需求即個人的存活需要。包括飢餓時需要進食、口渴時需要飲水、寒冷時需要穿衣、疲勞時需要休息睡眠、生病時需要看醫生、性慾需要滿足，以及各種身體生理上的需要。

(2) **安全需求**（**Safety Needs**）：安全需求即是個人的身心平安需要。安全需求主要指保護身體免於遭到受傷、危險的情況。例如，保全設施、防盜防搶機制、治安防護、人身安全防衛、工作安全、交通安全、性騷擾防護、工廠環境安全等。特別是現代社會，安全需求更直指身心平靜的心理安全，指內心不致落入憂慮、鬱悶、煩惱的狀況，產生心悸、失眠、神經質的症狀。因此，內心的安寧、寧靜、平安，則是安全需求的明顯指標。

(3) **愛與歸屬需求**（**Love and Belongings Needs**）：愛與歸屬需求即是個人的關愛需要，又稱為社交需要。包括個人感情抒發、愛情歸屬、被他人接納、親情照拂、友誼關照等人際關係需要。例如，親密夫妻關係、敬愛父母關係、家人情誼關係、親友聯繫關係、同學友誼關係，與親疏同事關係等。

(4) **自我尊榮需求**（**Self-Respect Needs**）：自我尊榮需求即是個人對外發揮影響力的需要，又稱為**尊嚴需求**（**Esteem Needs**）。例如，獲得工作上的升遷與獎勵，享有好成績、好名聲。尊嚴需求包括內在尊嚴與外在尊嚴需求兩者。

　　a. 第一是外在的尊嚴需求，即如地位、權力、身分、被他人認同和受到他人的重視等，此關乎個人工作上的地位、是否受到上司賞識、是否自我認同等。

　　b. 第二是內在的尊嚴需求，即如自尊心、自主權與成就感等，此關乎個人的自尊心與成就感。在自我尊榮需求中，更是直指自己尊敬自己的內在尊嚴而言，此時每個人需要尊敬自己的工作內容、尊敬自己的工作關係、尊敬自己的工作職稱、尊敬自己的工作薪資。而不論工作內容是清潔打掃、工作關係是和資源回收人互動、工作職稱是工讀生小妹、工作薪資僅達最低法定工資，都能甘之如飴、處之泰然。如此一

來自我尊榮的需求，方能獲得滿足，個人的內心滿意與平安喜樂自然
能油然而生。

(5) 自我實現需求（**Self-Actualization Needs**）：自我實現需求即是個人對
外突破自我成績的需要。指個人的自我成長，突破個人紀錄，即所謂
「超越自我」的需要，此和成就感與工作自身高度攸關。例如，獲得
第一名、成績破紀錄、感受新體驗、突破自我和創新追求等。

2. 馬斯洛人類需求層級理論的「層級」因子

馬斯洛的需求「層級」理論係從低至高的，羅列出前述五種需求層
次，其理論基礎是根植於人類低層級的需求，**需要先行被滿足，然後才需
要滿足高層級需求**。例如，我們的生理需求需要先行被滿足，然後才需要
滿足安全需求，再次及於愛與歸屬需求和自我尊榮需求，最後才是自我實
現需求。誠所謂「倉廩實後知禮節，衣食足後知榮辱」【6-8】，即是此
理。試想，若某人已經三餐不繼，且衣不蔽體，那他如何能夠顧到禮義廉
恥和四維八德的層面？

人類低層級的需求，需要先行被滿足，然後才需要滿足高層級需求。

換言之，我們必須首先要顧到自己的「生存需要」，使生命存活，保
住健康的身體。例如，先找到工作，先求「有一份工作」，能獲得薪資，
能夠吃飽飯、填飽肚子，能有個溫飽日子。然後才是照顧自己的「安全需
要」，期望有一個安全的工作環境，求「有一份安全的工作」，能夠放心
上下班，晚上能夠舒舒服服的睡個好覺。三者才是照顧自己的「愛與歸屬
需要」，追求下班以後的感情需要和家庭美滿，使自己的情感需要能夠有
一個歸屬。第四才是照顧自己的「自我尊榮需要」，是指工作上的加薪、
升遷、擔任要職和掌握權力等成就表現，期望追求「有一份優質的好工
作」，能夠名利雙收。第五是照顧自己的「自我實現需要」，是指工作上
的突破自我和破紀錄表現，期望追求「有一份能夠創造新紀錄的工作」。

簡單說，我們必須先照顧自己的「生命」，使自己生存和安全；再

照顧自己的「生活」，使自己的愛情有個歸屬；最後才是照顧自己的「生涯」，追求自己工作上的自我尊榮和自我實現。也就是在找到工作後，要「先成家後立業」。若是反其道而行，「先立業後成家」，將不免自食苦果。

例如，若干電子新貴拚命工作賺錢，標榜同時接數個專案十分有能力，甚至每天僅能睡眠兩或三個小時，持續下來，縱然有高薪收入和高額獎金，但因為長期疲累可能染上惡疾，甚至罹患癌症後期的絕症，痛失青春寶貴性命，此時悔之已晚矣。誠如《聖經》中說：「人若賺得全世界，卻賠上自己的生命，這有什麼益處呢，人還能拿什麼來換生命呢。」是為至理名言【6-9】。因為前述情況人類需求層級已是缺少生理需求和安全需求，而形成倒三角形，無法站立穩固，必然會形成倒三角形落地傾倒的後果，需要加以警惕，如圖6-4所示。

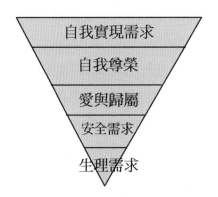

資料來源：修改自 Maslow (1977)。

圖6-4　倒三角形的馬斯洛人類需求層級

或者，有人心想努力工作賺錢能夠賺得全世界，長久下來便會疏於照顧配偶與家人。或許此時個人事業已晉升要職，甚至名利雙全、富貴滿門，但是因為工作忙碌必然疏於感情經營，從而在婚姻和感情道路上虛度光陰。當事人或配偶在感情世界極度空虛情形下，易於爆發婚外情、情感外遇或紅杏出牆，甚至介入他人的家庭。因為前述情況人類需求層級已是

缺少愛與歸屬需要，呈沙漏形狀，兩頭重而中間纖細，在纖細頸部無法支撐頭部重量的情況下，需要另外找尋支撐，於是外遇與援交，因而成為替代性支撐工具便不足為奇了。請參見圖6-5的沙漏型馬斯洛人類需求層級。

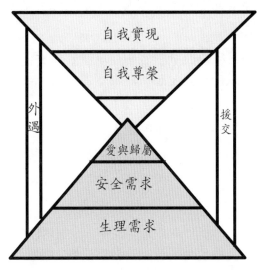

圖6-5　沙漏型的馬斯洛人類需求層級

除此之外，缺少愛與歸屬需要，甚至會形成個人由於事業忙碌，導致疏於陪伴照料子女，從而子女在親情照拂不足的情況下，生成叛逆不馴、孤僻不合群的個性，甚至觸犯法令、鋃鐺入獄，成為父母一輩子的痛楚。

又如，筆者的碩士論文口試老師吳家聲教授、中經院共同撰寫第一篇論文的啟蒙老師周文賢教授、中經院桌球球友劉美琦教授、成功嶺大專集訓同梯翁景民教授、博士論文指導教授張保隆教授等人，皆英年早逝，使我不勝唏噓，更加深思馬斯洛需求層級理論，即羅盤法則的重要性。

要恪守馬斯洛的人類需求層級理論，我們必然會由於有所受限而不便，然而，自然法則的理論知識是恆久不變的，若拒絕恪守理論即如鐵達尼號蠻橫的撞擊冰山，船隻沉沒是必然結果。當然，自然法則即如父母命令般的嘮叨，使人感到不爽快。然而，命令的總歸就是愛，這愛是從清潔的心、無虧的良心和無偽的信心產生出來的【6-10】。

3. 馬斯洛人類需求層級理論的引申對照

馬斯洛的人類需求層級理論重點在於指出人類的基本需要，其與生活、學習、愛以及發揮影響力的人類四個基本面向，實為異曲同工。茲說明如下：

(1)首先，每個人需要在外界環境中生活以求生存，是為生活需要，其與馬斯洛的生理需求相仿。

(2)同時，每個人需要學習新鮮事物和新奇經驗，來增加個人適應外界環境變動的能力，以提高安全感。是為學習需要，其與馬斯洛的安全需求相若。

(3)第三，每個人面對外界環境中的他人與其他事物，亦需要感情滋潤、「愛與歸屬」的調和，因為每個人皆無法離群索居，同時愛能夠勝過一切的害怕和過失。是為愛的需要，其與馬斯洛的愛與歸屬需求相似。

(4)最後，每個人更期望能夠發揮自身影響力，領導或影響他人朝向有利的發展方向，以發揮生命的意義。是為影響力需要，其與馬斯洛的自我尊榮與自我實現需求相若。

準此，生活、學習、愛與發揮影響力四項事務，係分別代表個人的身體、心智、情感、心靈等需要【6-11】。其中，生活意指個人的身體生理需求，是為滿足生存存活需要的事物。學習意指個人的心智發展和自我成長，是為滿足心智成長需要的養分。愛意指個人的情感，愛及歸屬，是為滿足關係和諧需要的元素。發揮影響力意指個人心靈靈魂的意義、追尋與生命探討，是為滿足人生意義的要因。

再者，馬斯洛需求層級理論和赫茲伯格（Herzberg）提出的兩因素理論（two factor theory）可互相對應。馬斯洛的生理需要和安全需要即一如赫茲伯格的保健因素（hygiene factor, HF），係使個人基本身心健康得以保全的保健因子；尊嚴需要和自我實現需要即等同赫茲伯格的激勵因素（motivation factor, MF），係個人尋求自我發展與自我突破的激勵因子。是以此兩個理論可相互對照。

　　更進一步，馬斯洛需求層級理論和奧迪福（Clayton Alderfer）於1972年所提出的**ERG需求理論**（**ERG-Needs Theory**）實則相互呼應【6-12】。馬斯洛的生理需求和安全需求，即一如奧迪福的**存在需求**（**Existence, E**），係維繫個人生存的基本需要；社交需求即類似奧迪福的**關係需求**（**Relatedness, R**），關係需求是維繫重要人際關係的內心渴望；尊嚴需求和自我實現需求即等同於奧迪福的**成長需求**（**Growth, G**），成長需求係個人尋求自我發展與突破的渴望。兩理論實乃異曲而同工，如圖6-6所示。

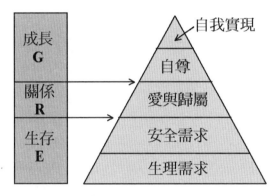

資料來源：整理自 Maslow (1977) 與 Alderfer (1972)。

圖6-6　馬斯洛人類需求層級理論與ERG理論的對應

　　最後，馬斯洛的人類需求層級理論中，生理需求可視爲「永生」，即爲永恆生命；安全需求可視爲「平安」，即爲內心心靈中上的平靜；愛與歸屬需求可視爲「大愛」，即是情感上的愛心。準此，每個人最終極的三個基本需求即成爲：「永恆生命」、「心靈平安」與「情感大愛」，個人若是未能先行滿足此三項需求，反而去追求滿足其他需求，則一如將城堡蓋在沙灘上、將房屋蓋在泥沙中，實在是禁不起一點風吹雨打，城堡和房屋必然會傾覆倒塌，而且難以修復【6-13】。

【智慧語錄】

錢財並不屬於擁有它的人，而只屬於享用它的人。

——科學家，富蘭克林（Benjamin Franklin）

世界上最寬闊的東西是海洋，比海洋更寬闊的是天空，比天空更寬闊的是人的心靈。
——詩人，雨果（Victor Hugo）

【本章註釋】

6-1 「立志爲善由得我，只是行出來由不得我；……我眞是苦啊，誰能救我脫離這取死的身體呢？感謝神，靠著我們的主耶穌基督就能脫離了」，原文出自《聖經‧羅馬書》7章18節與24至25節。

6-2 「沒有異象，民就放肆」，原文出自〈所羅門王箴言〉29章18節。

6-3 赫爾（Hull）動機理論（Motivation Theory）的內涵，指出個人身體中會時常維持平衡作用，個人反應動機潛能係來自於內在驅力、外在誘因以及習慣強度三者的乘積，此即著名的驅力降低理論（Drive-reduction Theory），出自赫爾（Hull, 1952），請參見Robbins, S.P. (2013), *Organization Behavior*, the fifteen edition, Prentice-Hall, Inc.

6-4 「無論做什麼，都要從心裡做，像是給上帝做的，不是給人做的」，原文出自《聖經‧歌羅西書》3章23節。

6-5 「人若在場上比武，非按規矩，就不能得冠冕」，原文出自《聖經‧提摩太後書》2章5節。

6-6 「使你們能分別是非，作誠實無過的人，直到基督的日子」，原文出自《聖經‧腓立比書》1章10節。

6-7 「願景、自律、熱忱、良知四者連動」的內涵，出自柯維（Covey, 2004）。請參見Covey, R.S. (2004), *The 8th Habit: from Effectiveness to Greatness*, NY: FranklinCovey Company.

6-8 馬斯洛（Maslow）需求層級理論（Demand Hierarchy Theory）的內涵，出自馬斯洛（Maslow, 1977）。請參見Maslow, A.H. (1977), *Motivation and Personality*, 3rd. ed., New Jersey: Pearson Education, Inc.

6-9 「倉廩實後知禮節，衣食足後知榮辱」語出《管子‧牧民篇》，意指唯有百姓的糧食先得充足、豐衣足食後，才能夠顧及到禮儀，重視到榮譽和羞辱。

6-10 「人若賺得全世界，賠上自己的生命，這有什麼益處呢，人還能拿什麼來換生命呢」，此諺語出自《聖經‧新約馬太福音》16章26節。

6-11 「然而，命令的總歸就是愛，這愛是從清潔的心，和無虧的良心，無僞的信心生出來的」，原文出自《聖經‧提摩太前書》1章5節。

6-12 「愛、生活與學習」，出自巴士卡力。Buscaglia, Leo (1983), *Living, Loving and*

Learning，巴士卡力著，簡宛譯，洪建全文化基金會出版。

6-13 奧迪福（Clayton Alderfer）的ERG理論的內涵，出自奧迪福（Alderfer, 1972）。請參見Alderfer, C. (1972), *Existence, Relatedness and Growth*, NY: The Free Press.

6-14 「那聽見我這些話而不實行的，就像一個愚蠢的人把房子蓋在沙土上，一遭受風吹，雨打，水沖，房子就倒塌了，而且倒塌得多麼慘重！」原文出自《聖經‧馬太福音》7章26-27節。

【課後學習單】

表6-1　「點燃你的熱情」單元課程學習單——內在動機學習單

課程名稱：	授課教師：
系級：　　　　　　姓名：	學號：
1. 在你的人生過程中，你曾經有哪些「**願景、理想或是夢想**」？那是些什麼呢？	
2. 同樣的，在你的人生過程中，你曾經對哪件事情有著「**熱忱或是火熱**」？那是什麼事情呢？為什麼？	
3. 承上題，在你的人生過程中，你曾經對哪件事情有著「**自律性**」練習，以發揮最大效果？並說明其理由？	
4. 此時，在你的人生過程中，以上三者有沒有機會「**整合成功**」呢？你的看法又是如何？	
5. 緊接著，若是以上三者能夠有機會整合成功，但是萬一它違背你的「**良知**」，那你會怎麼辦呢？說明其理由？	
6. 同樣的，在你的學習生活中，請說明如何才能使你產生「**願景**」、「**自律**」、「**熱忱**」和「**良知**」合一的情形？	
7. 這時，你會想到要做哪些「**策略方案**」呢？	
老師與助教評語	

第七章　你的決策品質

【三國啟思：陸遜火燒連營大敗劉備】

劉備在年幼時善於自省學習，發揮個人獨特魅力，從而劉備麾下有五虎名將投靠，即關羽、張飛、趙雲、黃忠、嚴顏，並立下卓越戰功。

然當劉備稱帝，號蜀漢昭烈帝後，因著掌握權位，逐漸喪失謙卑向學心志，決策亦不夠理性。從而在五虎將逐漸凋零後，欲振乏力。

首先是因關羽的決策失誤，敗於陸遜並被殺害之後，劉備由於思弟心切，不顧諸葛亮和趙雲的勸阻，決策失去理性，親率七十萬大軍欲莽撞東征孫權。將孔明留守成都，輔佐後主劉禪。後來兩軍在宜都的彝陵對峙半年，劉備大軍復因六月天候炎熱，莽撞決策不聽黃權與關平等大將勸阻，移營至沿水岸樹林處貪圖涼快，遂連營擺陣達七百里，此犯了兵家大忌。之後被東吳陸遜運用火攻，在東南風助長火勢下，連燒蜀軍三日。劉備全軍覆沒，憂憤死於白帝城，此一連串的決策失誤，不禁令人扼腕。

7.1 理性決策運籌帷幄

【管理開場：羅斯福總統本於理性施行新政】

美國第二十六任總統西奧多・羅斯福（Theodore Roosevelt），本著素來一貫的理性、正向、樂觀態度，來面對人生各樣的艱難與挑戰。在他年幼時，家中遭到宵小光顧，財物損失慘重，眾親友前來安慰，他回說：

「感恩，小偷僅偷走我部分金錢，並非我全部財產。」

「感恩，小偷僅偷走我身外物品，並未傷害我生命。」

「感恩，今天是小偷前來偷竊我的物品，而非我去偷竊他人物品。」

這份理性與樂觀使他能面對未來，也開創出卓越成就。例如，他

在美國二次大戰時施行凱因斯的經濟新政，成功使美國經濟擺脫蕭條，邁向繁榮；又因成功調停日俄戰爭，而獲頒諾貝爾和平獎。

先決定你需要什麼，再決定準則的優先順序，再用它來評估可行方案，人人皆能做好理性決策。

【問得好】你怎樣才能做出理性的決定？

「好的決策帶你進天堂，壞的決策帶你下地獄」，雖然這話說得有點誇大，但也十分傳神。「沒有什麼事情是必須要的，所有的事情都是一項選擇（Nothing is necessary, Everything is a choice）」，則說明了決策的重要性與無所不在。這充分說明你個人的決策品質高下，足能夠影響你的工作成果與生活品質，甚至是人生格局。而所謂的決策品質，在於能夠洞察環境中的事件，釐清問題的本質，探究可行方案的內涵，進而選定最適切的方案。而良好的決策品質，定能如運籌帷幄般，幫助你做出最佳的理性決策，不會後悔；乃至於協助你發現你的生命藍海，做出藍海決策，得以事半功倍、悠遊其中；甚至是提升你的境界，得以放下得失心，做出令人刮目相看的超然決策。

我們在為人處事中，隨時會面臨做決策的情況。例如，決定在哪家餐廳用餐、決定是否去哪家百貨公司、決定是否購買某條褲子，乃至於相對重大的決策，例如，決定就讀哪一所大學、決定是否接下這份工作、決定是否赴大陸地區工作、決定是否嫁給對方等。本質上，決策是我們為達成個人目標，解決個人問題的思維與行動歷程之統稱。此時，我們是先滋生一種需求，形成一項問題，進而試圖解決此一問題，從而開始蒐集資訊，尋覓解決方案，進而產生最終的決策行為。

理性決策模式（**Rational Decision Model**）係由賽門（Simon）於1986年提出，強調決策經由個人的限制理性，而會歷經以下五個階段，即確認問題本質、確認決策準則、列出可行方案、評估並選擇執行方案、

決策後評估作業，透過這五個階段，即能探究影響個人決策中的諸項環節【7-1】，如圖7-1所示，以下加以說明。

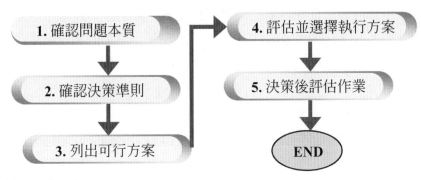

資料來源：整理自 Simon (1986)。

圖7-1　理性決策模式

1. 確認問題本質

　　第一步是確認問題，因為「問對的問題」永遠是解決問題的起步，從而藉此開啟蒐集資訊、評估選擇方案、選擇行動方案、決策後評估等接續動作。因為我們一旦起心動念，生發想望與需求，必然會連帶試圖下決定去滿足之，此時我們的確認問題，便指個人如何解讀日常事務中所碰到的問題，此明顯攸關管理能力的高低，不可不慎。

　　我們都是決策者，我們的決策方式和決策品質的高下，明顯受到個人感覺與解讀所影響。在實際上，我們通常需要先感受到，此是一項**問題**（**Problem**），方會認定需要做出決策（**Decision**）。申言之，「問題」即是我們心目中的理想狀況與現實狀況的差距程度。至於「決策」則是從兩個或兩個以上的方案中，挑選出一個最佳方案的行為。若要做出好決策，我們需要先去確認「重要」的問題，同時確認「明顯有利於決策者」的問題，準此，確認問題非常重要。

　　問題確認可分成三種情形，第一是供給減少，例如，牙膏用罄或汽車破損。第二是基於需求增加，例如，工作升遷或薪資提高。第三是假性需

求，茲說明如下：

(1) **供給減少**：現實狀況改變指現有狀況數量減少或價值降低，不若先前之情形。例如，機車破損，雖個人需求並無改變，但供給減少，如舊機車引擎故障，從而我們的現實供給不若預期需求，此時即是**確認供給（Supply Identification）**。繼續先前例子，某人的機車無法啟動，復加現有市面上的引擎系統，無法和舊機車的引擎相配合，故無法修復，於是某人想要再買一台新機車。其他例子如牙膏用罄、衣服破舊、褲子的腰圍不合、電腦破舊等。

(2) **需求增加**：心中理想改變，則是我們覺得心中的期望或理想，已和現實狀況有些差距。例如，我們獲得加薪或升遷之後，頓然覺得先前的服裝、行頭與機車，已經無法襯托個人的身分地位，於是想要購買頂級的衣物，或換進口轎車，展現自我的身分地位。此時即是**確認需要（Need Identification）**。繼續先前例子，某人在加薪或升遷之前，地位較低、需求較少，此時理想等於現實；後來他獲得升遷和加薪後，使得需求提升，在供給並無變動的情況下，他的內心需求高於現實供給，從而想要購買頂級衣物和進口轎車。同時，在升遷或加薪之後，某人覺得需要對自己更好，自然會進行國外旅遊，也赴診所進行醫美。

(3) **假性需求**：在確認問題的階段，即是探索我們的內心，也就是去問自己，我們真的「需要」去處理這個問題嗎？還是這只是受到環境、他人或廣告的誘惑或刺激，而形成的「想要」或「假性需求」而已呢？例如，我們真的有需要去買一部汽車來代步嗎？還是因為看見同事都買了車，所以自己也要買一部汽車呢？或是看見汽車廣告而受到刺激，想要買一部汽車？另外，我們真的有需要結婚而交往男（女）朋友嗎？還是因為剛失戀，而想要填補心靈空虛和時間空缺呢？對於這些問題，實在值得我們先想清楚。

2. 確認決策準則

在決策時，當事人一旦確定問題的所在以後，即必須先確定決策準

則，也就是確認我們決策的偏好方向。此時需先確定決策準則，而非擬定決策方案的內容。理由是唯有我們先確定決策準則，才不會虛設無效用的決策方案，也就是不會去設定若干根本不是我們想要做成的決策對象，徒然浪費時間，也誤導決策的方向，這一點乃是在理性決策時經常犯的錯誤。例如，當我們確定要買車時，就先去逛汽車展場，當我們確定要買房子時，就先去找房屋仲介看房子，當我們確定要交男（女）朋友時，就直接去報名參加派對等。這樣的做法明顯和賽門的理性決策法則互相牴觸。

此時的決策準則，包括非補償決策準則和補償決策準則兩種【7-2】，茲說明於後：

(1) **非補償決策準則**：非補償決策準則（**Non-Compensatory Decision Rule**）指方案中的某特定屬性，並未達到個人標準時，即不用其他屬性來替代。例如，尋找餐廳時要找具有歐洲風格的餐廳，這項屬性和距離遠近、價格高低等屬性不能互相替代。

非補償決策準則經常出現在**低涉入**（**Low Involvement**）的決策中，所謂的低涉入，是指當事人比較不會關心重視的事情，並且決策後的衝擊影響也比較無足輕重，是金額較低水平的消費。例如，購買哪一種牌子的沐浴乳、選購何種衛生紙、到哪家餐廳晚餐、是否需要攜帶水杯等。至於低涉入的判定，通常指每日平均收入金額以下的消費行為，若此人的月收入為30K，可換算日所得為1K，可知一千元以下的消費，可視為低涉入的消費。

(2) **補償性決策準則**：補償性決策準則（**Compensatory Decision Rules**）指方案中的若干屬性未達期望時，可以經由他種較令人滿意的屬性來替代補足的情形。例如，購買轎車時的馬達動力高低的屬性，可以用車內空間容量、價格高低等屬性來相互替代。

補償性決策準則經常出現在**高涉入**（**High Involvement**）的決策中，所謂的高涉入，是指當事人比較會關心看重的事情，而且決策後的衝擊也影響深遠。例如，購買哪一種牌子的汽車、選購何種平版電腦、到哪裡旅遊度假、要購買何處的房地產等。至於高涉入的判定，通常指每日平均收入金額以上的消費行為，若此人的月收入為60K，

可換算日所得為2K，可知兩千元以上的消費，可視為高涉入的消費。

在環境多變的情形下，**許多難解的高涉入決策問題，都令人困擾而適用補償性決策準則。**一則基於涉入程度提高，從而情感因素會干擾個人的選擇決策；再者基於一旦選擇錯誤必須支付昂貴代價，從而很難進行理性決策。此時即如，你或是向左，或是向右，你必聽見後面有聲音說：「這是正路，要行在其間。【7-3】」例如，我們同時錄取兩個工作、有三所大學研究所等著你、現在要不要結婚、要選擇哪一位男朋友、有兩間房屋可以選購等。

> **許多難解的高涉入決策問題，都令人困擾而適用補償性決策準則。**

至於實際操作補償性決策準則的做法是先刪除不合用的屬性，再分配準則權重，並進行重要性加權程序，按照加權平均（即補償性）方式，執行加權計算，故又名加權平均法（**Weighted Average Method**）。因為此時並不是每一個屬性的重要性皆相若，故需要經過加權處理。

3. 列出可行方案

決策程序的下一個步驟即是列舉可行方案，理由是我們在時間與財力雙重限制下，乃至於關心事務內容的差異，一般僅會臚列數種可行方案，當做決策待選方案，進而挑選最佳方案。

此時我們會進行相關資訊蒐集，目的為要了解各方案的適合度，為決策做預備。**資訊蒐集**（**Information Searching**）是我們進行的訊息訪查和資料處理舉動。資訊蒐集分成平日蒐集與特定蒐集兩類。例如，鍋寶的愛好者或廚具烹飪的愛好者，會經常閱讀烹飪或新品廚具書報網誌來蒐集相關資訊，此即平日持續資訊蒐集；但是若要選購鍋寶或廚具，而臨時上網或閱讀雜誌來蒐集資訊，即是決策前的特定蒐集資訊。

4. 評估並選擇執行方案

在第四階段，我們需要評估各可行方案，在涉入低的決策，即採行非補償性決策準則；若在涉入高的決策，即採行補償性決策準則。

(1) 非補償性決策準則

(a) 逐次比較法（**Sequential Comparison Method**）：我們在挑選可行
方案時，係挑選最重要屬性的表現最佳的方案。當最重要屬性的表
現難分軒輊時，才轉而以第二重要屬性來挑選，其餘類推。此即有
若干英文字母排列順序，故一名字典法（**Lexicographic Heuristic
Method**）。此法在涉入低的日常事務決策中最是常見，例如，選位
置最靠近機場的觀光旅館、選價格最低廉的中式餐廳、選抽取數最
高的衛生紙品牌、選贈品最多的洗髮精品牌等。

(b) 聯集／交集法（**Conjunctive/Disjunctive Decision Rule**）：聯集法
如同「聯集」的精神，在兩個屬性中，只要具備一個可行的屬性，
個人即會選擇該方案。例如，午餐選價格低於120元或是有拉麵的
商家。交集法則如同「交集」的精神，是至少需要兩個標準，皆同
時被滿足時，才會挑選該方案。例如，超市的牛奶依照容量大小和
是否有特價或贈品來挑選。洗髮精總價不超過200元、且需至少有
品牌知名度者。

(2) 補償性決策準則

至於補償性決策準則是針對各個屬性，我們依照原來已設算妥當的
屬性重要性排序，給定權重數值，再經由加權平均計算加權分數，
分數最高者即是最終的選擇方案。即為加權平均法或**屬性權重法**
（**Attribute Weighting Method**）。

圖7-2即以手機評選為例，我們使用加權平均法（屬性權重法）來評
選，此時係有四個屬性，即經濟性、效能性、耗電性、支援性列入標準，
權重分別給定40%、30%、20%、10%。權重分別給定計算式分母為10（＝
4＋3＋2＋1），分子分別為4、3、2、1。結果在宏達電、三星、蘋果、
華碩四種待選方案中，宏達電電腦分數最高（3.0分），即成為雀屏中選
者。同樣的，在圖7-3中，BMW、韓國現代、賓士、日本豐田四種待選汽
車車種中，日本豐田的加權總分（3.6分）最高，當為最佳選擇。

手機品牌	宏達電	三星	蘋果	華碩
經濟性：40%	3	2	1	4
效能性：30%	2	3	4	1
耗電性：20%	4	2	1	3
支援性：10%	2	4	3	1
加權平均	2.8	2.5	2.1	2.6

資料來源：修改自陳澤義、張宏生（民99）。

圖7-2　屬性權重法──手機的選擇

汽車品牌	BMW	韓國現代	賓士	日本豐田
動力性：引擎40%	3	1	2	4
經濟性：價格30%	2	4	1	3
安全性：煞車20%	3	1	4	2
舒適性：空間10%	4	1	3	2
加權平均	2.8	1.9	2.2	3.1

資料來源：修改自陳澤義、張宏生（民99）。

圖7-3　屬性權重法──汽車的選擇

　　因此，我們亦可採用加權平均法來選擇要去工作的企業、選擇所要購買的房舍、選擇所要相親交往的對象，乃至於選擇不同宗教信仰。如圖7-4即以屬性權重法進行相親女友選擇，圖7-5以屬性權重法進行信仰選擇。在此情形下，當能因理性決策而心中平靜，夜晚夢境必也甜蜜。

相親女友（介紹方） 決策準則	甲 （母親）	乙 （老師）	丙 （學長）	丁 （社團）
活潑開朗大方（40%）	2	1	3	4
善烹飪手藝巧（30%）	4	1	2	3
外貌美麗（20%）	1	4	3	2
宗教信仰（10%）	1	3	2	4
屬性權重的加權平均 （不加權計算）	2.5 (8)	1.8 (9)	2.6 (10)	3.3 (13)

圖7-4 屬性權重法──相親女友的選擇

決策準則	基督教	佛教	道教
神祇數目	一神	小乘佛 ── 零神 大乘佛 ── 多神	多神
救贖與修行	基督救贖 人脫離罪	修行積功德 消除業障	行善積陰德 消除孽障
教主／神祇生前 神蹟與歿後顯靈	教主即神祇 耶穌生前行神蹟 並歿後復活	教主非神祇 釋迦牟尼生前無 神蹟但歿後顯靈	教主非神祇 媽祖等生前無神 蹟但歿後顯靈
天堂／地獄／輪 迴	永生／陰間、無 輪迴	西方極樂／地 獄、有輪迴	天堂／地獄、有 輪迴、超度

註：基督教含天主教在內，神的定義需超越時空並能力無限。

圖7-5 屬性權重法──宗教信仰的選擇

　　在圖7-4中，作者的女友選擇決策準則，依序為個性活潑開朗大方、善烹飪手藝巧、外貌美麗，以及宗教信仰等四項。同樣的，在圖7-5中，作者認為宗教信仰的決策準則，包括神祇數目、救贖與修行、神祇生前行神蹟與歿後顯靈蹟、善惡因果與因果輪迴，以及天堂與地獄終點站等四方面。

5. 決策後評估作業

決策後評估（**Post-Purchase Evaluation**）是當事人在做出決策後，評估自我感受是否滿意（Satisfaction）的情形。決策後的滿意程度，並非是指對於事實現況或是產出成果的感受；而是需要將我們原先的期望「心想」，來對照於決策後的績效「事成」表現，檢視兩者是否一致，即是否「心想事成」來判定。亦即：

$$「個人滿意度」＝「結果績效」－「個人期望」$$

這時若是績效高於期望，則是「事成」大於「心想」，我們必然感到滿意；若是績效等於期望，則我們因著「心想事成」而感到滿意；若是績效感受不若原先期望，則是「事成」小於「心想」，我們會感到不滿意。至於我們的個人期望心想，則是來自於先前經驗、他人口碑或對方承諾等。

必須要指出的是，在執行決策後評估時，必須採用第四步評估與選擇方案時，所選用的決策準則。絕對不可以新增其他的決策準則，來推翻先前所做的方案選擇決定，這是理性決策的當下理性原則。例如，筆者已經依據活潑開朗、大方和善、烹飪手藝巧來選擇相親交往對象，進而邁入婚姻，在結婚後筆者就不可以另行新增其他的決策準則，來挑剔配偶（對方）。即不可以新增「愛乾淨會收拾家裡」等的決策準則，來批評挑剔對方。理由是我們要尊重當時所做的決定，是在蒐集各種資訊後，所做出理性的、最合理的決定，這是在當時所能做出的最好決定。

【智慧語錄】

人生最終的價值在於覺醒和思考的能力，而不只在於生存。

—— 哲學家，亞里斯多德（Aristotle）

智者在偉大真理海洋的沙灘上，一生撿拾著晶瑩閃亮的鵝卵石。

—— 科學家，牛頓（Isaac Newton）

7.2 發現你的藍海

【管理亮點：祖克柏的臉書和元宇宙藍海】

　　馬克・艾略特・祖克柏（Mark Elliot Zuckerberg），在1984出生於美國紐約州的白原市。祖克柏原是一名軟體設計師，在2004年於哈佛學生宿舍創辦臉書（Facebook），被稱為Facebook教主。

　　祖克柏說：「我最關心的就是，如何讓世界更開放，」這也成為他創辦臉書的最初動機以及目標。祖克柏鼓勵年輕人在尋找自己的人生目標的時候，可以藉由社群網絡和服務，來致力創造出一個「人人都具有生命意義和人生目標的世界」，這也成為他人生奮鬥的方向。

　　在臉書成長的過程中，祖克柏曾經拒絕了其他企業家想要收購臉書的提議。祖克柏有次在訪問中公開解釋他的理由：「這不是出於金錢上的原因。因為對我與我的夥伴來說，我認為最重要的是，臉書已經創造出一個人與人之間的公開資訊通道。若是被某一媒體公司擁有臉書的所有權，對人們並非有好處。」祖克柏始終堅持初心，拒絕鉅額財富的誘惑，使臉書得以單純的運作。

　　在2020年，祖克柏更將臉書轉型，創辦出元宇宙（Meta），這位軟體設計師的高手，正透過社交科技，推動模擬式虛擬實境，打造共享沉浸式體驗的藍海（blue sea）世界，為世人開創更有意義的未來。

　　積極發現獨特的藍海，勝於在紅海地域流血廝殺，成功屬於智者。

【問得好】你能為自己的公司提供哪些特殊利益？

　　無論是經營何種事業，或早或晚，或多或少必然會和競爭對手交手，例如，我們開設一家餐廳，沒有多久附近巷口也開設一家相同的餐廳；或我們從事基金理財保險業務，我們在兜售保險產品時，必然會察覺我們的顧客同時面對許多業務員向他銷售類似商品。此時，怎樣才能拉到顧客、做到生意，屬於我們個人的獨特價值即十分緊要，此乃我們擁有

的獨特優勢。換言之，當事人需要在同樣一份工作事務中，創造出與眾不同的獨有價值，方能吸引特定顧客。此即是個人的**藍海策略**（**Blue-Sea Strategy**），此舉必能引領到生命藍海中【7-5】。

簡言之，此時我們必須找到屬於個人的「新市場」或「新戰場」，它可能是新的地理區域，或是新的市場區隔。唯有如此，我們方能夠尋找到屬於個人的生命藍海，此自然成為我們的生命價值，也是我們在工作中的主旋律所在。申言之，我們需要將我們的主要銷售產品，直接運送到新的「地理區域」，享受幾乎沒有競爭對手的獨占利潤，例如從士林夜市轉戰到新加坡賣蚵仔煎；或者將產品加以創新，形成新的「產品定位」，具備獨特競爭優勢，例如將蚵仔煎創新製作成蛤蠣煎、蝦仔煎或章魚煎等；或是將我們的主要服務銷售，直接轉換新的「市場區隔」，例如在少子化浪潮下，將原來的幼兒教育服務轉換成老人長照教育服務，轉換服務的對象等。

我們若無法發揮獨特優勢，必然掉入產品齊質性、品質無差異、高度競爭的紅海市場中，而僅能執行價格割喉戰，從事流血殺價的價格戰，落入血流成河的紅海（**Red-Sea**）中。是時我們唯有提供消費者新價值，方能脫離紅海，來到價值藍海，經由藍海市場成為市場領先者。

> **我們若無法發揮獨特優勢，必然掉入產品齊質性、品質無差異、高度競爭的紅海市場中。**

個人獨特優勢（**Individual Distinctive Strength**）即是展現在個人價值的創造能力之上，亦即在**價值鏈**（**Value Chain**）【7-6】上的各個所在，能夠達到較諸對手來得更加出色。例如：創意點子、服務迅速、顧客服務等。亦即需要開啟屬於我們自己的**獨特賣點**（**Unique Selling Point, USP**）。理由是工作需要達到「傑出」的水準，方能保有對你有興趣的顧客，從而能夠不被打敗受挫。

另執行藍海策略更需要尋找一處較少競爭對手的地方來經營，以賺取

我們工作上的「第一桶金」。例如，同樣是販賣珍珠奶茶，在臺北市公館夜市可能只能賣20元，而且還是競爭激烈。但是若是在澳洲雪梨或是在英國倫敦販賣珍珠奶茶，則一杯售價可以訂成80元或100元，而且還可能是奇貨可居。針對此一思維，銷售排骨麵和雞腿麵自然是廝殺慘烈，若能轉而銷售糊塗麵（較容易咀嚼）、蔬菜麵（養生取向），甚至是鴕鳥麵（奇貨可居），則極可能轉換紅海而成為藍海的局面。

　　具體而論，在進行藍海決策時，需要特別注意所銷售的產品，能否合乎當地民眾的需要。例如，將臺灣在地名產如彰化肉丸銷往馬來西亞、士林蚵仔煎銷往印尼、臺中太陽餅銷往日本、基隆天婦羅銷往廈門、臺北刈包銷往倫敦時，基本上沒有任何競爭對手，所需要解決的問題是了解當地居民的飲食口味，進而使所推銷的食品能夠合於當地的口味，這點乃是執行藍海策略時，重中之重的議題。

1. 個人競爭優勢的四項來源

　　個人獨特競爭優勢具有四項主要來源，即天資稟賦、經濟規模、學習能力、策略聯盟。此時，我們需要辨明自己的競爭優勢，究竟歸屬何者：

(1) **天資稟賦**：此源於特定資源供應上的豐富性，所形成的成本下降，即天生的「比較利益」效果，從而自己合適「出口」展現是項能力。若是某人天賦異稟，具有藝術、音樂、運動或數學細胞，適合朝特定方向發展；或是某人父母具有經濟財富，得以全心栽培支持子女，甚至提供創業所需資金。例如，在《水滸傳》中黑旋風李逵善於使用板斧，精於陸戰，反而浪裡白條張順精通水性，泳技甚佳。後來兩人交鋒在水中李逵失利，回到陸上則張順失勢，其理甚明。李逵說：「在地上你給我走著瞧」，張順說：「我專在水中等你」。

(2) **經濟規模**：此源於生產上大量製造所形成的平均成本下降，即「規模經濟」效果。例如，因為持有巨額資金，方便執行大規模採購與製造行為，致發生成本低廉的情形。

(3) **學習能力**：此源於行為上重複練習所形成的熟能生巧，因而導致成本下降，即「學習曲線」效果。若是某人自律勤奮，反覆練習某項技

術，從而在此一領域較諸他人優異。例如，諸葛亮歿後，西蜀姜維在劍閣屯田，教導百姓戰事，在多次練習之後，民兵多能征戰，遂能與司馬懿全軍對峙多日，延續蜀國的命脈多年。

(4) **策略聯盟**：此源於生產上資源互補，所形成的成本下降，即彼此協調合作、共創雙贏的「策略聯盟」效果。若某人精於審察局勢、廣結善緣，以至於策略聯盟和相互合作，從而掌握完整的供應鏈（Supply-Side Chain），進而占有該項市場。例如，劉備與關羽、張飛桃園三結義，加上善待趙雲使之加盟，並三顧茅廬使諸葛亮下山相助，加上後來的黃忠與馬超前來投效，遂形成五虎將一軍師沛然銳不可當的氣勢。

2. 個人獨特優勢的三個特質

至於欲使個人具備獨特競爭優勢，需具備下述特質：即需要是有價值的、是稀少的、是不可取代的，而且是難以被模仿的。是以個人獨特優勢的三項關鍵特質是：

(1) **利潤高低**：個人的競爭優勢所能獲致的利潤有多高，從而競爭優勢愈有價值、愈少見，其利潤空間愈大。

(2) **持續時間**：建置相同的優勢需要耗時多長。實際上，需要耗時愈久者，即意謂著該項優勢愈是難以被取代。

(3) **反制力道**：競爭對手完成有效的反制動作需時多長，若是反制時間愈久，即意謂著如此優勢愈不容易被對手模仿。

至於我們的獨特競爭優勢如何產生成功的途徑，首先係運作資源投入至個人生產與服務流程中，包括人力、建物、土地、財力與設備。至於能力即指整合與協調各項資源之能力。資源則是提供潛在的能力，然欲獲取長期利潤與持續成功，能力需要產生持久性的競爭優勢，方能成為長期持續，不會輕易被對方超越的武器，如圖7-6所示。

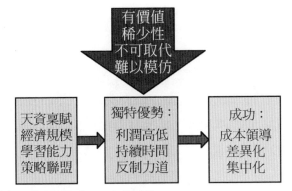

資料來源：整理自 Cullen & Parboteeah (2008)。

圖7-6　獨特競爭優勢產生成功

【智慧語錄】

　　在光明中高舉，在死的陰影裡把它收起。和你的星星一同放進夜的寶盒，早晨，讓它在禮拜聲中開放的鮮花叢裡找到它自己。

　　　　　　　　　　　　　　——文學家，泰戈爾（Robindronath Thakur）

　　《聖經》是上帝給人類最好的禮物，救世主耶穌基督的一切美善，都是透過《聖經》傳達給我們。　——美國總統，林肯（Abraham Lincoln）

7.3 運用超然決策

【管理亮點：肯德基爺爺超越社會判斷的永不放棄精神】

　　桑德斯（Sanders）上校深信，只要將對的事情堅持做到底，必然會有峰迴路轉、柳暗花明的一天。

　　桑德斯上校曾經銷售保險、修理輪胎、保全消防、開設加油站，嘗試多種工作，在六十五歲退休時身上只有105美元。桑德斯對自己說：「我不能坐著等死，我要改變現在的生活。」他繼續問自己：「我能夠做些什麼呢？」「我要怎樣做才能改變我的生活？」

　　這時，母親留給他的炸雞祕方浮現在他腦海中。於是桑德斯開始向附近的餐廳商家銷售此一祕方。然而，幾乎每一家餐廳的回答都是簡簡單單的一句：「NO」。

> 　　在經過1,009次艱辛難堪遭拒之後，他終於聽到第一次的「OK！」對方接受桑德斯所提出的條件，即在簽約後每銷售一份炸雞，桑德斯可以獲得美金0.05元。
>
> 　　以上是肯德基爺爺永不放棄、終創高峰的故事，桑德斯上校就是肯德基爺爺，而肯德基（Kentucky）炸雞係因桑德斯，把企業總部搬到肯塔基州的雪比利而得名。

　　人比人氣死人，不要比較也不要計較，這是你在日常生活中發生失控的主要原因。

【問得好】是什麼原因讓你在日常生活中脾氣失控，生氣發怒？

　　所謂的超然決策（Aloof Decision），顧名思義即是我們在人生過程中，如何回歸本心，回顧初衷，不受環境左右的做決策，即是「超然決策」，不至於受周遭環境影響，而作出隨俗式、媚俗式決策。此在人生管理上十分重要，因為超然決策可以保護我們不致迷途，在茫茫人海中不致盲從而失落自我，有助於在真我中做出正確的抉擇。以下即加以說明：

1. 相互比較下的三種不公平

　　慾望中的「慾」字，左半邊是個「谷」字，右半邊是個「欠」字，底部則是個「心」字。是指在我們的「心」頭上，存在一個空「谷」，其中是永遠不足「欠」一樣。代表著一個永遠不會滿足的山谷，也代表人心永遠不會被填滿而滿足，當我們「慾求不滿」時，就會持續的比較與計較。因為我們的內心已經被物慾所蒙蔽和綑綁，從而斤斤計較得與失，從而總是希望自己能夠多得到一些，而少失去掉一些。

　　這時我們是拿自己所做完一件事情的付出和收穫，和他人的付出和收穫來互相比較，從而認定其中的不公平之處。這其中有三種可能的不公平情形，如圖7-7所示，茲說明如下：

比較的焦點	自我知覺重點
相同投入 產出卻不若他人	收穫不公平型 （認為自己的報酬偏低）
相同產出 投入卻過於他人	付出不公平型 （認為自己的付出偏高）
收穫與付出不成比例的不公平	收穫—付出不公平型

資料來源：整理自 Adams (1965)。

圖7-7　三種可能的不公平情形

(1) 收穫不公平型

收穫不公平型是最常見的情形，此時是大家付出的時間和心力都差不多，而他人得到的金錢或福利卻比自己高的時候，我們最容易心生「不公平」的情緒，進而嫉妒他人。例如，某甲購買一樣東西，若是他人購買的金額比某甲購買的還便宜，某甲就會感到不公平而不舒服。再如，在畢業同學會中，某甲發現過去的同班同學，他的學校成績並不比某甲高多少，而他現今的收入卻比某甲還要高，則某甲會感到不公平而不舒服。又如，同一家企業中的某甲和他的同事，同樣皆是工作八小時，然而同事的收入卻比某甲多得多，某甲也會感到不公平而不舒服。

(2) 付出不公平型

付出不公平型亦經常會發生，此時大家收穫得到的金錢或福利都差不多，而他人付出的時間或心力卻比自己少的時候，我們也很容易心生「不公平」的情緒，而嫉妒他人。例如，某甲和他軍中同班的袍澤，大家的軍餉都差不多，但是某甲在烈日下被操得半死，同班袍澤卻在吹冷氣睡覺，這時某甲會感到不公平而不舒服。再如，幾位班上同學報告分在同一組，某甲熬夜打報告到腰痠背痛，同組其他同學卻在上網打電動，結果成績出來大家都獲得相同分數，某甲即會感到不公平而不舒服。

(3) 收穫—付出不公平型

收穫—付出不公平型是指收穫與付出不成比例的不公平，此時通常是某人的付出大而收穫少，此某人認定為「不公平」，認為他的收穫太少，致和付出不成比例。例如，某甲發現工作的薪資不漲，薪資水準甚至低於去年，而今年所有物品的價格卻一起飛漲，經由將現在和過去相互比較後，某甲即會感到不公平而不舒服。

2. 社會判斷原則

這是因為某甲總是期望獲得公平，或是期望能為自己討回公道，所以我們即會斤斤計較於他所付出的心力、金錢和時間，而企望回收到足額的報償。此時，我們不僅會和同一單位的其他人相互比較，也會和不同單位的其他人相互比較，探究是自己賺還是他人賺、自己虧還是他人虧。於是乎就會出現「人比人，氣死人」的結果。而某甲在這一連串互相比較的過程當中，常會認定「不公平」，進而掉入在亞當斯（Adams）於1965年所提出的**社會判斷原則**（**Social Justice Principle**），或墨文（Mowen）於1980年所提出的公平理論（**Equity Theory**）的泥濘中【7-7】。

所謂的「社會判斷」，是我們自己當審判官，來斷定整件事情的是非公平，其基本理念是自己足能做出公平的判斷，期望追求公平合理。然而，事實上，這個世界並非都是公平的，或許自己努力許久，卻鮮少有成果；或許他人反而經常發生不勞而獲之事。因此就會憤世嫉俗的宣告：「上天對我不公平」、「這個世界對我不公平」，甚至宣告「這是個不公不義的世界」，這時我們和上帝、和世界之間的關係都不好。我們很可能在某個死結上被攪得團團轉，心結愈打愈深。所以要跳脫社會判斷原則，需要學會先放下得失心態，先接受某個事實：「這個世界事實上並不都是公平的」，這點雖然難以接受，卻是不爭的事實。我們必須要接受此一事實，如此才有可能由比較的窠臼中破繭而出被釋放，從而進入「謀事在人，成事在天」的開放性思維中。事實上，我們僅需盡心盡力，然後將一切結果交給上帝即可。如此一來我們的心情自然會輕鬆點，從而我們便能和上帝、和自己有和好關係，也和周圍人有和好關係，不會再相互比較，

也不會戴有色眼鏡看世界，自然不會在此事上失控。

　　更糟糕的是，在相互比較之際，被我們拿來比較的對象，我們是將他們置放在和我們互相敵對的立場上，進而表達羨慕或妒忌的情緒，此舉容易引發紛爭和擾鬧。因為我們此時無法欣賞對方、喜歡對方；同樣的，對方亦會明顯感受到我們的敵意，從而無法欣賞、喜歡我們，更遑論接受我們的領導。故此時我們對他們的領導力，可說幾乎為零。

3. 正本清源之道

　　事實上，我們各人的收穫或成就，皆是「比上不足，比下有餘」，何況所謂的名聲、地位、錢財、收穫皆是生不帶來，死不帶去的身外之物。我們若是能夠有衣、有食，豈不更該知足、滿足惜福【7-8】！因此，正本清源之道是要放寬心腸，放下愛和別人比較、愛和別人計較的壞習慣。如此一來，我們即會有更開朗的心情，有更寬廣的道路。是的，我們應該要保守內心，勝過保守一切，因為一生的成果，是由內心發出【7-9】，因為唯有如此，個人的控制力才能夠發揮得淋漓盡致。再者，透過一顆感恩知足的心，用樂觀信心的眼睛來看待四周的人事物，便能夠建置出心靈防護傘，面對此一「人生不如意事，十之八九」的世界，勇敢的發揮我們個人的領導力。

> 正本清源之道是要放寬心腸，放下愛和別人比較、愛和別人計較的壞習慣。

4. 打破舊思維

　　打破舊思維就是要改變我們原來的認知，如果我們能夠在理智和情感兩方面，來改變我們的意念想法，那麼就能夠改變我們的人生經驗的結果。引申言之，若是要打破舊思維，則我們需要先檢視你在面對事件後，我們的思維認知方式，進而是我們的行動反應的內涵，再決定要由哪一個階段加以「解凍」、「改變」與「再凍」，此即李溫（Lewin）於1951年所提出的變革管理模式（**Change Management Model**）【7-10】，如圖

7-8所示。

資料來源：整理自 Lewin (1951)。

圖7-8 變革管理模式的說明

　　打破舊思維的改變自己，更需要做到以下三件事情【7-11】：

　　第一是「三個相信」，首先相信他人是和我們站在同一條陣線上，人人皆期盼我們能夠成功與富足，享受美好的生命。要相信四周人們皆是良善美好的，在適當時機，人人都會樂意貢獻出自己的一份心力。再者相信適當的人際溝通，比起自然的機會更加寶貴，機遇當然是可遇不可求，需要用心創造適當溝通機會，而非坐等事情自然發生。第三相信這個世界的背後，應該存在一位美善的上帝造物主，上帝要來賜福給這個世界。上帝是我們的牧者，我們必不致缺乏。上帝要來使我們得到生命，並且享有更加豐盛的生命。要相信我們來這個世界是要享受福氣的。以上三個相信是處理各項事務的基本信念。

　　第二是「兩個堅持」，首先堅持嚴以律己且寬以待人，因為公道自在人心，若是能夠厚待他人，別人必會感懷在心。再者堅持謙虛自持且看他人比我們自己強，心中謙卑自然沒有敵人，只要尊重他人，深信他人必然會尊重我們。上述兩個堅持是對待他人的中心原則。

　　第三是「一個改變」，一個改變是先改變自己，而非改變他人。人們最大的挑戰是怎樣改變自己，好做成能感動自己、也感動他人的橋梁。此時必須先問自己一個問題，為何別人沒有辦法了解我們的付出，而總是對我們的辛苦努力「無感」，此正是需要用心突破自我的地方。亦即需要改變與他人溝通互動的方法，改變與他人互動的態度，用心體會能感動對方的方式，運用熱情與誠懇的內心來溝通，經由理解、熱忱、同理、共情，轉化他人的態度，感動內心，此需一步一腳印來完成。

　　至於「改變」的具體步驟有三，說明如下：

(1) 以信心宣告，我可以改變

這是態度上的轉向，願意宣告我可以改變，願意拒絕懷疑與不信，而是去相信。這時候就是運用信心，向未來開啟一扇機會之窗，真實相信「那靠著加給我力量的，我凡事都能做」，因為上帝是使無變有的神。

(2) 以信心宣告，我是新人

這是身分上的轉向，願意重新設定自己的生命，宣告我是新人。新人就是脫去舊人，穿上新人的結果，自然會突破舊思維，產生心意更新而變化。而當我們憑藉著信心宣告時，改變與突破的機運就會翩然來到。

(3) 以信心宣告，我要改變

這是行動上的轉向，願意鼓起勇氣去行動。而當熱情的行動力被點燃的時候，就會有突破的契機發生。「只要信，就能成，做做看」，如此一來就會經歷「一切都會很順利，只要禱告相信上帝就可以」，成就豐收的景象。

　　在此時，我們需要做對的事情：要誠實、要仁慈，如此一來便能受到別人尊敬，握有對自己良好感覺的鎖鑰。需要把事情做對：要具有生產力，具有高的工作效率，這會使自己有良好的感覺。同時需要有正確的思維：要想正面的事物，使我們對自己感覺良好。

　　例如，我們平常看到公司的某一角落散落一地的垃圾，而多半是視若無睹。因為此時在我們的思想中，充滿著「多一事不如少一事」、「多做多錯、少做少錯」的思維，我們心中會解讀認知成「這不是我的事，也不是我要負的責任」，因此我們便會走開，離開現場，也許會唸唸有詞：「不知誰把這裡弄得這麼髒亂。」

　　此時，若是要打破思維，需將自己的思想調整成：「愛就是在別人的事情上看見自己的責任」，於是我們便在心中的認知解讀成「這可以是我的事，也是我當負的責任」，我們便會停下手中事情，把這塊髒亂的角落清理乾淨。此即每個人不要光顧自己的事，也要顧別人的事，你們當以

基督耶穌的心為心【7-12】。因為我們的經驗是取決於我們的思想，而我們正在體驗的生活，可以靠著改變我們的想法和意念而改變。當我們碰到此路不通的時候，不要只是停在那裡生氣、抱怨。試著換一條路走走，換一個想法，運用一下**改變法則**（**Change Rule**），相信就會有不一樣的結果。不要效法這個世界，總要心意更新而變化。

即如白崇亮為臺灣奧美整合行銷傳播集團的董事長，也是享譽臺灣公關界響叮噹的人物，他發表的傳記《勇於真實》中，呈現四個理念是：

第一，接受不能改變的外在情境，集中在自己可以掌控的條件中。即相信在逆境中，感受到能夠克服逆境，並且積極尋找自我挑戰的機會。

第二，選擇可追求的目標，努力達成，並勇敢面對問題，將其視為珍貴的挑戰，同時採取積極行動，逐步實現未來，藉以培養解決難題的能力與自信，並珍惜自己天賦能力和信任直覺。

第三，保持希望和樂觀的世界觀，在面對逆境時，會將不幸遭遇看成單一事件，而不會類化擴大至生活的全部。同時，也能夠從各種不同脈絡視野和長期時間的角度，重新詮釋自己的感傷事件。

第四，懂得照顧自己，適時留意個人需求和內心感受，同時勇於參與，能夠發揮所長，又能建立人際網絡的社交活動。

白崇亮積極參加各種藝文活動、學習團體、成長團體、宗教團體，得以在豐沛的人際網絡中獲得相互扶持。在職場中已有成就、能夠發光發熱的他，除重視工作效率外，更強調要以真實的態度面對周遭一切，因此使他成為各界敬重的人士。

最後以作者的經驗做為結束，每個禮拜天作者都會到教會做禮拜，此時，作者會將自己當週所發生的事情「重新歸零」。在禮拜中，和上帝親自會面，在上帝面前交帳，把當週所遭遇的事情都放下，讓上帝檢查。也讓上帝告訴作者，應當要做哪些事、應當停止做哪些事。作者「將心歸零」、「以終為始」，放下自我得失，不計較、不比較，因而手寬心更寬。此時作者會思想是否業已盡心、盡性、盡意、盡力，愛上帝，是否業已做到愛人如己。如此會使作者在週一時，又擁有全新的一週，也在往後的六天，努力向前行，預備下一季的豐收。因為作者深信**耶穌**已經為世人

的罪惡，甘願被釘死在十字架上，流出鮮血來洗清潔淨世人的罪惡，而耶穌在三天後更從死裡復活，戰勝死亡的權勢，透過耶穌的復活生命，要帶給世人永遠的生命【7-13】。這也成爲管理自己生活，做自己人生管理者的另一反思。

【智慧語錄】

如果你問一個善於溜冰的人如何學到成功，他會説：「跌倒，再爬起來，便是成功。」　　　　　　　　　　——科學家，牛頓（Isaac Newton）

生由死而來。麥子爲了要萌芽，它的種子必須要先死了才行。

　　　　　　　　　　——政治家，甘地（Mohandas Gandhi）

【本章註釋】

7-1 理性決策（Rational Decision-Making）五個階段的內涵，出自Simon (Covey, 1986)。請參見Simon, H.A. (1986), *Administrative Behavior*, 4th ed., NY: The Free Press.；亦請參閱陳澤義著（2011），《美好人生是管理出來的》，臺北市：聯經出版，第四篇之你的決策品質。以及2014年簡體字版，深圳市：海天出版。

7-2 非補償式評估決策法則（Non-compensatory Decision Rule）的內涵。請參見 Grether, D. and L. Wilde (1984), "An Analysis of Conjunctive Choice: Theory and Experiments," *Journal of Consumer Research*, March, pp. 375-385。至於補償式評估決策法則（Compensatory Decision Rule），即屬性權重法的內涵。請參見Alba, W.J. and H. Marmorstein (1987), "The Effects of Frequency Knowledge on Consumer Decision-Making," *Journal of Consumer Research*, June, pp. 14-25.

7-3 此即「期望—確認模式」（Expectancy-Confirmation Model），出自Oliver（1980）。Oliver, Richard L. (1980), "A Cognitive Model of the Antecedents and Consequences of Satisfaction Decisions," *Journal of Marketing Research*, 17: pp. 460-469.

7-4 「你或向左，或向右，你必聽見後邊有聲音說：這是正路，要行在其間」，原文出自《聖經‧以賽亞書》30章21節。

7-5 藍海策略（Bule Sea Strategy）的內涵，出自經濟學家金偉燦和莫博涅勒妮（Chan Kim and Renee Mauborgne, 2005）。請參見Kim, Chan, Mauborgne, Renee (2005), *Blue Ocean Strategy*, Harvard Business School Press.

7-6 價值鏈（Value Chain）一詞係由波特（Porter）提出的「價值鏈分析法」，其將企業內外部價值增加的活動區分成基礎性活動與支持性活動，基礎性活動包括企業生產、銷售、進料後勤、出貨後勤、售後服務。支持性活動包括人事、財務、計畫、研究與發展、採購活動等，並由基礎性活動和支持性活動組成企業的價值鏈。

7-7 公平理論（Equity Theory），又名社會判斷理論（Social Justice Theory）的內涵，出自亞當斯（Adams, 1965），請參見Adams, J. S. (1965), "Inequity in Social Exchange," In L. Berkowitz, ed., *Advances in Experimental Social Psychology*, 2, pp.267-299, NY: Academic Press.

7-8 「只要有衣有食，就當知足」，原文出自《聖經·提摩太前書》6章8節。

7-9 「你要保守你心，勝過保守一切，因爲一生的果效，是由心發出」，原文出自所〈羅門王箴言〉4章23節。

7-10 變革管理模式（Change Management Model）的內涵，出自李溫（Lewin, 1951），請參見Lewin, K. (1951), *Field Theory in Social Change*, NY: Harper & Row.

7-11 改變態度的論點出自Maxwell, C. J. (2006), *The Winning Attitude: Your Key to Personal Success*, Tennessee: Thomas Nelson.

7-12 「各人不要單顧自己的事，也要顧別人的事，你們當以基督耶穌的心爲心」，原文出自《聖經·腓立比書》2章4-5節。

7-13 此即一如《聖經·約翰福音》3章16節所述：「上帝愛世人，甚至將祂的獨生子賜給他們，叫一切信祂的，不致滅亡，反得永生。」

【課後學習單】

表7-1 「你的決策品質」單元課程學習單──決策模式學習單

課程名稱：	授課教師：
系級： 姓名：	學號：
1. 在你做花費 1,000 元以上的決策時，你在做決策前，怎樣先去想一想「**確認問題**」的本質，那問題是什麼呢？（請舉例說明）	
2. 同樣的，此時你的「**決策準則**」是什麼呢？為什麼？（請舉例說明）	
3. 承上題，此時你的「**決策方案**」又有哪些呢？為什麼？（請舉例說明）	
4. 此時，你怎樣來**排列**你的決策準則優先順序呢？你的看法是什麼？（請舉例說明）	
5. 緊接著，請用「**屬性權重法**」來進行決策選擇，你會怎麼做呢？請說明你的理由？（請舉例說明）	
6. 同樣的，在你決策過程中，請你說明如何才能在「**競爭紅海**」中脫困而出？（請舉例說明）	
7. 這時，你還會想到有哪些「**藍海策略方案**」呢？	
老師與助教評語	

第八章　團隊中的你

【三國啟思：關羽華容道釋放曹操其來有自】

　　在赤壁之役中，諸葛亮和周瑜共同率領吳蜀聯軍大敗曹操百萬之師。諸葛亮借東南風，烈火燒曹操全軍，大獲全勝。

　　在此戰役中，東吳先鋒黃蓋先率領二十餘艘火船，撞入曹軍船陣，引燃曹軍。周瑜則率領中軍，長驅直入破曹大營。至於呂蒙、甘寧則率一軍，負責在江邊追殺曹軍。凌統、甘興霸則另率一軍，至江陵方向陸地擊劫曹軍。

　　在蜀軍方面，則在諸葛亮的調兵遣將下，趙雲率一支軍隊在彝陵地界阻截曹軍。張飛則率一支軍隊在葫蘆口立馬阻擋曹軍去路。關羽則至華容道帶領五百校刀手專候曹操。在諸葛亮精密分工，調遣軍士的情況下，遂殲滅曹操百萬大軍，僅餘不到百騎逃生，而有「諸葛亮智算華容，關雲長義釋曹操」的美談。

8.1 專業分工的社會

【管理開場：麥當勞兄弟與克勞克共創組織高峰】

　　麥當勞（McDonalds）兄弟麥克（Mike）和迪克（Dike）二人，在美國加州設立「麥當勞漢堡速食店」。由於漢堡口味對味，顧客大排長龍，漢堡供不應求。麥克和迪克遂向芝加哥的供應商雷・克勞克（Ray Clark）購買53台麵粉攪拌機，以因應龐大的需求。

　　這時克勞克靈機一動，向麥當勞兄弟提出購買「麥當勞速食店」商標專利權的要求，並提議經由加盟方式，廣設麥當勞分支店。從而麥當勞分支店有如雪花飄散般快速設置，克勞克遂逐步購買麥當勞兄弟的所有店面。

　　克勞克投入龐大資金，藉由分工、專業化與標準化的作業程序，建置完善的管理作業系統，做成獨有的麥當勞速食業王國體系，廣布全球的麥當勞分支店，皆成為最佳的見證人。

　　機會恆常在智者面前呈現，麥克和迪克兄弟的能力足能成功經營一家速食店，然而克勞克則是立足在更高格局，透過分工與專業化，建立五百家以上的麥當勞加盟店體系，麥克和迪克偶然間將機會讓予克勞克，從而促成麥當勞成為世界著名的速食店品牌。

　　企業與房舍都必有人建造，其中有組也有織，然而建造萬物的卻是上帝。

【問得好】請自行畫出某一家企業的組織架構圖。

　　在前七章，討論的內容是個人的自我管理。自第九章開始，即進入團體管理的部分，討論如何帶領他人的管理。本（第八）章則是個人與團體管理中間的搭橋章節，討論團隊中的個人，以及組織中的二三事。

　　人生的各個階段皆脫離不了組織，舉凡家庭、學校、公司行號、軍隊、政府或基金會等，皆是組織的各種形式之呈現。因此，本書特闢專章來說明。以下為方便說明起見，係以企業組織來說明，至於其他類型的組織，讀者可自行類推之。

　　企業是由組織所構成，**組織結構（Organization Structure）**即表示企業為完成分工與專業化，有系統的配合職權與職責兩者，以達成「人」與「事」協調控制的層級化結構。至於如何從結構上，來完成分工與專業化的設計，包括兩個根本問題：第一，怎樣將子單位的工作拆解？特別是在規模中、大型的組織中，工作繁雜分工縝密，如何將工作有效拆解，因為組織中每個人不可能負責所有事務，因此在規模中、大型的組織中，需要將工作有效拆解。第二，怎樣協調和控制上述單位？而個人了解組織結構，則是做一番知彼的工夫，以探求適合自己發揮的組織體制、適應環境

的迅速變遷，是一重要課題。

　　組織結構意指工作如何被正式分派、編組、協調等機制架構。其中影響組織結構設計的因素，依羅賓森（Robbins）的提議有六者：即工作專業化、部門化、命令鏈、控制幅度、分權化（或集權）與正式化【8-1】，如圖8-1所示，茲說明如下（Robbins，2013）：

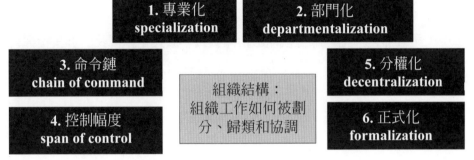

資料來源：修改自 Robbins (2013)。

圖8-1　組織結構設計六大因素

1. 工作專業化

　　工作專業化（**Work Specialization**）指組織內的工作被進一步細分的程度，經由分工程序，能夠高度運用員工的專業能力，使員工透過重複操作來增加技術能力，復由於員工具備該項能力，便可節約轉移各種不同工作的預備時間，並提高生產效率；且由於員工專精於該項技術能力，從而對單一工作進行專業訓練可提升效率，同時容易對各項工作子步驟，開發精密工具和機械，更進一步節約時間與提升效率。此時，員工只需要專精生產作業中的某項工作，不需要全部精通。

2. 部門化

　　部門化（**Departmentalization**）指將各種細項工作進行歸類組合，當專業分工將一份工作細分成數個部分後，怎樣將數個不同的工作，重新加以組合，即稱之為部門化。部門化又分功能別、產品別和地理區域部門化等不同種類。

3. 命令鏈

　　命令鏈（**Chain of Command**）指組織中由最頂層延展至最底層的一整條連續線，代表從組織高層到組織基層中間的接續職權關係，如劃分上司與部屬之間的職權關係，一稱指揮鏈，此明確指出誰應當向誰報告，對誰負責。例如，民營企業界經常可見董事長指揮總經理、總經理指揮執行長、執行長指揮經理、經理指揮協理、協理指揮副理、副理指揮襄理、襄理指揮主任、主任指揮組長、組長指揮組員，即成一條命令鏈。又如在軍中，司令部指揮指揮部、指揮部指揮旅長、旅長指揮群長、群長指揮營長、營長指揮連長、連長指揮排長、排長指揮班長、班長指揮班兵。

　　經由單一命令鏈，可促成企業組織中，維持由上而下的職權延展性。亦即每個人皆應有上司，每個人只需要對一位上司管理者負責。至於職權指職位所給定管理上的法定權力，說明上司可命令屬下應當完成的事務，和期望屬下必須去做的工作，以及要求員工需確實恪守的規定。

> 每個人皆應有上司，每個人只需要對一位上司管理者負責。

---

4. 控制幅度

　　控制幅度（**Span of Control**）指一位管理者能夠有效果的指揮員工的數目，會決定組織中的層級多寡和經理人數目。若控制幅度愈大，代表控制的程度愈鬆散。例如，在軍旅中的連隊組織中，連長下轄三位排長，控制幅度為三人；排長下轄四位班長，控制幅度為四人；班長下轄九位班兵，控制幅度為九人。三者之中以班長的控制幅度最大，連長的控制幅度最小。

　　控制幅度愈大時，通常代表控制的程度愈鬆散。若是控制幅度狹小時，除控制的程度愈嚴格外，同時會增多管理層級的數目，從而增添組織的管理成本，也不易進行組織的上下溝通。層級數目增多，代表每位管理者所管理的人數相對減少，將使員工受到高度管控，降低員工自主性，並減低員工發揮創意的可能。

5. 分權化

集權（**Centralization**）指企業決策權係握在少數管理者手中的情形，此時企業決策係由高階領導者所裁定，極少容許由低階管理者來決定。分權（**Decentralization**）指決策權分散在企業的各個部門中，從而低階管理者有機會參與企業決策，而非全部由高階管理者裁定。

若是企業高階領導者將職權適度授權，逐步移轉至多位低階管理者手中，授權者僅負責監督指導被授權者。但是由於雖然職權可以下授，職責卻無法下授，故高階領導者仍然應該負起成敗的責任。另由於授權能夠有效提升員工的工作意願和成就感，進而降低員工的缺勤與離職率，故高度授權的企業，其員工自然會有較高的生產力。

例如，若干金額的經費報支，或是短時間的請假案件，若是低階主管即可核決，即表示該企業的分權程度較高。相反的，上述的經費報支或請假案件，若是需要高階主管方能核決，即表示該企業的集權程度較高。

6. 正式化

正式化（**Formalization**）指組織內的工作標準化，與員工行為受到書面規範及程序管控的程度。當組織中的工作劃分愈是標準明確，員工的行為和工作程序愈是受到清楚規範，在高度正式化的企業組織中，必然會具備翔實的工作說明書、數量繁雜的組織規章，以及巨細靡遺的標準作業流程，從而降低工作事務的彈性，員工較少有自主權和創意作為。因此，若想看出某工作部門的正式化或不正式化，可以從工作說明書、組織規章和標準作業流程的多寡來判斷。例如，某公司章程規定，凡請病假皆需備有公立醫院開立的書面證明，且需經書面呈報核可，甚至有些公司請假需要上級蓋章，即代表該公司正式化程度甚高。

【智慧語錄】

拿破崙是由砲兵做起，卓別林是從跑龍套的演員起步，如果他們當年不遷就那個低微的工作，可能有日後的成就嗎？所以我要說，低不就則高不成。

——文學家，劉墉

生命所提供的最好獎賞就是，你有機會為值得做的事情辛勤工作。千萬不要為你所沒有的來抱怨，要珍惜你現在所擁有的。

—— 美國總統，羅斯福（Franklin D. Roosevelt）

8.2 組織二三事

【管理亮點：包拯與公孫策合作無間，直線與幕僚相得益彰】

北宋仁宗時期，**包拯**任開封府尹，每逢遭遇困難案件，涉案層級較他來得高時，包拯會上奏聖上，即直線體制，尊重朝政體制。若能取得上級授權下，便放手秉公辦理案件，從而首都開封吏治清明，各路權貴皆不敢逾越法度。

包拯更在大相國寺遇見落第秀才公孫策，他雖有滿腹學識，卻屢試不第，終於流離失所到大相國寺。幸好包青天有如伯樂能識千里馬，不輕視落魄的公孫策。後來將公孫策納入智囊，委以重任，成為重要的幕僚左右手。當包拯查辦困難案件時，公孫策經常四處明查暗訪，化身郎中，提供破案線索，立下不少功勞。

唯有組織中五大核心之間能夠合作無間，方能有效協調直線與幕僚，創造出無與倫比的組織力量。

【問得好】你的人格個性合適擔任直線，或是幕僚工作？

企業組織設計（**Organization Design**）的基本架構，即指企業組織設計的基本結構因子，根據密茲柏格（Mintzberg）所提出**組織模組分析**（**Organization Mode Analysis**）【8-2】，其包括五個因子，即：策略高層、中間直線、操作核心、技術幕僚、行政幕僚等五個結構方塊，一名組織五大核心，如圖8-2所示。其可進一步區分成直線與幕僚兩部分。茲說明如下。

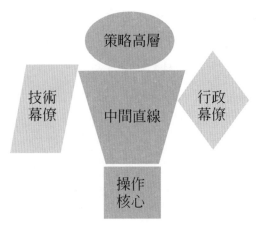

資料來源：修改自 Mintzberg (1977)。

圖8-2　組織的五大核心

1. 直線

　　所謂的**直線**（**Line**）是指兩點之間的最短路徑。即由A點到B點的最近路線，而這兩點通常是最高點和最低點，就企業而言，A點即是指最頂端的董事長或總經理，B點指最底端的基層員工，而這當中則是中堅幹部。此時，董事長或總經理即為一家企業的**策略高層**（**Strategic Apex**），基層員工則是**操作核心**（**Operating Core**），中堅幹部則為**中間直線**（**Middle Line**）。準此，在企業的組織架構中，直線部分即包括策略高層、中間直線、操作核心三者。茲繼續說明如下：

(1) 策略高層：指董事長或總經理等少數層峰人士，其握有企業終極決策權力，通常也被稱為「主官」。在實際層次，策略高層主導企業使命與目的，並引領企業的主要行動方向；策略高層也直接連接中間直線，策略高層下達命令交由中間直線來執行。以個人為喻，策略高層即為其頭部，透過眼睛和耳朵聽音和辨位；它直接連接軀幹，透過嘴巴發號施令交給軀幹執行。

(2) 中間直線：指中堅幹部，由上而下包括經理、協理、副理與襄理等「理」字輩的「主管」人士。在實際層次，中間層上承策略高層，下接作業核心，而為兩者之間的橋梁，也因此成為企業組織功能發揮的

關鍵角色，更是新進員工在職涯發展上，中長期努力與追求的目標。以個人為喻，作業核心即為軀幹，它直接連接頭部和雙腳，主導消化、呼吸、循環等系統，發揮其功能。

(3) 操作核心：即基層員工，通常指辦事員、行員、班員、店員、隊員、組員、股員、科員等「員」字輩的「員工」人士。廣義上也包括底層的領組、領班、店長、隊長、組長、股長、科長、主任等基層幹部。在實際層次，操作核心與策略高層之間的距離最遠，承擔企業的產銷運作，通常也是一位新進員工所處的職位。以個人為喻，操作核心即為雙腳，它離頭部最遠，它默默工作，它承擔全身的重量。

綜言之，策略高層、中間直線與操作核心三者，均由上而下排列，共同構成企業組織中的直線部分。即組織中的縱向的「組」部分，或棟樑中直立的「棟」部分。所謂的「組」或「棟」，**即是直立挺起、頂住屋頂的柱子，它們承擔全部房屋的重量。**故「組」或「棟」是組織中的核心或主力單位。申言之，直線包括企業管理功能中的生產管理、行銷管理兩種功能，是為企業的主體。

> 所謂的「組」或「棟」，即是直立挺起、頂住屋頂的柱子，它們承擔全部房屋的重量。

---

2. 幕僚

所謂的**幕僚**（**Staff**）是指站在布幕旁邊或後面的同僚，以輔佐或協助君王的統治，即所謂的軍師或智囊團的角色。就企業而言，幕僚包括企劃與資訊等專業佐理、人事與會計等行政佐理兩者，皆是機要輔佐人員。此時，專業佐理即為一家企業的**技術幕僚**（**Technical Staff**），行政佐理則是一家企業的**行政幕僚**（**Administrative Staff**）。準此，在企業的組織架構中，幕僚部分包括技術幕僚、行政幕僚兩者，茲繼續說明如下：

(1) 技術幕僚：指企劃單位、研究發展單位、資訊單位等少數計畫提案與諮詢顧問人士，其具有影響企業主官決策的力量，故也被稱為「企業

智囊」。在實際層次，技術幕僚與策略高層之間的距離很近，能夠直接對策略高層提出興革建言，企劃單位更常是具有高學歷的新進員工所處之部門。以個人為喻，技術幕僚猶如雙手，手臂直接接連到頸部和頭部。

(2) 行政幕僚：指人力資源單位、會計出納單位、祕書單位等少數直接經管企業資源的人士，其亦具有影響企業主官決策的力量。在實際層次，行政幕僚亦和策略高層的距離很近，由於經常靠近董事長或總經理等企業主官，就近表達意見，同時主官也方便安排人事在此單位，故也被稱為「主官親信」。

綜言之，技術幕僚與行政幕僚則分別置放於中間直線的左右方，藉以共同構成企業組織中的幕僚部分。即組織中的橫向的「織」部分，或棟梁中橫立的「梁」部分。所謂的「織」或「梁」，即是橫向連結，頂住屋頂的四壁，它們協調平衡房屋的重量配置，故「織」或「梁」是組織中的協力或協調單位。

總之，在企業的組織架構中，組織結構的基本建築方塊即包括垂直的三個直線單位，與水平的兩個幕僚單位兩大類，缺一不可。

【智慧語錄】

一個真正有大才能的人是在工作過程中，感到最高度的快樂。

——文學家，歌德（Goethe）

金字塔是用一塊塊的石頭堆砌而成的。

——文學家，莎士比亞（William Shakespeare）

若組合前節的五大部分，即形成企業組織的基本架構。根據密茲柏格（Mintzberg）的**組織構形分析**（**Organization Structure Analysis**），可整合出組織的五大類型【8-3】，即簡單結構、部門結構、專業結構、技術幕僚、臨暫結構，如圖8-3所示，茲說明如後（Robbins，2013）：

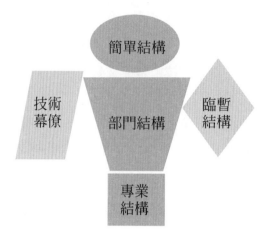

資料來源：修改自 Mintzberg (1977)。

圖8-3　組織的五大類型

1. 簡單結構

簡單結構（**Simple Structure**）的層級非常單純及簡單，部門化程度較低，正式化程度較低，控制幅度較寬，職權全集中在企業主一人身上。例如，Jack Gold的男士西服店，企業主經常身兼管理職、管理業務員與出納員部屬。在簡單結構組織的設計結構示意圖中，策略核心圓圈的範圍很大，代表企業主的策略核心為主角，職權高度集中；至於中間直線、操作核心、技術幕僚與行政幕僚，其圓圈的面積即相對小，此種大頭式的組織結構，常出現在中小型企業，工作內容大多需要跨域學習，具較少正式化與較短的指揮鏈。

2. 部門結構

在**部門結構**（**Division Structure**）的組織設計架構中，係以中間直線為主角，呈現軀幹強壯的結構設計形式。部門結構高度適合大型企業，甚至在國際企業中亦十分常見。中間直線可因各細項工作不同的整合歸類，區分成功能別、產品別和地區別的部門結構。茲說明如下：

(1) **功能別**：即按管理功能將工作歸類，例如，將企業的事務區分為生產作業部門、行銷營業部門、人力資源部門、研究企劃部門、財務會計

部門等。及將商業銀行的業務區分為存款業務部、放款業務部、投資業務部、外匯業務部、國外業務部、人事與會計部門等，即為功能別部門結構。

功能別指藉由專業分工，生成高例行性的營運事務，工作項目多由正式化書面規定，若以功能別區分部門，其具有高度集權、控制幅度較小的特質，決策過程係由上而下，沿著命令鏈延展開來。

功能別結構的優點是高度專業分工，具備成本節約效益，在精簡人事及設備下，易產生規模經濟效益，減少重複使用人力和資本。在專業分工下，溝通效果得以提升，利於集權的管控運作。功能別結構的缺點是各子部門追求各功能目標，在本位主義下，容易導致各自為政，從而管理者無法追求企業整體目標。此外，各功能部門員工對於其他部門的運作事務甚少了解，容易形成隧道視野，員工難以處理突發事故或例外狀況。

我們若在功能別的企業中工作，工作業績並不直接受產品技術發展與當地市場需求變化情形的影響，升遷速度相對平穩，工作單位被改組、裁撤或購併的機會亦較低。

(2) **產品別**：即按照生產線作業別來區別部門，或依照產品別來建置部門或子單位的部門結構。例如，統一企業集團為執行整體營運策略，將各子公司依照不同商品屬性，區分成食品製造次集團、流通次集團、商流貿易次集團、投資次集團。透過次集團化結構，大量產生營運綜效，減低投資的重複浪費。又如某家電企業將業務區分成電視機事業部、電冰箱事業部、洗衣機事業部、冷氣機事業部、微波爐事業部、小家電事業部，即屬產品別部門化。

產品別部門結構的優點是，企業能依照顧客需要的產品進行調整，滿足顧客的多元需求。若某種產品或服務的類別十分特殊，需要使功能性營運活動集中在各項產品或服務時，管理者多會選擇產品別部門結構。

我們若在產品別的企業事業部中工作，工作業績受產品技術發展情形的影響最為明顯，升遷速度可能很快，但整個事業部被改組、裁撤或

購併的機會亦高。

(3) **地理區域別**：以地理別或區域別來劃分，建置部門或子單位。如某國
際企業組織係區分為日本分部、韓國分部、香港分部、中國大陸分
部、臺灣分部、其他海外地區分部，即明顯的地區別部門化。基於地
域差異，各地的風土民情將明顯不同，企業即可依照地區需求進行產
銷調整。我們若在地理區域別的企業事業部中工作，工作業績受當地
市場需求變化的影響最為明顯，個人升遷速度可能最快，但整個事業
部被改組、裁撤或購併的機會也最高。

我們若在地理區域別的企業事業部中工作，工作業績受當地市場需求
變化的影響最為明顯，個人升遷速度可能最快，但整個事業部被改組、
裁撤或購併的機會也最高。

---

3. 專業結構

專業結構（**Professional Structure**）的組織設計架構示意圖中，專業
人員成為主角，形成腳部下肢強壯結構，十分適合專業研究機構或專業性
機構，例如，大學、研究院、博物館、醫院、管理顧問公司等。由於專業
人員的高度自主性，位在作業核心部位，故名專業式結構。專業結構的特
色是集權度與正式化程度均較低，且指揮鏈亦較短。

4. 技術官僚

技術官僚（**Technical Bureaucracy Structure**）的組織架構，技術官
僚成為主體部門，形成手部上肢強壯結構，此常見於政府部門、軍隊、監
獄、警政等相關部門的組織型態。此時係由於技術官僚為主體，故充斥僵
化的官僚色彩，故名技術官僚結構。技術官僚的特色是集權度與正式化程
度均較高，且指揮鏈較長。

5. 臨暫結構

臨暫結構（**Ad Hoc Structure**）的組織架構，行政幕僚成為主體部
門，亦形成手部上肢強壯的結構，此常見於委員會、基金會、工作小組、

專案小組等的組織型態。此時係由於此爲功能性基礎意涵，一旦工作完成即行解散，故名爲臨暫型結構。

8.3 演好你的角色

【管理亮點：孫中山妥善定位蔣中正的角色】

　　中華民國國父孫中山首先發現蔣中正的理念和他相似，遂開始栽培蔣中正，重新定位蔣中正的角色。

　　在陳炯明廣州叛變後，孫中山急電下令蔣中正從上海趕赴至廣東永豐艦，兩人同心協力，齊心指揮作戰有六十餘日。日後蔣中正撰寫〈孫大總統廣州蒙難記〉一文，並由孫中山作序。

　　孫中山同時委任蔣中正擔任討伐陳炯明的東路軍隊參謀長職務，奉命到福建省整編各地軍隊，齊心抵抗陳炯明的軍隊。

　　又基於中華民國軍政府並無本身編制的部隊，尚無法抵抗軍閥勢力。故孫中山遂在陳炯明叛變後，將訓練本身編制部隊的重責大任交託蔣中正執行，並下令蔣中正創辦黃埔軍官學校，開始訓練革命所需的本身編制部隊。

　　蔣中正更在國父孫中山逝世後，率領黃埔軍官學校學生軍隊北伐，制伏軍閥，統一中國，成爲中華民國總統，並邁入訓政時期。

　　明白自我角色，並在團體中發揮功能，是個人發揮領導力的基本路徑。經由角色扮演方式，即能了解他人如何評價你。

【問得好】你要做哪些事情才能使自己對團體產生貢獻？

　　我們無法離群索居，在工作與生活中，通常屬於某一團體，例如家庭、學校、企業或社團等。亦需要與他人互動，即需要接觸家人、同事、顧客等。此時我們如何在特定團體中自由自在、散發光和熱、領導團體、影響社會，即需要探討個人的在團體中的「角色【8-4】」，如圖8-4所示：

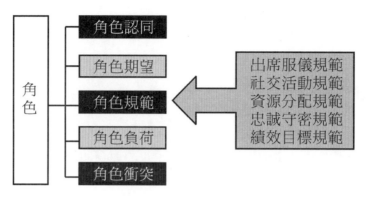

資料來源：整理修改自 Robbins (2013)。

圖8-4　個人在團體中的角色

在領導過程中和角色高度相關的有角色認同、角色期望、角色負荷、角色規範與角色衝突五者，茲說明如下：

1. 角色認同

角色認同（**Role Recognition**）是個人對於自己的角色，需要表現出哪些行為的主觀看法。角色認同與角色一詞的意思最為接近，若干時候甚至可以互用。

角色（**Role**）是指我們由於在團體中擔任某一職位，從而需要表現出他人預期中的行動。首先在原生家庭中，我們是爸爸的兒子或女兒，在新生家庭中則是兒女的父親或母親。若是在工作場所中，我們可能是某速食餐廳的服務人員，抑或是某銀行的金融商品（基金、債券或保險商品）理財專員。

如果我們擔任速食餐廳服務人員，即需要準時上班、主動接待顧客、快速準備餐飲、正確回答顧客疑問。如果我們擔任銀行的金融商品理財專員，即需要具備汽機車駕照、專業財經證照、熟悉金融商品專業知識、不怕被他人拒絕的心態等。

2. 角色期望

角色期望（**Role Expectation**）是他人認為當事人在該項角色中，應當表現出哪些行為的看法。例如，在家庭中，我們的角色若是丈夫或父

親,即被期望需要擔負經濟責任。在工作中,我們的角色若是便利超商的店員,店長即會要求我們輪值勤務、搬運商品、準確操作服務設施、親切服務顧客、快速回答顧客問題。我們的角色若是郵務士或送貨生,即會被要求具備機車駕照、忍受風吹日曬、搬運送貨、準時送件、尋找地址等。

3. 角色負荷

角色負荷(**Role Loading**)係代表演好角色所具備的力量。事實上,我們要扮演好某一角色是需要費心費力的,理由是角色本身是有其重量的,需要用力去擔負,故稱之爲角色負荷。因此,我們需要努力學習以增添扮演好角色的能力,無論是工作上的職位角色、社團中的職位角色,或者家庭中丈夫、妻子、父親、母親、祖父母的角色等均是如此。

當我們擔任某一角色時,即意指能夠經由該角色,和團體其他成員,甚至社會其他成員互動對話。即我們藉由扮演此一角色來發揮領導力,影響改變周遭世界。故角色的重要性十分明顯。

例如,個人在原生家庭中身爲子女的角色,在工作中是員工的角色,在衍生家庭中是爲人父母的角色,在社團中是社團幹部的角色,在面對銀行時是借款人的角色,由於各個角色皆有其特定規範,以致形成角色負荷。

4. 角色規範

角色規範(**Role Norms**)是團體成員一同需要遵守的相關規定,是多人接受的行爲標準。即爲我們扮演好某一角色時,所需要遵守的特約角色規定。角色規範內涵有五,茲說明如下:

(1) **出席服儀規範**(**Appearance Norms**):指工作時出席活動的要求,與服飾穿著和整理儀容的規定,爲最基本的角色規範。例如,固定上下班時間、出席各項會議、穿著指定制服等,包括警察、銀行行員、速食餐廳服務人員、航空公司服務人員、百貨公司服務員等。

(2) **社交活動規範**(**Social Arrangement Norms**):指配合業務需要,參加的會議或活動。例如,企業員工需要參加公司業務會報、教育訓練課程、交際應酬和自強活動,以及推銷員需要拜訪顧客等。

(3) 資源分配規範（**Allocation of Resources Norms**）：指工作時能夠獲得分派的資源量。例如，企業員工獲分配的辦公桌椅、電腦器材、影音設施和宿舍房間；推銷員獲配發的交通器具與油料津貼等。乃至於企業分派給出差員工的誤餐費、差旅費等。

(4) 忠誠守密規範（**Loyalty Norms**）：指在工作上需要保守企業內部的業務機密，不得任意洩密給第三人，以免企業遭受到商業上的損失；且對企業體應有工作態度上的忠誠表現，例如，在離職時不宜將顧客一併帶走。

(5) 績效目標規範（**Performance Norms**）：指在工作上需要達成的目標或業績。例如，工廠作業員需在單位小時內完成一定數量的產品，推銷員或業務員需要達到規定的業績，餐旅服務人員需要在規定時間內備妥餐飲與茶水。

5. 角色衝突

　　角色衝突（**Role Conflict**）指我們當面對兩個以上的角色時，所產生的角色扮演上的負荷拉扯，以致產生角色實現衝突。是時需切記，**我們需要選擇扮演好某些角色，否則環境情勢即會強迫我們選擇放棄某些角色。**而若我們個人的角色愈多，則愈有可能發生角色衝突情事。例如，我們在工作時，在公司的角色是員工或幹部，在家中的角色是妻子的丈夫和孩子的父母，在原生家庭中的角色是爸媽的兒子，在銀行面前你的角色是房屋貸款的債務人。當老闆要求你加班、妻子要求你回家吃晚餐、孩子們要求你陪他到動物園遊玩、父母親要求你回家過節、往來銀行要求按期繳交房屋貸款。這時你就會發現自己一時間實在是分身乏術，承受著極重的角色衝突的壓力。

> 我們需要選擇扮演好某些角色，否則環境情勢即會強迫我們選擇放棄某些角色。

　　例如，今天辦公室很忙，到了晚上七、八點鐘，你身為公司員工的角

色，主管（老闆）要求你留下來加班。同時你做為丈夫的角色，妻子要你和她一起吃晚飯，因為今天是她的生日。你同時又做為父親的角色，孩子們要你晚上陪他買文具，因為學校開學需要添購文具。你又兼具孩子的角色，年邁的父母要你回家看他們，因為最近痛風又發作。這時候的你，就面臨著多重角色間相互衝突的情況，你勢必要有所取捨。

若是你處理失當，就會情緒失控而爆發衝突，甚至無力維持繼而失落某一些角色。例如，夫妻大吵而離婚時就失去丈夫的角色，得罪老闆而被辭退失業時，即喪失員工或幹部的角色，疏於照顧小孩導致孩子背離家庭時，就會失去父親的角色，無法繳交房屋貸款因而房屋被法院查封法拍時，就會喪失房屋所有權人的角色等。這些事情都會使你的內心揪痛，甚至於心碎。同一時間，你也會因為失去這個角色，進而喪失經由這一個角色，和社會及世界溝通對話的機會，自然也無法發揮這項角色的應有功能。

【智慧語錄】

個人和團隊敬拜上帝是相輔相成的，一方面我需要眾聖徒的提攜，另一方面，眾聖徒也需要我活出敬拜上帝的生活。

——二次大戰美軍統帥，麥克阿瑟（Douglas MacArthur）

人在世界上中所扮演的角色，愈離開庸俗，愈接近自己，就會愈覺得幸福。　　　　　　　　——政治學家，亨利・盧梭（Henri Rousseau）

【本章註釋】

8-1 在組織結構建構矩陣的分析方面，係由羅賓森（Robbins, 1980）所提出，請參見 Robbins, S. P. (2013), *Organization Behavior*, the fifteen edition, Prentice-Hall, Inc一書。至於詳細內容亦請參見陳澤義、劉祥熹著（2016），《國際企業管理——理論與實務》（第三版），臺北市：普林斯頓國際出版，第十章，「國際企業組織設計」的說明中，第一節「組織結構之基本意涵」的說明。

8-2 企業組織的組與織之意涵，係由密茲柏格（Mintzberg, 1977）所提出，請參見其著作《組織結構》（*Organization Structure*）一書。

8-3 企業組織的五大核心結構，亦由密茲柏格（Mintzberg, 1977）所提出，亦請參見其著作《組織結構》（*Organization Structure*）一書。

8-4 角色期望、角色負荷、角色衝突的角色（Role）內涵，出自羅賓森（Robinson, 2013）。請參見Robbins, S.P. (2013), *Organization Behavior*, the fifteen edition, Prentice-Hall, Inc. NY.

【課後學習單】

表8-1　「團隊中的你」單元課程學習單──組織原理學習單

課程名稱：　　　　　　　　　　授課教師：	
系級：　　　　　　　姓名：　　　　　　學號：	
1. 在你的生活中，你接觸到的有哪些組織結構，請舉出至少三個組織，並從其中分辨出「**控制幅度**最小」的組織是何者？為什麼？	
2. 同樣的，請從中分辨出「**分權程度**最大」的組織又是何者？為什麼？	
3. 承上題，請從其中分辨出「**正式化程度**最大」的組織又是何者？並說明為什麼？	
4. 此時，請就此一個組織中，分辨何者是「**直線**」，何者是「**幕僚**」，並說明其理由？	
5. 緊接著，在你的生活中，請你指出一個專業化結構組織，並說明其中「**分權程度**」和「**正式化程度**」的高低情形？	
6. 同樣的，在你生活中，請你指出一個部門化結構組織，並說明其中「**控制幅度**大小」和「**指揮鏈長短**」的情形？	
7. 此時，你會想到要做哪些「**因應計畫**」呢？	
老師與助教評語	

第三篇　生命領航員：We Link

世事山河皆會變化，人生難得幾度秋涼，「青山依舊在，幾度夕陽紅」。領導者需要有一個清楚的「圖像（Icon）」。「ICON」四個字母即本乎個人興趣焦點（Interest），探究內心真正關心的事物（Concern），交織成海洋般的夢想（Ocean Dream），找出真正的需要（Need）。亦即本乎基本目的和初衷，做自己喜歡做的事情，方能「在命令文書頁頁催中，心中有道來做王」，表現出喜樂自在的帶領他人，領導團隊，奔向長遠的未來。

領導者要記得「凡事要回歸本心，檢視做此事的初衷」。要記得每天活出自在，做每一件自己想要做的事，珍惜每一個擦肩而過的路人，到每一座和自己有緣分的城市，看每一處心曠神怡的風景。既堅定目標，也是活在當下，這是領導者的內心世界，看山又是山，無怨無悔。

第九章 領導力

【三國啟思：水鏡先生推薦徐庶，才有徐庶推薦孔明】

劉備到荊州投靠劉表，感嘆自討伐黃巾賊以降，戎馬二十寒暑，未領半寸土地，功業無著，復興漢室更渺茫無期。劉備積極求才，在荊襄地域訪賢求能，後蒙異人水鏡先生舉薦徐庶：徐庶號士元，**徐庶**本要效力劉備，然而曹操卻在許昌軟禁徐庶的母親，遂被迫前往許昌，在臨走前徐庶向劉備推薦諸葛亮，並稱他和孔明二人的才能差距，正如晨星與皓月，遂有後來的劉備三顧茅廬之舉。

此一逐一推薦的行徑，刻正印證了領導力的根源，係來自於各領導者之間的相互推崇與吸引力。

9.1 領導力的基本素質

【管理開場：郭台銘的鴻海領導哲學】

鴻海集團總裁郭台銘出身板橋的基層公務員，父母雙親感情恩愛，兄弟姊妹郭台平、郭台銘、郭台強、郭台成情深義重。美滿的家庭生活與溫馨的兄弟情誼，是孕育郭台銘人格成長與領導能力的充沛泉源。

郭台銘總裁認為，領導的基本素質是對事放手和對人信任，他深信只要給對方責任，讓他負起責任來承擔事情，就需要放手並信任對方。而對於責任更要賞罰分明，一旦簽署完畢，即需要負全責，也必須負責。這也成為鴻海的領導哲學。

郭台銘說，在面臨重大困難或關鍵決策之時，領導者需要以身作則、勇敢面對，在第一線身先士卒率領團隊。以身作則與事必躬親不同，事必躬親是管理大小事。郭台銘說，若領導者事必躬親，他的事業即不可能做大，因為領導者一天也不過只有二十四小時。

　　自在喜樂、平靜安穩的內心是領導力的基本質素，擁有平安喜樂的心靈，自然洋溢出樂觀信心的笑容，散發獨特的領導力。

【問得好】使你找到真正自我的是哪種事情？

　　領導（**Leadership**）一詞，古書上即是「命令文書頁頁催，心中有道來作王」之會意詞。「領」字可分拆成「令」和「頁」二字，即是君王下達命令的文書，古代的書簡是竹簡，捲起成一頁一頁的球狀，稱為「命令竹頁」，此即「命令文書頁頁催」；再者「導」字可分拆成「道」和「寸」二字，即是心中有道的主導，古代以寸心代表個人內心，故「寸」等同「心」，稱為「心中有道」，此即「心中有道來作王」。故領導者即透過心中的道理引領對方，領導的意義即為指引（Instruct）與嚮導（Guide），使其得以跟隨。領導係帶領和指引方向，目的在於使跟隨者能夠放心跟隨，然後發揮整體團隊的功能。

　　在個人管理中，領導力和管理（Management）、影響力（Influence）其意義類有若干差異。首先說明三者意義如下：

　　「領導」是「領導者藉以影響他人，達成個人或團體目標的歷程」。

　　「管理」是「管理者管束周遭的事物，使之井然有序、條理分明」。

　　「影響力」是「管理者吸引、改變、號召企業內外其他人士的總合力量」。

　　其中，領導、管理和影響力三者皆會帶出他人跟隨帶領者的力量。然而「領導」是基於個人內心中的「道」，來指引跟隨者跟從，這份力量和領導者心中的道息息相關，而與領導者的外在職位或權力甚少關聯。因此，領導力量較不會因為個人職位的變動而消長。至於「管理」則是具明確目標導向色彩，並帶有相當成分的職權控制，故管理力量極可能會伴隨管理者職位的變動而消滅。領導和管理的實際差異處，在於領導會吸引他人自發跟隨，而管理則是摻雜權力和資源的運用。事實上，管理者可在特

定情境中，透過職位權力和連帶資源的運用，誘使他人跟隨。然而當管理者愈是運用權力，管理者的領導力即降低。從而一位具領導力的管理者，若能輔以管理工具和職位資源，當能事半功倍；然而，若管理者不求提升領導力，僅仰賴管理工具和職位資源，結果則是事倍功半。

另外，「影響力」是領導或管理者帶出他人跟隨力量的總合。此份力量可能出自管理者的職位，即爲「職位影響力」。亦可能出自管理者的資源，即是「資源影響力」。亦可能出自於管理者的領導品格榜樣，即是「榜樣影響力」。

總之，一位出色的領導者，會鼓舞他人超越團體的最低規定或要求，共同達成所設定的目標，並且激勵他人共同完成所賦予的任務。是以領導者即是以內心的道（自己的理念觀點）作爲領導的初衷，此即領導力的基本素質。

1. 領導力的三個基本素質

萬丈高樓平地起，一位具備領導能力的人，是一位經常受到感動的人。是的，一個領導者需要先感動自己，然後方能感動、領導他人，這是領導能力的起點，也是領導力的外在輪廓。是以我們若要成爲一位領導者，首先需要具備三個基本素質，即一顆喜樂自在的心靈、一顆平靜安穩的心靈、一顆樂觀自信的心靈（如圖9-1），茲說明如下：

(1) 一顆喜樂自在的心靈

首先，領導者的首要之事是要能夠感動、影響和領導他人。而領導者若要感動、影響和領導他人前提，則是要能夠感動自己。而一位能夠感動自己的人，他需要能夠同理他人，感同身受，而這些必然是要心靈能夠充滿自由，這種人擁有一顆自在喜樂的心靈，能夠笑看人生起落與世間冷暖，心中常抱輕鬆幽默，自由自在。因爲他的內心會相信這是一個到處充滿機會的世界，相信這是一個充滿上帝大愛的社會，也相信正義將會戰勝邪惡。相反的，而若是整天惶恐終日，緊張擔心，便會在領導力的火炬中，充斥濃煙瀰漫，從而領導力火炬難以有效發光和照耀他人。

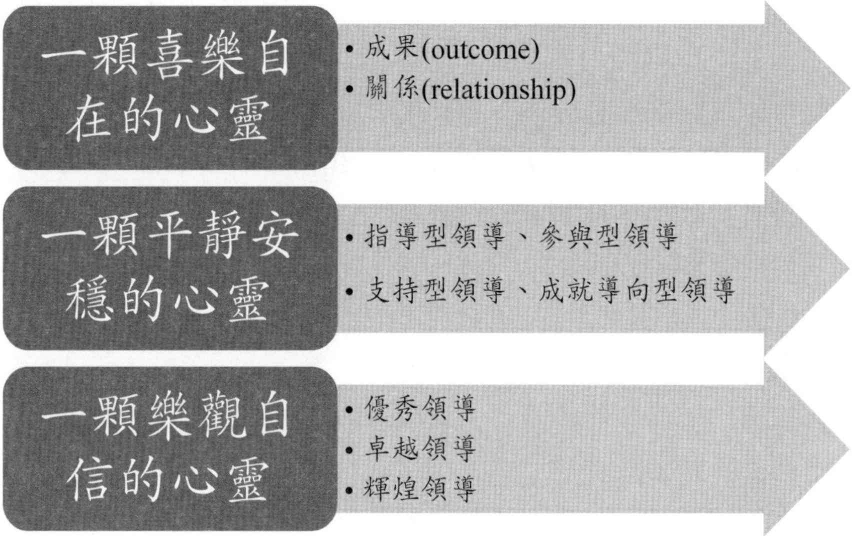

圖9-1　領導力的三個基本素質

針對具有成效的領導者的研究中發現，具有成效的領導者都是透過自己的行為來影響他人，而他人也是根據領導者所獲得的成果和關係，來評價領導者。進而領導者贏得「領導力」。說明如下：

a.成果：

　成果（Outcome）是領導者因著自己表現出來的各種行為，所造成的實際成績。此時領導者是一位能夠感動自己的人，同時也會是一位平安自在的人，他內心透過美好的眼鏡來看待周圍的每一個人。領導者的內心散發出平安與和諧，自然形成喜樂自在的行為，吸引他人共同追求美善健康的生活。因為領導者的內心充滿從上帝所賜予的生命力，從而心中擁有充足的平安，內心流露出充沛的盼望。從而行為中洋溢著上帝的大愛，領導者的身量得以承擔事工，吸引他人共同完成任務。

b.關係：

　關係（Relationship）是領導者因著自己表現出來的各種行為，所建立的各種人際關係。此時領導者因著對於未來充滿喜樂滿足的內心，他

的思維自然充滿著分享和給予的熱情，在微笑與歡樂氣氛中，與他人建立美好關係，從而感染、帶領他人，一起來參與和付出。此時領導者對於未來充滿盼望，他的思維自然洋溢溫暖熱情，充滿付出所需的愛心，與他人建立友善連結的人際關係。

(2) 一顆平靜安穩的心靈

再者，領導者的日常事務是領導他人，致力於排除困難，解決問題。因此，領導者需要具備一顆沉穩的內心，洞察事物的本相；心境不會隨著環境更迭變化而起舞。而在平靜安穩的內心中，自然容易生成指導型、參與型、支持型、成就導向型等四種優質的領導風格如下：

a.指導型領導：

指導型領導者（Directive Leader）精確、詳細的指導部署，領導者希望部屬做些什麼事情。從而形成制定計畫、規範工作進度、建立任務目標、設定標準作業流程等領導行為。此時領導者內心充滿著上帝所賜的正向動能，從而心中充滿著創新更新的成長力，內心流露出精準作業的契機，乃至於洋溢著使命必達的信心。

b.參與型領導：

參與型領導者（Participative Leader）善於與部屬共同做出決策。從而形成鼓勵部屬參與決策、鼓勵共同集體決策、鼓勵書面建議意見等領導行為。此時領導者內心透過樂觀健康的自我形象，來照亮周圍的每一個人，領導者散發出積極與活力，自然引導部屬致力於追求陽光健康的生活。

c.支持型領導：

支持型領導者（Supportive Leader）十分關心部屬的個人需要和福利。從而形成營造開放團隊氣氛、友善領導部屬、平等對待部屬等領導行為。此時領導者對於未來懷抱著樂觀的信心，思維自然洋溢著追求卓越的盼望，進而激發出精益求精和提升品質的意志力。進而領導者便能感同身受來帶領他人、勇於改善環境。

d.成就導向型領導：

成就導向型領導者（Achievement-Oriented Leader）會協助部屬訂定清
楚明確的挑戰性目標，以肆應外界環境劇烈變動下的情境。而不會整
天悲觀退縮，以致於在領導力的輪胎中，出現破洞，從而領導力輪胎
便洩氣，無法勇往向前，持續邁進。也不會對於未來失去盼望，以致
於思想上喪失突破現狀的勇氣，無法創新突破，甚至是落入恐懼害怕
的負面漩渦中。

(3) 一顆樂觀自信的心靈

三者，領導者的基本動作是激勵他人，致力於鼓舞士氣，群策群力。
因此，領導者需要具備樂觀自信的心靈。領導者需要是一位具有健康
自我的人，他擁有一顆樂觀自信的心靈，能夠用正面的態度和堅定的
信心來面對未來的挑戰。此時自然具有承擔力量，能夠迎接環境的挑
戰。而領導者依據所承擔的內容大小，可分為優秀、卓越、輝煌領導
的三個層次，說明如下：

a.優秀領導：

優秀領導（Excellent Leadership）是第一個層次，重點在解決問題，所
承擔的是「事務」的本身。領導者進入事情的內部當中，肩負事情的
成敗與績效的高低。這是屬於初級「優秀」領導的層級。常見的例子
是各部門的主管或經理人。

事實上，優秀領導者需要擺脫世俗枷鎖，擺脫追求自我成就的迷思，
不需要用自我成就來定義自己的價值，而是用永恆的眼光給定價值。
領導者便能夠平靜安穩，活在當下，用心體會周遭人物所帶來的真正
需要，再盡力做出正確的回應，如此方能心安理得，重拾內心的平靜
安穩。領導者即藉由平靜安穩的生命態度，散發出無欲則剛、平安和
諧的自由力道，有力的領導群倫，通往世界。

b.卓越領導：

卓越領導（Outstanding Leadership）是第二個層次，重點在發現問題，

所承擔的是「人員」的本身。領導者知人善任，將人管理好，事情自然做好，這是屬於中級「卓越」領導的層級。常見的例子是企業中的執行長（CEO）、財務長（CFO）、行銷長（CMO）、營運長（COO）等。

卓越領導者需要對於未來充滿著平靜安穩的心靈，使他的思維充滿孕育生長的能量，從而生發出堅持到底和忍耐等候的韌性，進而帶領他人同甘共苦、患難與共的克服困難。若是卓越領導者對於未來失去盼望，他的內心就會失去平靜安穩，他的思維自然會失去堅忍奮鬥的意志，進而困在灰心無助、自哀自憐的無邊深淵中。

c.輝煌領導：

輝煌領導（Brilliant Leadership）是第三個層次，重點在策略方向，所承擔的是「格局」的本身。領導者面對環境局勢的變動壓力，需要創造局勢，做出局面，成為「造局者」，這是屬於高級「輝煌」領導的層級。常見的例子是企業的總裁、董事長等。

輝煌領導者需要擁有一顆平靜安穩的心靈，能夠泰山崩於前，而面不改色。事實上，人生不如意十常有八九，世事經常難以盡如人意。若是領導者在面對挫折、失敗、失意、困難時，能夠自然的用一顆樂觀自信的心靈來面對困難，自然不會隨便怪罪他人、抱怨環境，也不會妒忌他人，不會累積憤恨，反而會感謝上帝和他人。相信等到時候滿足，事情自然就會有所轉折改變，領導者相信天無絕人之路，在上帝祂凡事都能。

萬丈高樓從地起，社會新鮮人應腳踏實地，從基礎的解決問題做起，做好優秀領導，再行逐步提升自己的領導能力，達到卓越領導，乃至於輝煌領導的層次。

2. 領導力素質的運作方式

上述領導者基本素質，會自主的運作，自然形成領導者的內在領導能

力【9-1】，至於其運作方式可概括成以下三個層面，如圖9-2所示，茲說明如下：

圖9-2　領導力素質的運作方式

(1)內在的生命力量

上述領導者的基本素質即是一股內化的生命力。因為領導者經常是被多人包圍吹捧的，他需要在熙擾人群中，找到安靜的力量。領導者的內心也經常是孤獨的，他需要在安靜中，洞察事件背後的本質。在此時，具有領導力的人需要隨時停下腳步，靜下心思，找到並真實感受到這股內化生命力量的自然流通與脈動，也就是內在的生命力。因為這是上帝所賜給各人的生命素質。事實上，這個生命力其實就在領導者身上，並未離開。只要領導者不要過度匆忙、忙碌、茫然、盲目，而能夠細心體會，回頭留意四周看起來十分平凡的事物。例如，早晨的運動慢跑、黃昏的閑逛遛狗，或是把握當下安靜禱告、閱讀好書，與至親好友對話，便能夠給予適當養分，強化這股生命力。從而在領導者的心靈中，自然流出一股生命活水。從而在自然而然中，影響、感染、領導四周的人。事實上，領導者的基本素質是需要時間逐漸培養和孕育，方能期許日後開花結果。

(2)吸引力和排斥力

上述領導者的基本素質就好像一塊磁鐵，具備自己的吸引力和排斥力，它會吸引與連結、拒絕與排斥某類個性特質的他人，進入領導者生活經驗中。從而領導者首先會影響和領導和他生命經驗相近的人，

即家人、同事、同學、朋友等。透過領導者的思想和行動，影響和領導他四周的人，這就是領導力的內涵；此外，領導者也會將對他有用的許多看法、意見和經驗，吸收到他的生活經驗當中，當做是獨特的生活體驗。所以，領導者的基本品質，若是保持在自在喜樂、平靜安穩、樂觀信心之上，他便能夠用信心、盼望、大愛、真誠、善良、美感等信念，來塑造自我，領導他人，成爲眾人景仰的領袖，這就是領導力的信念本質。

(3) 思想能量

最後，領導者能夠透過他的思想能量來影響他人，領導者在面對外界突發事件時，心中想著哪一種想法，至關重要。因爲領導者是透過思想能量的方向和力度，來影響和領導他人。基本上，當領導者的內心若是充滿著正義、公平、善良、仁愛的思想，則領導者自然會表現出正大光明的正向行動。相反地，若是領導者的內心充滿著情慾、邪惡、忌妒、欺壓、刻薄、邪惡、寡恩的思想，則領導者自然會表現出陰險奸詐的負向行動，或是領導者的內心充滿著膽怯、憂慮、懷疑、憤怒、焦躁、擔心、恐懼的思想，則領導者自然會表現出優柔寡斷的負向行動，因爲他是用一副灰暗的眼鏡觀看四周的事物。

　　總言之，領導者的基本素質就是領導者全人的自然展現，這是領導者的全人散發，表現出領導者的氣質、思想和個性，並傳達、反射給周圍的人，從而影響和領導他人。它代表著領導者帶給他人的基本印象，並促使他人了解領導者的本性？透露領導者究竟是一位具有何種素質的人？領導者想要做些什麼事？領導者將來會將人帶往何方？這些都值得有識者詳加探討。

【智慧語錄】

　　我希望你照自己的意思去理解自己，不要小看自己，被別人的意見引入歧途。　　　　　　　　——文學家，泰戈爾（Robindronath Thakur）

　　你要先相信自己，然後別人才會相信你。

　　　　　　　　　　　　　　——文學家，羅曼羅蘭（Romain Rolland）

9.2 領導力的四個對

【管理亮點：統一超商有賴徐重仁的卓越領導】

統一集團高清愿總裁邀請顏博明接掌統一超商業務，顏博明旋即調任被貶斥的徐重仁，並授權給徐重仁委以重任，期望徐重仁能夠對統一超商振衰起敝。

徐重仁具備經管統一超商四年經驗，具有經營便利商店的熱情與專業技能。在取得顏博明完整授權的情況下，徐重仁得以明快關閉十幾家位於巷弄中、位置欠佳的便利商店，重新改設置於黃金商圈內，特別是位居街道的三角窗黃金位置。此舉雖然提高展店成本，但是提高更多營業額，足堪彌補成本。

不同型態的企業組織，適合不同形式的組織結構。

【問得好】你的人格個性合適到哪種架構型態的企業工作？

在領導組織與團隊中，更需要有對的領導決策，此時最要緊的是領導者在決策中要先做好「四個對的選擇」，藉此檢視領導者如何做出對的決策，包括成為對的人、做對的事情、在對的時間、用對的方法四者【9-2】，如圖9-3所示。此攸關領導力的品質，更是做好領導的基礎功夫，至為重要，故先行說明如下。

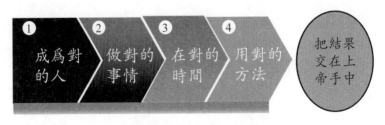

圖9-3　領導力的四個對

1. 成為對的人

　　第一是成為對的人，「對的人」即是指具有正直（Integrity）、具有誠信的人。就是光明正大，做一個仰不愧於天，俯不怍於人的正人君子。在這個時候，組織中找一個對的人十分重要，因為在壓力下，人的天然成分就自然會原形畢露，他會想辦法找巧門鑽漏洞。這個時候，一個人是否正直便顯得十分重要。況且在現今的網際網路社會，凡做過的事情必定會留下痕跡，這時即無需藉由傳統上的參考人士檢視（Reference Check），而僅需要谷歌檢視（Google Check）或臉書檢視（Facebook Check），事實真相便會一目了然，根本無法隱藏。

　　而怎樣成為別人眼中的對的人，這需要做到在專業上令人佩服、個性上令人喜歡、生命上令人羨慕、生活品味上令人有趣味。說明如下：

(1) **專業上令人佩服**：是指專業上需要追求卓越，以專業知識折服他人。

(2) **個性上令人喜歡**：是指個性上在修養、價值觀和為人處事上的態度，透過高的情感商數（EQ）博得眾人的喜愛。例如，亞都麗緻總裁嚴長壽在DHL國際快捷企業工作時，即因熱忱待人、親切服務、做事認真，贏得同事和主管欣賞，遂能一路向上爬升；又耶穌在年幼時，就使上帝愛他的心和別人愛他的心，都一起增長。

(3) **生命上令人羨慕**：是指生命上具有高度生命內涵底蘊，遂能夠成為他人的心靈導師，使別人放心交託。也就是具備內在安定的力量，擁有心靈上的洞察力，能夠領袖群倫。

(4) **生活品味上令人有趣味**：是指生活中有豐富文化底蘊，使他人在你的文化水準薰陶上，能夠多所獲益。例如，喜歡讀歷史、品味茶道、賞析藝術、建築設計等，便足能吸引他人。

　　至於領導者則是要用對的人，用人之長，並將他放對位置，使他能夠充分發揮；而不是去找一個唯唯諾諾的人（Yesman），要對方全然聽從。

2. 做對的事情

　　第二是做對的事情，「對的事情」是具有效能（Effectiveness）的事

情，也就是與目標高度關聯的事情，與自己或組織的願景、使命或目標相關聯的事情。此符合管理學之父彼得杜拉克所說：「要做對的事情，而不是把事情做對而已」。事實上，做對的事情就是做該做的事情，而不是做想做的事情，也不是做會做的事情。領導者的天職就是要做好資源分配，將有限的資源做最大化的利用。包括經費分配、時間分配和精力分配等。

3. 在對的時間

第三是在對的時間，「對的時間」是指抓住時機（Timing），能夠在天時、地利、人和條件具備的情況下，精準出手。從而能夠精益求精、保持領先、把握時機，眼光獨到的做事。在領導者身上，更是要做到一直使對的事情一直放在對的位置上，能夠在對的時間上，持續完成。

4. 用對的方法

第四是用對的方法，「對的方法」是指具有執行效率（Efficiency），也就是追求資源使用上的本益比，力求能在既有資源投入限制下，獲得合宜的產出水準。當然，用對的方法並非一味的追求最佳解，而僅是力求在資源受限制的條件下，獲得最適解，即如線性規劃模式的求解一般。

在具體做法上即需要使用標準作業流程、關鍵績效指標、問題根因分析、管理PDCA循環、企業資源規劃等績效管理工具，力求提升相關工作效率。說明如下：

(1) **標準作業流程**：標準作業流程（**Standard Operation Procedure, SOP**）是遵循制式化的作業規範，從而使事務的執行更有條理，進而提升效率。

(2) **關鍵績效指標**：關鍵績效指標（**Key Performance Indicator, KPI**）是羅列與目標達成攸關的重要標的物，以供各級管理者定期稽查檢核之，藉以提升目標達成的機會，並同時提升作業效率。

(3) **問題根因分析**：問題根因分析（**Root Cause Analysis, RCA**）是探究問題發生的真實原因，檢視問題發生的類型，若為常態性問題即需更動系統內涵，若為一次性的問題則僅是疏忽，此時無需更改系統，僅需加強表現即可。

(4) **管理PDCA循環**：管理PDCA循環是指藉由規劃、執行、檢核、行動（Plan-Do-Check-Action, PDCA）的循環式管理作為，遂行提升事務活動的效率。

(5) **企業資源規劃**：企業資源規劃（Enterprise Resource Planning, ERP）是指藉由資訊系統，協助企業將各種相關資訊，進行有效整合的規劃系統。

　　除上述外，另有全面品質管理（Total Quality Management, TQM）與六個標準差管理等其他方法，不一而足，此不贅述。

　　最後，在妥善運用上述四個原則之後，也不一定就必然心想事成。但是，當時間一旦拉長之後，便能夠以豁達的心境來面對，雖未能盡如人意，但求無愧我心，畢竟已經盡力從事，便可將一切結果交給上帝，誠所謂「謀事在人，成事在天」，這便是在組織中領導行為的真諦。

【智慧語錄】

　　業精於勤，荒於嬉；行成於思，毀於隨。　　　　　——文學家，韓愈

　　上帝啊！賜我恩典，讓我接受不能改變的事實；賜我勇氣，去改變我可以改變的；並賜我智慧，能夠分辨其中的不同。

　　　　　　　　　　　　　　——文學家，尼布爾（Reinhold Niebuhr）

9.3 勇於承擔責任

【管理亮點：李家同勇於承擔，投入弱勢家庭的教育志業】

　　國立清華大學李家同講座教授是位名作家，曾經出版《讓高牆倒下吧》、《陌生人》、《鐘聲又再響起》、《幕永不落下》等書籍。李家同對「窮孩子」和「偏遠山區的學童」特別有負擔，也願意投身其中。

　　偏遠山區的窮小孩，普遍赤貧，無法買參考書，更無法請家教或補習。於是李家同勇於承擔責任，義務協助很多孩子補習數學和英文，他擔任暨南大學校長時，更鼓勵教授同僚主動教導偏遠山區的小孩。因

此，埔里鄉民稱許李家同能夠服務社會、貢獻鄉里，是為「牽住窮孩子的那隻手」。

李家同其實明白個人力量十分薄弱，然而認為應該盡己所能來發揮正面影響力。不論是個人或企業，皆應負起社會責任。若是人人皆能本於個人角色定位，承擔責任，具倫理與責任心，便能使整個社會更臻美善，個人亦不易爆發人生危機。

若想成為一位有領導能力的人，成為卓越領袖，最重要的是態度上需要願意勇敢承擔責任。

【問得好】有哪些事情是他人視為自己份內需要做的事情？

我們若要有效發揮領導力，首先需要檢視領導力的根基是否深厚，領導力的根基即在於我們內在的態度，即樂意承擔的態度。

1. 樂意承擔的態度

態度是個人對特定事物的固定偏好或主張，是因應外界環境後的適應習慣。例如，我們是否表現出主動任事、積極進取、企圖心、樂觀自信、嘗試新興趣、勇敢向前、不退縮逃避等態度。

我們若想做一位有領導力的人，成為卓越的領袖，最重要的是態度上需要願意承擔責任、勇敢負責。理由是一位不願負責的人，是無法領導他人的。準此，領導者首先需要對自己生命負責，做好自我管理，隨時反省自己的行為，這是領導者應有的人生態度。

我們若能對自己負責，勇於面對自我，便能接受自己本來面相，接受上帝創造的自我。從而能夠和自己和平相處，即「與自己和好」。正如耶穌藉著基督的肉身受死，叫我們與自己和好，都成為聖潔，沒有瑕疵，無可責備，把我們引領到上帝的面前，面對自己的一切【9-3】。

申言之，無論是優點或缺點，我們皆應全盤接受，並深信這些全部都是上帝美好的創造。例如，我們接受自己五短身材，不忸怩害臊，反而取

笑自己很難被槍彈打中。或接受自己頂上無毛，不怨天尤人，反而幽默自己有五百燭光，不需開燈，更能節約能源。

2. 如何成為願意負起責任的人

我們若是願意負起責任便會朝向內在歸因、向內探求力量；而不是朝向外在歸因、向外推諉。即會將事件發生的原因指向自己，檢討是否自己努力不足；而非全然怪罪環境，或怨天尤人。此舉會形成良性循環的檢討機制，督促我們自我檢視，負起應該的學習與成長責任；而非敷衍塞責，存著多一事不如少一事的心態。

願意負起責任的人，不會過分敏感，能夠經由反求諸己，自我檢視來校正自我，成就「修身」的工夫。此時，古人的「修身、齊家、治國、平天下」責任圈，即落在我們身上，從而成為培養領導力的起源。實際上，大我的生命是一生追求的目標，小我的生命則是敏感容易受傷的。我們一旦願意負起責任，便會學習為著大我，調整小我。

例如，我們看見家裡水槽的鍋碗瓢盆沒人清洗，若能看見這是自己的責任，便會為著大我調整小我，不計較多做家事會損失，反而將做家事視為自己的責任，從而主動承擔家事。又如，我們看見公司需要配合留下來加班工作，會馬上停下來幫忙，理由是我們會為著大我，調整小我，會認為這是自己的事，不會計較有無利益，從而會在此事上發揮領導能力。再如，我們若是接到顧客反映產品瑕疵，或是服務不佳的客訴電話，此時不會推託這不屬於自己的工作範圍，而是會馬上解決問題，理由是我們會將公事視為私事，進而為公忘私擔負責任，從而在此事中，我們便具有領導力。

我們若僅有才幹，只是不斷叫別人做事而已；我們若僅有品德，仍無法令人服氣來跟隨。我們唯有才德兼備，才能領導他人，這便成為我們學習成長的目標。例如，統一集團總裁高清愿選才用人的基本原則，即是用人唯德，更勝於用人唯才。他深信每個人皆是好人，只要給他空間去發展。品德最為緊要，至於能力可日後再訓練，他最看重「德重於才」。

我們若僅有才幹，只是不斷叫別人做事而已；我們若僅有品德，仍無法令人服氣來跟隨。我們唯有才德兼備，才能領導他人。

當我們願意擔負責任時，有兩件事會發生，即：

第一，**當願意承擔事情時**，將在個人身上操練出才幹，讓人佩服並順從，願意跟隨，自然會產生領導力。

第二，**當願意承擔人之時**，將在個人身上孕育出品德，讓人信服並信任，願意聽話，自然會產生領導力。切記：要能「才德兼備」，即會產生個人特色的領導力。

3. 承擔責任的兩大內容

承擔責任可細分成承擔人和承擔事二部分【9-4】，茲說明於後，如圖9-4所示：

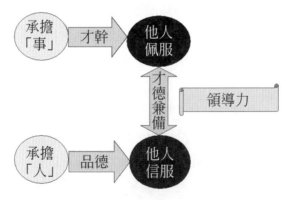

資料來源：修改自楊政學（民99）。

圖9-4　承擔責任的兩大內容

(1) 擔負責任在承擔「事」

當我們願意擔負事務的責任時，個人會看見自己的責任和使命，從而改變我們的做事態度，會主動積極去解決問題。進而更有機會處理重大的事務。例如，經理說：「很好，你是又良善又忠心的部屬，你在許多事情上都忠心耿耿，因此我要把更多的事，派任由你負責管理，

你也可以進來和我同享快樂【9-5】。」故領導者一旦願意擔負責任、承擔事務時，將容易導引他人順服而跟隨。理由是他人看見我們擔負責任，承擔眾多事務，會感覺到很大的分量。

一位主動任事的人，旁人看在眼裡，最終會被拔擢到主管位置而不會被埋沒，理由是此人會經常領導他人。企業最喜歡僱用主動任事的人來工作，從而會挑選出主動任事的人擔任主管，以發揮更大領導力。基於盡己之謂忠，忠心就是將所託付的事務擔負責任，盡心盡力完成。而資本主所求於經理人（管家）的，就是需要對方忠心【9-6】，故經理人若能敬畏上帝，誠實忠心籌辦事務即為一樁美事。

綜言之，領導力的本源，即源於我們個人勇於負責、願意承擔的心態。即藉由勇於任事，使他人佩服，從而樂於跟隨。理由是眾人皆想跟隨高度認同、敬重佩服的領導者。在我們身上，所負擔的責任有多大，能力操練就會有多大，從而領導力就會有多大；在他人心目中，即是才幹有多大。理由是一位有能力、有才幹的管理者乃是負擔責任，被事情磨練過、操練過的管理者，此為對事情負責的果實。在其間的能力、才幹和領導力，皆屬「果實」，擔負責任則屬「原因」，若無事前的原因，自然不會產生事後的果實。

至於我們幹練程度的高下，即表現在個人能否操練出處理事務的能力上，能否一眼看見問題的根因，從而擁有能力來解決問題。一位被事務磨練過、操練過的管理者，在他身上沒有時間不足的問題，沒有看不懂的事務，只有管理者思緒頭腦不清楚的問題，從而搞錯方向、選錯人才、用錯方法，攪亂兜圈，將事情弄得一團亂。

(2) **負起責任來承擔「人」**

當我們願意負責承擔人之時，即願意為所帶領的人擔負生命責任。此時會問兩個問題。第一，「我們能領導何種人？」第二，「我們能將別人領導往何方？」茲說明如下：

a. 面對**「我們能領導何種人？」**這樣一個問題，即個人領導力高低的考驗。低領導力的人僅能領導自己的朋友，僅能領導同類的人，僅能領導同單位的人；反之，高領導力的人則能領導不同類型、不同

單位的人。此時，領導者的道德光環明亮度，即決定能夠領導的人數。具崇高道德的領導者，能夠領導各式各樣的人，帶動各方人物來推動事工。相反的，低下道德的領導者，僅靠職位職權管控人，此時無法帶領人推動事工，因而形成「上有政策，下有對策」，各自一盤散沙的困境。

我們需要自我期許，來領導各方各族的人，擴大我們的領導影響力。領導他人時需要上善若水，負起責任將人帶領妥當，從而擴張對人與對事務的領導力道，能夠擴張帳幕的地界，張大居所的幔子，不要限制；更要放長繩子，堅固橛子【9-7】。再者，我們要有操守高尚的德行，力求：「立德、立功、立言，三並不朽」【9-8】，更要以立德為尚。面對賢能，最需要是尊重對方，誠心對待，知無不言，言而無盡。例如，劉備面對諸葛亮、關羽、張飛、趙雲等人，皆待人以誠且誠實無欺，不說戲言，其誠信風範，贏得各方賢達來投效。

b. 面對「**我們能將別人領導往何方？**」這樣一個問題，即領導者能夠將人帶成何種樣態？此涉及我們領導力的實際，我們需要在上帝的光中，真心對他人給予看管和照料，負起他人生命的責任，更要因勢利導事情的發展，栽培對方成為將才。藉由有效連結、培育、激勵、擴張、領導、授權等步驟，使對方得以長大、建立，成就理想中的自我形象。即如我們都倚靠上帝，各就各位，照著個體的功用彼此相扶持，便叫身體逐漸增長，在愛中建立自己【9-9】。例如，統一集團總裁高清愿成功之道，在於願意對人負責，即尊重他人、重誠信，信任部屬、授權他人，完全落實以身作則，此為做人真正成功。而非操弄人際關係的表面工夫。

4. 承擔完成任務的責任

領導者經常是容易帶領他人完成任務，然而，卻很難帶領他人長大成熟。理由是事情多半重複出現，故需要重新處理。而為了不要讓他人重複做同樣的事務，限制他人成長範疇，個人會由於環境混雜，始建置管理機

制，發展管理制度，期使大部分事務能在該制度中有效的解決處理，他人同時在此一制度中脫離，重複做相同事務的窠臼，從而得以成長。此時，領導者即會從一位承擔責任的「執行者」，轉型成爲一位經營事業的「管理者」。

領導者需要放手加放心，切勿插手幫屬下做過多事情，以免屬下的能力會變差。此時，管理工作即一如農夫插秧種田，需要廣大的智慧，種田時只需注意秧苗選擇和播種時機，其他即交給適合的生長環境。例如，陽光充足、水分定時定量、施肥適度，秧苗自然會成長並茁壯。同理，一位優質管理者，並不需要做很多事，僅需要營造出優質的成長環境，從而使得進入該單位者，皆能成長磨練，成爲美好人才即足夠。此即如同爲秧苗準備美好的生長環境，即爲管理的智慧。

領導者需要效法大自然，在大自然的環境運作下，萬物得以生生不息，自然導致平衡。領導者只需要安排員工優質的環境，員工便能在當中自由自在成長茁壯，而成長則是無可限量，一如上帝大能般沒有限量。

基於人受環境影響，他人只見長得高大的大樹，和燦爛的花朵，卻未見到環境（如陽光、空氣和水分）的背後支持，也未見到肥料的養分供應。理由是花草樹木能夠生氣蓬勃，係源於外在環境的搭配和支撐。即如個人的今日成就，需感謝父母與師長的栽培，和全體社會環境的支持。

末了，領導者要有智慧來營造環境，建構出學習型組織，以形塑能夠令人成長的環境，使眾人在其間努力付出，鍛鍊能力與智慧，提升內在生命品質，在愛中建立自己，此爲發揮領導力的終極目標。

5. 承擔責任的實務行動

最後，在承擔責任的實務層面，領導者在帶領部屬時，必然會經過勾畫夢想、獎勵實踐者、制衡功臣的三個階段。說明如下：

(1) 勾畫夢想（**Outline the Dream**）：領導者需要透過夢想畫下大餅，以招來並培養出更優秀、更厲害的將才。夢想愈遠大，愈需要將才來實踐，領導者勾畫夢想，優秀的跟隨者則是實踐夢想。勾畫夢想和實現夢想的通常不是同一個人，領導者在培育部屬時會勾畫出美麗的夢想，而手下的將才則是協助領導者實踐夢想。例如，劉備勾畫出復

興漢室的夢想，而關羽、張飛和趙雲，則是努力為劉備打拼以實踐夢想。

(2) **獎勵實踐者**（**Reward Practitioners**）：領導者在培育部屬時，需透過封賞獎勵功臣，使部屬持續產生為組織奮鬥的行動力。領導者需要將賺來的利潤和部屬分享，並依照功勞大小，對部屬給予不同獎賞，來有效產生培育部屬的動能。而且要在不同部屬之間產生明顯差距，切記不可均分。否則會使部屬失去再奮鬥的動力，部屬只想要吃大鍋飯，反而產生搭便車的效果。例如，企業派發獎金時，各部門之間，各不同級職之間，應具備明顯差距。

(3) **制衡功臣**（**Check and Balance the Meritorious Statesman**）：企業創立初期的功臣（即開國元老），往往會成為企業後續發展的障礙。因為功臣們經常會恃寵而驕，固步自封，不思進步，結果是成為阻礙企業持續再成長的絆腳石。因此領導者在培育部屬時，需要將功臣妥善安排，使其淡出核心經營圈，或給予名譽、金錢以交換其權利，如設置名譽顧問或外派至外圍組織等，從而為培育部屬開一條出路。例如，民進黨取得執政權後，即對各個派系執行分封職位，以使其互相制衡。

【智慧語錄】

　　肯奮鬥的人，心目中沒有什麼叫做「困難」；以天下為己任的人，心目中沒有什麼叫做「貧窮」。

——軍事學家，拿破崙（Bonaparte Napoleon）

　　財富非永久的朋友，朋友乃永久的財富。

——文學家，托爾斯泰（Tolstoy）

9.4 授權提升境界

【管理亮點：福特亨利的福特汽車王國】

　　福特汽車創辦人亨利福特（Henry Ford），在1863年出生於美國密西根州迪爾伯恩市。亨利福特是世界上首先將裝配線落實在生產線上，並獲得明顯成果的管理者，這使汽車在美國市場得以全面普及。

　　亨利福特在1903年創設福特汽車公司，並隨後推出福特T型車，更積極運用大量生產模式，量產汽車。從而在美國道路上行駛的汽車，有一半是福特T型車，從此汽車就能通行全世界，福特汽車更成為一家世界知名的大型汽車公司。亨利福特則被尊稱為美國汽車大王。

　　有一次記者問亨利福特說：「請問你是怎樣獲得成功的？」

　　福特回答說：「我之所以能夠成功，沒有別的。只因為我在年輕的時候，心中懷抱著一個偉大的願景夢想，而這個夢想使我和別人不一樣。」

　　記者接著問：「請問這是一個怎麼樣的願景夢想呢？」

　　福特回答說：「如果有很多東西都可以用機器來推動，那麼為什麼不把馬車也用機器來推動呢？」

　　就是因為這種與眾不同的思想能量，亨利福特得以領袖群倫。

　　若要領導他人，領導者需協助對方發現成功機會，授權以提升對方境界，並增強團隊能力。

【問得好】你怎麼樣進行授權給他人呢？

　　在領導過程當中，經常出現領導者藉由授權方式，來提升擴張被領導者的境界。權力（Power）是指調動各種相關人力、物力、財力資源的能力。授權（Empower）顧名思義即是將原來歸屬在領導者的權力，下放授予被領導者來執行，進而擴張深化領導力的層次，此即管理上的「**授權模式**」（**Theory of Delegation**），亦即授權是領導者提升被領導者生命能量

的具體作為，以使被領導者能夠承擔重大任務，擔負更巨大的責任。

　　授權即如吹氣球使之擴張般，首先是吹氣使氣球逐漸膨脹，其次是繼續吹氣，使氣球得以飄浮並冉冉上升，再來是藉由控制推進機制，使氣球空飄，並前往所要到的地方。準此，授權的執行步驟有三：第一，根植對方潛能，憧憬未來榮景。第二，專注對方優點，並留心品格缺陷。第三，逐步授權交付資源，期許對方自我成長（Maxwell, 2003），這正是領導力授權的成果驗收工程【9-10】，如圖9-5所示。茲說明如下：

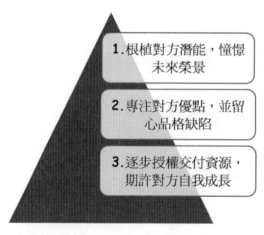

資料來源：修改整理自 Maxwell (2003)。

圖9-5　授權的執行步驟

1. 根植對方潛能，憧憬未來榮景

　　授權的起步，是藉由領導者的直覺，事前評估、觀察被領導者的各種潛能，繼而在領導者腦海中想像被領導者的未來豐盛榮景。領導者需要具備觀察對方潛力的洞察力，預先看見被領導者未來發展的成長可能性與限制。此時，領導者需要做好事前準備，重點是在心態上能夠許可被領導者成功發展。理由是被領導者能否發揮才幹，明顯會受領導者的授權範圍所影響。此時領導者需要判斷被領導者是否為璞玉，具備開發價值。若經判斷為美玉，領導者即需無私的擴張對方。此為授權的先期奠基工作。

例如，**諸葛亮**在六出祈山伐魏時，在天水一役觀察到**姜維**具備智勇雙全素質，足堪承繼大業，故開始授權擴張姜維，持續帶姜維在身旁，並使姜維融入蜀國民情文化，同時傳授姜維《兵法二十四絕篇》【9-11】，後來姜維遂成爲蜀漢後諸葛亮時代的軍國支柱。又如，宏碁**施振榮**董事長發現王**振堂**深具發展潛力，遂有意栽培，並刻意搭建舞臺讓王振堂成長發揮，給王振堂汲取經驗的機會。施振榮日後更完全放手，同時許可王振堂成功，進而成爲宏碁董事長的繼任人選。王振堂更默默觀察施振榮的決策風格，這成爲他後來經營管理的重要參考。

2. 專注對方優點，並留心品格缺陷

甫開始授權的同時，領導的重點旨在用人之所長，而非暴露其所短。故領導者需要將焦點對準在被領導者的優點長處之上，而非缺點短處之上，因爲唯有被領導者的優點長處獲得發揮，使其能力得以和外界需求緊密連結，被領導者的熱忱能量方能被激發，這是領導授權的不二法門。此時，領導授權者需要移轉權柄給被授權人，公開表達完全信任被授權人，同時私下獲得被授權人的同意。

> 領導的重點旨在用人之所長，而非暴露其所短。

基本上，一位具有深度安全感的領導者，會願意高度授權給眞正的強者，本著將心歸零的心胸氣度，自由自在的態度高度，完全放手給被領導者發揮。而不會在關鍵時刻，領導者因爲安全感不足而縮回授權。基本上，優異的領導者除需要尋訪可資領導授權的對象外，更需要能夠克制自己內心的衝動，不介入干涉，如此才能做到完整授權。

例如，劉備在臥龍岡聽取諸葛亮的隆中策後，刻意授權給諸葛亮，在新野一役，張飛和關羽對於諸葛亮的用兵能力尚不服氣時，劉備起身將令箭交給諸葛亮，公開表達信任諸葛亮，讓他全權調兵遣將，遂在新野之役大勝，一挫曹操軍隊先鋒的銳氣。

此時，領導者需要正視被領導者的品格缺失。因爲唯有「品格」缺陷

方足以壞事，至於「能力」弱項則否，此點領導者需要清楚分辨。

例如，**葉問**發現**李小龍**習武資質絕佳且體力充足，遂收李小龍爲入室弟子，葉問刻意專注在李小龍的優點，致力擴張李小龍的武藝基礎。同時葉問亦正視李小龍個性急躁，常會衝動鬧事，葉問遂將李小龍衝動好鬥的個性，調整成爲習武的前進動力，將缺點轉化成優點，李小龍日後遂能成爲著名的國際武打明星。

3. 逐步授權交付資源，期許對方自我成長

領導授權的高峰是一步一步擴張被領導者，逐步讓被領導者歷練各種類型的事務，藉由捨得法則，擴張被領導者處理各類事務的廣度與深度。同時將資源逐步交付給被領導者手中供其自主運用，即透過授權經費預算和人力資源額度，磨練被領導者的管理能力。繼而得以接觸不同類型的事務經驗，藉由典範學習的他山之石，來深化被擴張的閱歷，強化被領導者的肚量與信心。此時領導者需要完全釋放被領導者，讓被領導者獨立自主，從而使領導授權的成效更趨完備。

例如，辜濓松自四歲喪父，深受辜氏家族歧視。後來**辜濓松**自美國紐約大學獲得企管碩士學位，五叔辜振甫關照他，收他在身旁。辜濓松先獲派擔任中國信託科員，**辜振甫**逐漸轉交資源給辜濓松，後來辜濓松更成爲中國信託的董事長。

最後，領導授權的終極目標，是使被領導者成爲一位自我成長者，能夠繼續去領導授權他人，形成領導授權的良性循環，得以永續發展。例如，統一企業**高清愿**總裁邀請顏博明擔任統一超商的執行長，顏博明先是起用擁有四年統一超商經營經驗但被貶斥的**徐重仁**，並對徐重仁委以改善統一超商經營績效不彰的重任。徐重仁在獲得完整授權的情況下，關閉位於巷弄中的十幾家績效不彰的便利商店，新設位於黃金商圈中街道口三角窗便利商店。此舉雖然會增加支出，然卻明顯提升營業額，此一大刀闊斧的變革作爲，效果顯著。

總言之，一位能充分授權、放手並成全他人的領導者，必然也是具卓越影響力的領袖。理由是此人業已具備肚大能容的氣度雅量，願意期待被

領導者的成長茁壯，此等人必會成就不朽功績。

【智慧語錄】

平凡的人，最大的缺點是常常自以爲他自己比別人都要高明。

——科學家，富蘭克林（Benjamin Franklin）

你要教你的孩子走路；但是，應要由孩子自己去學走路。

——文學家，愛默生（Raplh Emerson）

【本章註釋】

9-1 領導（Leadership）的根基法則的內涵，出自約翰麥斯威爾（Maxwell, 2000），請參見Maxwell, J.C. (2000), *The 21 Irrefutable Laws of Leadership*, CA: Storagehouse of the Word International.

9-2 領導力的四個對，整理自中華信望愛基金會行政長、宏達電監察人朱黃傑先生，2016年秋在國立臺北大學通識教育課程的專題演講內容：「管理人的四個對的選擇」。

9-3 「但如今他藉著基督的肉身受死，叫你們與自己和好，都成了聖潔，沒有瑕疵，無可責備，把你們引到自己面前」，原文出自《聖經‧歌羅西書》1章22節。

9-4 負起責任來承擔人與承擔事的內涵，出自楊政學著（民99），請參見《領導理論與實務：品格教育與倫理教育》，新北市：新文京開發出版。

9-5 「主人說：『好，你這又良善又忠心的僕人，你在不多的事上有忠心，我要把許多事派你管理；可以進來享受你主人的快樂。』」原文出自《聖經‧馬太福音》25章21節。

9-6 「所求於管家的，是要他有忠心」，原文出自《聖經‧哥林多前書》4章2節。

9-7 「要擴張你帳幕之地，張大你居所的幔子，不要限止；要放長你的繩子，堅固你的橛子」，原文出自《聖經‧以賽亞書》54章2節。

9-8 「立德、立功、立言，三並不朽」，原文出自《春秋左傳‧襄公二十四年》，太上有立德，其次有立功，其次有立言，雖久不廢，此之謂不朽。

9-9 「全身都靠他聯絡得合式，百節各按各職，照著各體的功用彼此相助，便叫身體漸漸增長，在愛中建立自己」，原文出自《聖經‧以弗所書》4章16節。

9-10 授權實際步驟的內涵，出自麥斯威爾（Maxwell, 2003），請參見Maxwell, J.C. (2003), *Becoming a Person of Influence: How to Positively Impact the Lives of Others*, CA: Storagehouse of the Word International；亦請參閱陳澤義著（2012），《影響力是通往世界的窗戶》，臺北市：聯經出版，第五篇授權提升境界。以及2014年簡體字版，深圳市：海天出版。

9-11 《兵法二十四絕篇》是諸葛亮傳授姜維的法典，是諸葛亮為相治國與軍事作戰的經驗總覽，為諸葛亮的智慧結晶。

【課後學習單】

表9-1　「領導力」單元課程學習單──領導力根源學習單

課程名稱：	授課教師：
系級：　　　　　　姓名：	學號：
1. 請說明上次所發生的一個「**挫敗**」事件，你當時的心情如何？（請舉例說明）	
2. 同樣的，此時你如何能夠使你的「**心情**」不至於會受到某單一事件的得失、挫折所影響？為什麼？（請舉例說明）	
3. 承上題，此時你如何才能培養出「**自由自在、無欲則剛**」的眼光呢？為什麼？（請舉例說明）	
4. 此時，你怎樣才能在對的地方，去做對的事情，扮演好對的角色，也就是活出「**角色期望與角色規範**」呢？你的看法是什麼？（請舉例說明）	
5. 同上，當面對「**角色負荷與角色衝突**」時，該如何處理呢？你的看法是什麼？（請舉例說明）	
6. 同理，在這個過程中，請說明如何才能做到勇敢「**承擔責任**」的組織承諾行為？（可舉例說明）	
7. 此時，你還會想到有哪些「**承擔計畫方案**」呢？	
老師與助教評語	

表9-2 「領導力」單元課程學習單——領導帶動授權合作學習單

課程名稱：	授課教師：
系級： 姓名：	學號：
1. 領導主題	
2. 相互認識與默契培養過程	
3. 領導帶動合作目標討論與共識建立的過程	
4. 具體領導**授權**帶動合作的經驗	
5. 領導帶動**合作行動**反思觀察	
6. 領導帶動合作行動與知識連結圖	
7. 領導帶動合作行動結果	
8. 你的其他意見	
老師與助教評語	

第十章　啟動你的領導力

【三國啟思：關羽大意失荊州】

　　曹操統一北方後，親率百萬大軍直取江南，諸葛亮倡議吳蜀聯軍抗拒曹軍。遂有吳蜀聯軍於赤壁大敗曹操，即「火燒赤壁」。

　　隨後，劉備占領西川，獨留關羽守荊州，諸葛亮贈關羽八字箴言：「北拒曹操，東和孫權」。然而關羽驕傲自持，輕視東吳水陸都督陸遜，進而征伐曹操，和曹操對峙於襄陽、樊城地域。陸遜見機會來到，直接偷襲荊州，占領荊襄間各聯絡烽火臺，荊州遂爲陸遜所有，關羽大意失荊州。

　　關羽兵敗，向鄰近的上庸劉封求援，劉封則推託不救援，遂使關羽在麥城被陸遜所擒，之後被孫權所殺。因爲關羽素來驕傲，與劉封素無交情，故無法得到劉封的馳援。

10.1 你的思想原點

【管理開場：德蕾莎修女以信念爲本，創立仁愛修女會】

　　德蕾莎（Mother Teresa）是天主教修女，1910年生於阿爾巴尼亞的斯科普里，四十歲於印度的加爾各答，設立仁愛傳教修女會，來幫助印度有需要的窮人。

　　德蕾莎修女秉持人溺己溺、人飢己飢的仁愛思維，抱持我們的光也要照在別人面前，叫人看出我們的好行爲，便叫一切榮耀歸給上帝的仁愛信念。德蕾莎修女就像牧羊人一般，牧養、照料加爾各答的窮人，全心奉獻在照顧印度窮人的慈善事業上。德蕾莎走遍加爾各答髒亂陳舊的窮鄉僻壤，貼近窮人中的老弱婦孺。致力於協助窮人能夠脫離赤貧，期使窮人也有美好的將來。

　　德蕾莎修女在1979年獲諾貝爾和平獎，並享有「加爾各答的天

使」之美譽，八十七歲時（1997年）辭世，是時擁有四千餘個修女會，十餘萬名義工，以及包括一百二十個國家的六百多個慈善事業。她的名言：「我並沒有做什麼偉大的事情，只是用偉大的愛心做一些微小的事情。」就是抱持著這份盡心盡力為上帝發光發熱的仁愛信念，成就她不平凡的一生。

　　想法決定看法，看法決定做法，若能虛心檢查自己的想法，即是學習的開端。

【問得好】面對外界環境改變，如何保持積極樂觀去因應？

　　在實際工作或生活層面，你並不是需要擔任主管職位時，才能進行領導。事實上，只要有一個人依從你的指令做事，你就是在領導對方。例如，哥哥領導弟妹、老鳥領導菜鳥、職員領導工讀生、學長領導學弟妹等。因此，領導的運作乃是隨時隨地都在發生，本章就從此處入手，領導就像是呼吸空氣般的在你我的身上啟動運行著。

　　事實上，你的一生就是領導的一生，因為，你無時無刻都在領導的框架中。只要有一個人被你領導就算是領導，而不管領導的人數有多少人。即如在小時候，你領導你的弟弟在家中玩積木；在小學，你領導你的兩位同學一起玩遊戲；在中學，你領導你的三位同學一起討論功課或打球；在大學，你領導你的四位社團夥伴一起完成社團的日常事務。

　　在領導他人的同時，必然有其方向性，因此領導者的信念與思維便十分重要。

　　「信念」是領導者對此一個世界的看法或洞見。信念是「思維」的起點，經由重複思想自然會引導出個人清晰的「意願」，從而生成實際的「行動」。重複行動會導引出個人「習慣」，習慣養成後自然形塑出「個性」和為人處世的「態度」。態度決定生命高度，決定個人「命運」，命運則是個人成功與否的最終結局【10-1】。

基於信念爲個人態度和終局命運的決定因素，故先說明信念【10-2】。

1. 信念

信念（Belief）是我們相信的標的，是我們需要去面對的原點。諸如信念是個人是否相信邪不勝正，信念是個人是否相信人間有愛，信念是個人是否相信存在一個機會洋溢的社會，信念是個人是否相信上帝是愛。

> 信念是我們相信的標的，是我們需要去面對的原點。

信念內容包括三個層面：我們對自己的看法和對生活的期許，即自我形象；我們對四周他人的看法，即生活觀點；我們對世界的看法，即世界觀點。說明如下：

(1) 自我形象

自我形象又稱生命觀點。自我形象是你我怎樣看待自己這個生命，問自己：你喜歡你自己嗎？這是你我生活經歷的起始點，你我的自我形象十分重要。你我的自我形象需要建立在擁有信心、盼望、愛心之上，從而接受上帝所創造的獨特自己。這時你需要與自己和好，與上帝和好，塑造自己成爲上帝想要做成的人。你若能夠與自己和上帝和好，就能深信一枝草一點露，天無絕人之路，人只要能夠活著就會有希望。也深信愛裡沒有懼怕，愛既然完全，就把懼怕除去，忍耐到底的，必然得救，明天將會更加美好。從而擁有一顆知足、感恩、喜樂、勇敢的心，使我們和四周都充滿喜樂、滿足的事物。因爲自己的自我形象，就如同自我安全感的底線，足能夠捍衛我們自己的內心，來重新解讀所有不好的事情，進而抵擋面對挫折失敗的惡劣情緒，使它成爲美好的事情，這樣我們就能做到「常常喜樂」。這一點非常重要，因爲你的內心自我形象怎樣思想，你的爲人就會是怎樣。

自我形象就像是一塊磁鐵，會吸引或排斥，會偏愛和厭惡若干事務，流進你我的生命經驗中。我們會將和自己意見相近的人事物及體驗，帶入我們的生活圈內，形成眞實的自我生活體驗。我們更能夠重新形

塑自我，經由重建自我形象，成為想要成為的新人。

> 我們的基本信念，就如同自我安全感的底線，足能夠捍衛我們內心，
> 抵擋面對挫折失敗的情緒。

(2) 生活觀點

生活觀點是我們對於和四周的人一起生活時的看法，這時你需要先與自己和好，才能與他人和好，特別是先和自己的父母、配偶、親友和好。一個有正向生活觀點的人，必會領會上帝是我們的力量，我們就不必害怕，我們必然會擁有生命勇氣，面對周遭的挑戰，開創出積極向上的生活鬥志。我們同時能夠相信自己能夠和他人接軌，進而通往世界。我們也相信自己能夠和四周的人和諧相處，擁有平安喜樂的日子。再者，我們也相信在上帝面前，能夠破除罪惡的障礙，帶出與人和好的平安盼望。這時，我們也相信生不帶來，死不帶去；有衣、有食，就當知足；以及深信知足常樂、能忍自安，擁有滿足感恩的生活智慧。

(3) 世界觀點

世界觀點是我們對於這個世界運作上的看法，這時是根植於與他人和好，進而帶出美好世界的願景。我們的世界觀點需要擁有和諧、互助、共存共榮的觀點，如此便能夠和世界接軌，通往美麗新世界。我們若能夠與他人和好，我們就能夠相信這是一個充滿機會的社會，不是一個剝奪吃人的社會。同時相信在信的人，凡事都能，上帝會介入其中，來行一切公平正義的事，自然也深信邪不勝正，深信上帝是公義的。我們同時能夠相信上帝是愛，也相信人間有愛，也可以避免落入：因為我們的財寶在那裡，我們的心也落在那裡的困境發生。

此外，我們的世界觀點若能具備勇氣和智慧，我們便可以重新塑造世界觀點，透過重建我們自己的世界觀點，來觀照這個社會。世界觀點就好像一塊磁鐵，它會吸引或是排斥、喜歡或厭惡某些特質的人與事物，來進

入我們的生命經驗中；也會很自然的將和我們自認為有相同想法、經驗的人與事物，吸納到我們的生活事件中，進而成為我們的獨特生活經驗。這時上帝就會使我們成為一位幸福美滿生活的設計師。

　　具體而言，為建立正向個人自我形象，需要擁有「真、善、美」與「信、望、愛」的基本信念，即真誠、善良、美感、信心、盼望、愛心、知足與勇氣的人生信念，如圖10-1所示。因為你的內心如何思量，你的為人就會怎樣，茲說明如下：

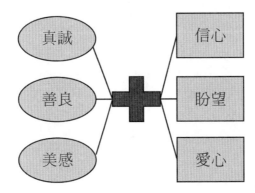

圖10-1　建立正向個人自我形象的六大人生信念

a. **真**：真指真誠。真誠是堅持追求真理的初心，真性情的待人與接物，相信精誠所至，金石為開的情懷。這時會激發勇氣，形塑探求真理的意志力，進而誠實探索，追求真理。

b. **善**：善指善良。善良是相信世人內心的善意，繼而追溯生命的本源，基於對世界的深度洞察力，這時會滋生奮鬥能量，勇敢向上築夢、築夢踏實，並且貫徹始終。

c. **美**：美指美感。美感是欣賞上帝創造的美好世界，相信一束花草，一棵樹木都孕育著生命能量、藝術美感，值得再三玩味。進而察覺出生不帶來，死不帶去的生命智慧；深信有衣、有食，就應當知足。並且相信知足常樂，能忍自安，藉以涵養生命的本源。

d. **信**：信指信心。信心是即使外界環境變化莫測且十分險惡，仍然相信美好的事情必定要成就。深信在信的人，凡事都能，上帝必定介

入和保守,並且施行公義和公平。

e. **望**:望指盼望。盼望是無論四周情況如何演變,對於未來發展的答
案都是「是的」。這時相信忍耐到底的,必然得救。並且相信一枝
草一點露,天無絕人之路,人只要活著就會有希望。同時深信明天
必然會更好。

f. **愛**:愛指愛心。愛心是不管四周他人怎樣冷漠無情,對於人性的期
待皆是愛在人間。這時相信上帝就是愛,並且在愛裡必然沒有害
怕,愛是永不止息。

雨果說:「對於那些自信其能力,而不介意於暫時的失敗的人,沒有
所謂的失敗;而對於那些懷著百折不撓的意志、堅定的目標的人,沒有所
謂的失敗;對於別人放手,而他仍然堅持,別人退後而他仍然前衝的人,
沒有所謂的失敗!對於每次跌倒,立刻站起來,每次墜地,反會像皮球一
樣跳得更高的人,沒有所謂的失敗。」羅曼‧羅蘭也說:「懷疑與信仰,
兩者都是必須的。懷疑能把昨天的信仰摧毀,替明天的信仰開路。」他們
都指出人生信念的重要,因為你的內心如何思量,你的為人就會怎樣。

現在就暫時離開人群,找個安靜的角落,找個地方可以讓自己的心
思沉靜一個小時,拿起紙筆,把自己的人生信念寫下來。把我們的生命基
礎,值得為它而活的生命信念寫下來,而不是自己的理想或是夢想,試著
重新清理我們的思緒,讓信念成為我們人生的導師,為領導他人做好準
備。

2. 思維

思維又稱思想(**Think**)或想法,是一個人心中正在想些什麼,是一
個人一切心思意念的代表。思想的產物就是意念。而個人的思維就是健
康、財富和幸福的根源。基本上,思想有正面和負面的區別,也就是人們
對於相同的事物,會有光明的正面角度或黑暗的負面角度來思考。一個快
樂的人經常會有光明正向的思想,而不快樂的人則心中充滿著灰暗負面的
思想。也就是當一個人的心中都想著良善、慈愛、溫和、正義、信心的正
面思想,則整個人自然呈現出光明與正向。相反地,當一個人的心中都想

著憂愁、恐懼、欺騙、情慾、邪惡、受虐，則整個人自然呈現出灰暗與負面。而當一個人的想法是光明與正向時，因著他的正面想法，他所追求的機會自然會來尋找他，他所渴求的事物，也會傳送給他，這就是「吸引力法則」。

(1) 認清自己思維

換言之，某個人的心中充滿著公平正義、慈悲和善的心思，他的心中必會展現光明潔白的意念。當某個人對於未來滿懷信心時，他的思想必然充滿著勇於嘗試和創新的勇氣，從而生發破除萬難的心志。當某個人對於將來滿懷盼望時，他的思想必然充滿著堅定等待與期盼的耐心，從而生發堅定不移的決心。當某個人對於世人滿懷愛心時，他的思想必然充滿著熱情洋溢與施予的心情，從而感染他人共襄盛舉，做出付出和貢獻。

相反地，當某個人的心中充滿著無情壓制、放縱情慾的心思，則他的心中必然展現黑暗邪惡的意念。即當某個人對於將來喪失信心時，他的思想必然會喪失勇於嘗試和創新的勇氣，掉入恐懼害怕的思緒中。當某個人對於將來喪失盼望時，他的思想必然會喪失堅定等待與期盼的耐心，墜入自艾自憐的深淵中。當某個人對於他人喪失愛心時，他的思想必然會喪失熱情洋溢與施予的力量，落入苦毒憎恨的泥淖中。

思想是信手拈來、無有窮盡的，個人首先需要尋找，使諸般意念平和的思想，再使此思想實際的轉成個人經驗。我們無法只是空想，更需要付諸實施。需切記，思想法則永遠是現在進行式，因為上帝已經依照祂榮耀的豐富，在基督耶穌裡，使我們一切所需用的都充足。並且要我們不要去倚靠那不穩定的財富，而是要去倚靠那厚賜百物給我們享用的上帝【10-4】。

(2) 控制自己思維

就由現在開始，用力去控制個人思想！要讓自己滿懷希望，活得快樂。這時需要拒絕所有使自己不快樂的思想，跑進心中，千萬不要容許上班前的塞車、等候紅燈、排隊打卡、同事八卦等負面事物控管情緒，而是要由上頭承受積極樂觀、光明活力的思想，使自己從現在開

始就能夠不同於過往。

就從今天開始，開始去認清和控制你的思想吧！若是將一茶匙的茉莉花茶倒進一大杯髒水中，結果還是一大杯髒水；若是將一茶匙髒水倒進一大杯茉莉花茶中，結果還是一大杯髒水，這就是「茶與髒水定律」。你的思想中總會有一些負面思想，你需要及時清理乾淨，及時阻止它向外散播傳染。千萬不要讓一些負面的思想把高效率的你，變成軟趴趴的你。開始吧，只要是真實的、可敬的、公義的、清潔的、可愛的、有美名的，若有什麼品德，若有什麼稱許，這些事你都要去思想。讓你自己整天充滿希望，過得快樂吧！請你先拒絕那些讓你不開心的思想進到你的心中，不要讓外頭的塞車、等紅綠燈、排隊打卡、八卦消息，來掌控你的思想，你要重新領受光明、積極和樂觀的想法，就讓今天開始，你可以有所不同。

【智慧語錄】

　　你有信念就年輕，疑惑就年老；有自信就年輕，畏懼就年老；有希望就年輕，絕望就年老；歲月使你皮膚起皺，但是失去了熱忱，就損傷了靈魂。　　　　　　　　　　　——人際溝通專家，卡內基（Dale Carnegie）

　　噴泉的高度，不會超過它的源頭。一個人的事業也是如此，它的成就絕不會超過自己的信念。　　　　——美國總統，林肯（Abraham Lincoln）

10.2 態度決定命運

【管理亮點：堯與舜的公天下態度，成就禪讓政治】

　　在炎帝與黃帝之後，**堯**即帝位，史稱赤帝，定都平陽。堯聰明能幹又慈悲為懷，謙讓守信。堯勤政愛民，儉樸自持，在位達七十年之久。堯將帝位禪讓予舜，而不傳給嗣子。舜孝順父母，仁民愛物，舜勤儉公正，且知人善任，成為治世，舜在位亦有五十三年。舜承繼往例，將帝位禪讓給禹，而非嗣子商。禹治水有功，才德兼備，威望功勳俱佳。

　　在夏朝之前，有史稱「禪讓」的堯傳舜、舜傳禹之義舉，係因堯

與舜皆認知到帝位並非屬於自己宗族，遂傳賢不傳子，而能萬古流芳，
典範長存，傳世不朽。

　　態度決定高度，更決定人生命運，唯有堅持正面、積極、樂觀的個人
態度，自然改變個人命運。

【問得好】你要怎樣維持良好的工作態度？

1. 認知

　　認知（**Cognizant**）就是「想法」或「解讀」，是一個人理解並解釋
外界的事物內涵，是你透過心智思考後，對於內外在環境變化所做的解讀
和判斷。基本上，若是一個人的心中有光明的思想，面對外界環境的改
變，自然容易解讀成正面的認知，這就是樂觀解讀或認知；相反的，若是
一個人的心中有灰暗的思想，面對外界環境的改變，就容易用解讀成負面
的認知，這就是悲觀解讀或認知。

(1) 事件認知的前提

　　基本上，認知有正面與負面之分，也就是兩個人對相同的事物，會有
正向或負向的不同解讀。思想正面的人會有樂觀的認知，而思想負面
的人則會有悲觀的認知。例如，桌上有半杯水，思想正面的人會歡呼
的說：太棒了，桌子上「還有」半杯水，這樣我就不會口渴了，他做
出樂觀解讀；至於思想負面的人會沮喪的說：完蛋了，桌子上「只
有」半杯水，這樣我就會渴死了，他做出悲觀解讀。又如，公車十五
分鐘後到，樂觀的人會開心說，太棒了，公車「只要」十五分鐘就會
來，這樣我就不會太趕了；至於悲觀的人會沮喪說，這是差勁，公車
「還要」十五分鐘才會來，這樣我就會無聊了。

　　事實上，若一個人心中有光明思想，縱使面對外界的惡劣環境，他也
能夠做積極的解讀，這就是樂觀的認知。在樂觀的認知下，個人只需
要將該事務的樂觀層面宣達出來，用充足的信心，將此事說的有如已

經發生的一個樣。因為上帝是說有就有，命立就立的上帝。也因此上帝能照著運行在你我心裡的大力，充充足足的成就一切，超過我們所求所想的。相反的，若一個人心中有灰暗的思想，就算是外界環境還算平順，他也會解讀成負向的思維，這就是悲觀的認知。在悲觀的認知下，透過個人的消極負面解讀，口中便說出沒有盼望的話語。認知更會透過個人下命令般的「內言」，來實現事情。這時你需要依靠上帝，來抵擋悲觀的認知。

現在開始對自己說：「我是積極的，樂觀的，我能夠完成目標，我擁有信心，也具有勇氣。於是我有一個成功的計畫。靠著那加給我力量的，我凡事都能做。現在是我個人生命中最棒的日子，所有健康、財富、資產、金錢、成就、愛心，都由上帝手裡賜給我。」因為在上帝的賜福下，上帝會供應我們所需用的一切事物。

(2) 解讀個別事件

特別是在我們的周圍環境中，環境「事件」必然是持續重複不斷的發生，然而，從環境「事件」到行為「反應」中間的空檔，則是人類智慧的真正體現，也是人類「學習」活動的有效場域。在其中，人們如何做出正確、合宜、得體的反應舉動，則有賴於個人心中堅定的信念、光明正向的思想方式，以及對於特定事件的正面解讀認知，如此方能產生積極有效且善體人意的行為反應。例如，同樣是在開車時，若有人超你的車，此時若你的心中充滿著這個世界真是美好的信念，心中思想著每個人都在走他自己的人生道路、奮發向上，因此對於別人超車便會「解讀」成必然是有急事要辦，於是就放開油門、刻意減速讓對方超車，而不會亂鳴喇叭，硬是不讓路，甚至引來爭吵鬥毆、刀劍相向，這中間的差異實在是有天壤之別。

2. 態度

能力（**Ability**）是一個人能做的，**動機**（**Motivation**）決定個人實際做的，**態度**（**Attitude**）則決定一個人最後做得多好。

態度（attitude）就是「看法」，是一個人對於特定人、事、物，抱

著正面偏愛或反面厭惡，心中偏好與否的評斷。態度是一個人面對某一人事物，經過一段時間經驗後的整體感受，是進行學習後的結果。態度更是一個人對於特定人、事、物偏好的穩定狀態，除非當事人決定要改變他的態度，否則態度是呈現出不容易改變的安定狀態。

　　態度有其光譜，依偏好程度由最積極的內化、認同、順從、默許、逃避，到最消極的反抗。即表現出完全的內化、了解的認同、是反對的抗拒、中性的順從、被動的默許、消極的逃避、還是激烈的反對，這其中的偏愛或厭惡相當的明顯。例如，你喜歡目前的工作，你厭惡吃青菜，你默許有人偷雞摸狗。

　　態度是一種選擇，面對我們的日常生活，你要選擇內化或認同的生活態度，還是反抗或逃避的生活態度，完全在於你自己。前者會帶給你滿足和快樂，後者則會使你不滿足和痛苦。

(1) 選擇自己的態度

　　個人態度是選擇的結果，經由關係建立，個人能夠和他人發展一種積極、健康、愉悅、友情的相互關係，此與個人完成目標，實現理想的程度密切相關。個人態度是表現個性的一種模式，個人給他人何種印象，使他人了解你是誰？你是何種人？你在做些什麼事？你要去何處？個人態度是一種感覺、動作與思想的完整呈現，傳達出個人的氣質、意見與心情。

(2) 傳達自己的態度

　　個人的自我形象即是藉由個人態度，傳遞並投射給他人。若是個人的思想與認知感受能夠互相平衡時，個人即能擁有完整的自我形象。從而個人所反映出來的信息，含括心中思想與認知感受，即十分正面健康，而他人自會正面的回應。若是我們能夠相信各種美善的恩賜，和各種全備賞賜，都是從上頭來的，從眾光之父上帝那裡降下來的。而上帝所賜給個人的，不是一顆膽怯的心，而是剛強、仁愛、謹守的心思【10-10】。此一和諧的自我形象，便會經由個人態度投射予他人，且會獲得明顯的優質效益。

　　個人的態度會決定個人的命運高度。若是我們能夠全心真情的愛上

帝，且展現在情感上，並在意志上相信萬能的上帝，便容易和自己、和他人、和物質維繫和諧關係。在此時，個人更當看重思維與意識，而非事物本身，從而可使物質來服侍你，個人得以享用物質，而不至於受物質奴役。

態度是一種選擇，我們要選擇快樂心態，或是悲傷心態，全然由自己決定。實際上，個人乃是仰賴選擇過日子。理由是當前的你，還是先前的你選擇下的結果。個人能夠選擇生活方位與生活素質。

> **態度是一種選擇，我們要選擇快樂心態，或是悲傷心態，全然由自己決定。**

值得一提的是，個人能夠依據價值觀進行選擇，動物則僅能被動反應。遇到逆境之時，個人能夠選擇退避，亦能選擇正面迎敵，積極面對並解決，此係源於個人自由意志的抉擇，這是基於人類具有選擇的自由權。此時，「你願意人怎樣待你，你便要怎樣待人」【10-11】，便成為人際互動的金科玉律。而個人在遇見外界刺激與個人反應中間的空檔，即是個人選擇，如何因應環境刺激的本身能力。個人如何有智慧的管理外界刺激與個人反應中間的空檔，此即個人的自我管理能力，亦是個人基本的生命態度【10-12】。

準此，敬業樂群與常保笑顏皆是生命態度，若是個人對自己生命抱持正面的樂觀態度，無論現實的成敗，環境的順逆，個人皆決心歡喜快樂的去面對，並且堅持到底。個人不會怨懟環境，反而會把合理的要求當成訓練，把不合理的要求當成磨練。敬業樂群的具體展現是用心做好各種事務，真心對待他人內心，用心奮鬥完成各種工作。因為個人用心以對，便能使消費者滿意，做到真正的「足感心」境界。

態度不同於個性，態度表現出明確的偏愛與厭惡現象，傳遞出正面接受或負面拒絕的明確記號；至於個性則是個人做出反應，以及人際互動形式的統稱，一名性格或人格（**Personality**）。

最後，個人便能夠運用態度與個性風格，吸引性格相近的他人，即運用「物以類聚」法則，發揮個人魅力和吸引力。從而展現在上帝大愛中，凡事富足，口才知識皆全備的豐收情形。

【智慧語錄】

第一次讀到一本好書，我們彷彿找到了一個好朋友。再一次重讀這本書，如同和舊友重逢。　　　　　　　　——哲學家，伏爾泰（Voltaire）

腳步不能達到的地方，眼光可以到達；眼光不能到達的地方，精神可以飛到。　　　　　　　　　　　　　　　——詩人，雨果（Victor Hugo）

10.3 行為造就個性

【管理亮點：嚴長壽以使命必達的行動，從基層做到總裁】

亞都麗緻飯店總裁**嚴長壽**，學歷僅基隆高中畢業，在軍中退伍時，經朋友引薦到美國運通上班，擔任傳達員，他從基層做起，深刻體會服務人員的甘與苦。

嚴長壽並沒有顯赫的學歷，然而他勤儉自持，並且用心學習，具備良好的做人處事行為與習慣，他又清楚知道自己的個性才能，很早就找到自己的人生方向與定位，這是嚴長壽日後能夠成功的重要原因。

嚴長壽憑著持續自我要求，使命必達的服務熱忱，努力學習養成決策睿智，以及沉穩幹練的高情緒智商，經常和自己內心對話，勇於挑戰自我，逐一步一腳印由傳達小弟升任總裁。他在二十八歲即升任美國運通的臺灣區總經理一職。在三十二歲更轉任亞都麗緻飯店總裁，跨足飯店觀光產業。如今更在公益平臺上發光發熱。

若能夠轉個彎，換個想法或角度來思考事情，便能再次制定新目標，從事實質學習，成就卓越的領導成果。

【問得好】你最近的日子在學習些什麼事情？

　　實際運作上，我們都是「看見」某個人的行為，再行推論其態度與認知，乃至於其信念與思維情形。因此，有必要先行探究行為的本質與類型。

1. 行動

　　行動（Action）就是「做法」或「行為」，是一個人心中意願的（Inner Willingness）的外在具體落實，代表著一個人對於某一件外面環境條件的真實反應，行動代表著當事人心中意志的實現。行動是思想的果實，信心沒有行動是無效的。

　　至於行為的類型，主要可分成三大類，茲說明如下：

(1) **目標導向行為**（**Goal-Oriented Behavior**）：指為實現或達到某項目標而採取的所有行動，是為目標拉力所引發的行動。例如，人設定要考上國家考試的目標，所帶來的參加補習班、日夜苦讀並參加國家考試等行為。其中又可細分成狹義的目標導向行為與目標行為（Goal Behavior）兩者。前者即是為實現或達成目標的行為，如參加補習班並日夜苦讀；後者即是實現或達成目標本身的行為，如參加國家考試。

(2) **動機性行為**（**Motivational Behavior**）：指人類行為受到個人的欲望和動機驅使，進而朝向特定方向，是為動機推力所引發的行動，即是受內心動機支配，並指向特定方向行動的行為。例如，人基於口渴需求要喝水，而為了要喝水而預備水壺和確定喝水的場所，乃至於喝水動作的本身，皆為動機性行為。

(3) **非目標行為**（**Non-Goal Behavior**）：指與實現或達成目標無關，或關係微弱的行為，例如逛街、閒聊、無聊時滑手機，即為非目標行為。

　　基本上，只要領導者的目標或動機明確，且兩者不互相衝突、抵銷力道，目標導向行為和動機性行為，可明確帶領自己和他人由A處到達B處，運作領導力，達成領袖群倫的功效。

> 　　行為是思想的果實，信心沒有行為是無效的。

(1) 展現行動力

在工作上，個人需要盡全力展現行動力。當個人的精力經由工作被推進且朝向特定目標之際，刻正營造出正面積極的向上動力，此股力量會協助個人勝過對現行工作環境的不滿意情緒。若是個人能夠謹守只有一件事，忘記背後，努力面前，便能夠準確的向著標竿直奔。若是個人對現行工作環境並不滿意，便應將注意力聚焦在個人目標上，如此便能迎向前去，終底於成。這時個人需要決定尚有何種事務是需要去完成的，如此個人便是更加靠近目標。例如，若是個人希望尋找到合適工作，便需要先清除雜草，同時避免出現負面行為。更重要的是，千萬不要讓攔阻個人前進的表象，生成一股失敗的低氣壓，當某個攔阻出現時，千萬不要將之視為個人前進的阻礙，反而是要將之視為考驗個人實力的跳板。請不要自欺，種瓜得瓜，種豆得豆，上帝是輕慢不得的【10-14】，你種的是什麼，收的也會是什麼。若是種下失敗，便會收取失敗。

(2) 進行全新行動

讓我們從現在開始，進行全新行動，拒絕被過去的失敗所攔阻；千萬不要容許他人來打擊影響個人的思想認知、態度行動。這時我們可以將每一天都視為一個全新機會，去做個人能夠做到的事。我們若能深信那加給你力量的上帝，便能使我們凡事都能夠做【10-15】。

從現在起，我們可以有新的行動，可以拒絕被昨天的失敗所困住；可以不要讓別人來影響我們的想法、看法，以及做法；我們可以把每一天都看做是一個做新事的機會，也可以把每一天都看做是一個行動的契機。事實上，這是我們可以做得到的，現在就是去做的時刻！你要深信那加給你力量的上帝，你凡事都能夠做。快樂行動、幸福行動，就在你我的彈指之間。

2. 習慣

習慣（**Custom**）是重複性行動的結果，是持續行動的展現。理由是個人每一回的行動，即是在個人生命旅程中畫出一條細線，若是重複持續

的行動，便會把細線覆蓋成一條粗線，乃至於一整團的黑影方塊，可知習慣會生成巨大的能力。

(1) 將行動化為習慣

若是個人持續朝向正確方向大步邁進，便會獲得美好果實。理由是若是個人能夠相信上帝，在信的人凡事都能。因此個人便沒有違背那從天上來的異象【10-16】。

建議我們要藉由堅定意志，切勿因為害怕被人評斷，導致拖延不前，反而需要朝向期望中的目標向前邁進，在奮力向前之際，事實上個人是期許外界，在現實環境中回應個人所希望的結局。理由是未來會發生何種事情，事實上係決定於現在個人已經做出，或是未能做出的事情。

(2) 將習慣導向成功

美好的習慣是成功的基石，我們若能培養出成功的習慣，自然會導引我們邁向成功坦途。我們若能感謝上帝和讚美周圍的人、事、物，自然是不錯的一種習慣。

3. 個性與命運

最後，重複的行動會帶出一個人的「習慣」，而習慣一旦養成，則會成為一個人的「個性（Personality）」，最後，個性決定一個人的「命運（Dynasty）」，命運則是一個人最後是否成功和幸福的結局。

這時，習慣的累積會塑造出個性。個性一名性格或人格，就是一個人的人格特質、性格偏好與品德高下的統稱。也是一個人行為反應以及人際互動形式的統稱，是他為人處事的基模，是他行事為人不容易改變的安定狀態。也因此「個性決定命運」自然會成為必然的結果。如圖10-2所示，即為經由信念、思維、認知、態度、行為、習慣、個性、命運的完整歷程【10-17】。因此，一個人便能夠運用他的個性風格，吸引個性相近的他人，就是運用「物以類聚」的法則，發揮個人的性格魅力和吸引力。從而展現出在上帝大愛中，凡事富足，口才知識都全備的豐收景象。

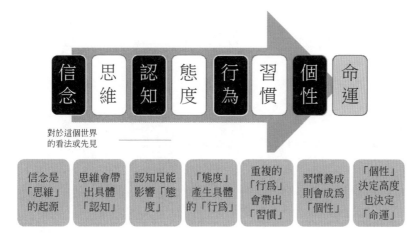

資料來源：整理自 Allen (2009)。

圖10-2　經由信念、思維、認知、態度、行為、習慣、個性、命運的完整歷程

> 美好的習慣是成功的基石，我們若能把成功變成習慣，培養出成功的
> 習慣，自然會導引我們邁向成功坦途。

即如這些日子來，上帝讓我在上帝的光中，逐漸培養出感恩和讚美的生活習慣。感謝上帝，賜給我賢慧的妻子；感謝上帝，賜給我兩個孝順的孩子；感謝上帝，賜給我優秀好主管；感謝上帝，賜給我溫馨好同事；感謝上帝，賜給我好良師好益友；感謝上帝，賜給我健康好身體等。

現在就用心去行動吧，若是遇到困難，不妨開口向上帝祈禱吧，若是這樣，我們將會發現，在前頭必定會為我們打開門窗，理由是我們祈求，上帝就會賜給我們，尋找的就會尋見，叩門的上帝就會給我們開門【10-18】。

4. 小結

基本上，「信念」是個人「思維」的起始點，從認知心理學的角度，透過重複思想，從而會引導出明確的「認知」和「態度」，進而形成實際的外顯「行動」。因此，由外顯行動向內推想，可以知道原來自己的

深層信念是這樣。事實上，每個人都有自我價值和值得欣賞之處，每個人需要看到他自己的正確位置，對自己的信念重新啟動一個合理且客觀的認識，這是領導者的核心功課。

【智慧語錄】

習慣雖不能說話，卻是你行為的實際代言人。

——文學家，馬克吐溫（Mark Twain）

事實上，成功者和失敗者唯一的差別在於，他們擁有不一樣的習慣，其中之一是我們很少想到自己所擁有的，卻總是想到自己所沒有的。

——文學家，叔本華（Arthur Schopenhauer）

【本章註釋】

10-1 「種一種行爲，收一種習慣；種一種習慣，收一種個性；種一種個性，收一種命運。」一語出自鮑得曼（George D. Boardman）。

10-2 信念（Belief）與思維（Thinking）的內涵，出自艾倫（Allen, 2009），請參見 Allen, J. (2009), *The Wisdom of James Allen*, London: LISWEN Publishing.

10-3 「耶穌對他說：『你若能信，在信的人，凡事都能。』」，原文出自《聖經‧馬可福音》9章23節。

10-4 「我的上帝必照他榮耀的豐富，在基督耶穌裡，使你們一切所需用的都充足」，原文出自《聖經‧腓立比書》4章19節。另「你要囑咐那些今世富足的人，不要自高，也不要倚靠無定的錢財；只要倚靠那厚賜百物給我們享受的上帝」，原文出自《聖經‧提摩太前書》6章17節。

10-5 「凡是眞實的、可敬的、公義的、清潔的、可愛的、有美名的，若有什麼德行，若有什麼稱讚，這些事你們都要思念」，原文出自《聖經‧腓立比書》4章8節。

10-6 認知（Leadership）與態度（Attitude）的內涵，出自羅賓森（Robbins, 2013），請參見Robbins, S.P. (2013), *Organization Behavior*, the fifteen edition, Prentice-Hall, Inc.

10-7 「上帝能照著運行在我們心裡的大力充充足足地成就一切，超過我們所求所想的」，原文出自《聖經‧以弗所書》3章20節。

10-8 「內言」即內在誓言（Inner Vow），指某人因某次的傷害事件陰影，導致由內心下達的負面堅定宣告，形成內在信念，進而使人格爲之扭曲。

10-9 態度理論是指對某特定人、事、物所抱持的某種持久性的傾向。態度包括認知、情感、行爲等三個層面，此即所謂的「態度三元論」（ABC Model of Attitude）。

10-10 「各樣美善的恩賜和各樣全備的賞賜都是從上頭來的，從眾光之父那裡降下來的」，原文出自《聖經‧雅各書》1章17節。另「因爲上帝賜給我們，不是膽怯的心，乃是剛強、仁愛、謹守的心」，原文出自《聖經‧提摩太後書》1章17節。

10-11 「所以，無論何事，你們願意人怎樣待你們，你們也要怎樣待人，因為這就是律法和先知的道理」，原文出自《聖經・馬太福音》7章12節。

10-12 改變態度的內涵，出自麥斯威爾（Maxwell, 2006），請參見Maxwell, C.J. (2006), *The Winning Attitude: Your Key to Personal Success*, Tennessee: Thomas Nelson.

10-13 新行為與新行動的變革管理（Change Management）的內涵，出自李溫（Lewin, 1951），請參見Lewin, K. (1951), *Field Theory in Social Change*, NY: Harper & Row.

10-14 「不要自欺，上帝是輕慢不得的。人種的是什麼，收的也是什麼」，原文出自《聖經・加拉太書》6章7節。

10-15 「我靠著那加給我力量的，凡事都能做」，原文出自《聖經・腓立比書》4章13節。

10-16 「耶穌對他說：『你若能信，在信的人，凡事都能。』」，原文出自《聖經・馬可福音》9章23節。另「亞基帕王啊，我故此沒有違背那從天上來的異象」，原文出自《聖經・使徒行傳》26章19節。

10-17 經由信念、思維、認知、態度、行為、習慣、個性、命運的完整歷程。請參閱Allen, J.（2009），*The Wisdom of James Allen*, London: LISWEN Publishing.

10-18 「你們祈求，就給你們；尋找，就尋見；叩門，就給你們開門」，原文出自《聖經・馬太福音》7章7節。

10-19 「流淚撒種的，必歡呼收割」，原文出自《聖經・詩篇》126章5節。另「地生五穀是出於自然的：先發苗，後長穗，再後穗上結成飽滿的子粒」，原文出自《聖經・馬可福音》4章28節。

【課後學習單】

表10-1 「啟動你的領導力」單元課程學習單——領導力內涵學習單

課程名稱：	授課教師：
系級： 姓名：	學號：
1. 請具體說明這些日子以來，因修習本課程，你個人的「**人生觀**或價值觀」有何改變？	
2. 同樣的，你的「**信念和思維**」有何改變？（如發現明天會更好、上帝很愛我、我是值得被愛的、我對自己很有信心、這世界充滿愛等）	
3. 承上題，你的「**認知和態度**」有何改變？（如發現活著的真正目的、為什麼需要工作、為什麼要結婚成家、為什麼要生孩子、為什麼要念大學、為什麼要讀書等）	
4. 此時，你的外在「**行為方式和生活習慣**」上，有哪些改變呢？請舉一、兩個實例說明？（請舉例說明）	
5. 同上，你是否也逐漸發現，你的「**個性**」上也有些許變化？若有，那是什麼樣的變化呢？你的看法是什麼？	
6. 在這個過程中，請你說明對一些事情的想法或做法有所改變嗎？（如對於人文藝術素養的用心、對於出國遊學的再思等）	
7. 這時，你還會想到有哪些「其他觀感或意見」呢？（如平凡人的獨特生命價值、找到快樂的祕訣等）	
老師與助教評語	

第十一章　信心照鏡子

【三國啟思：劉備親授將印給孔明並斥退張飛】

　　劉備三顧茅廬邀請諸葛亮下山襄助，關羽和張飛則冷眼旁觀，對諸葛亮的才識抱持懷疑態度，認爲劉備過度抬舉諸葛亮。

　　在新野一役，諸葛亮開始調兵遣將，派令關羽、張飛、趙雲等人到各處擺陣，張飛則挑釁的問諸葛亮：「那你做些什麼事？」諸葛亮説：「我與主公在此等候各位將軍獲勝歸來。」張飛説：「我等在外頭奮勇殺敵，你卻在這裡搖扇納涼，眞是輕鬆舒服喔！」劉備這時便介入説：「賢弟休得無禮。」

　　劉備更是在張飛表態不服的當下，公開將自身配劍與令牌交給諸葛亮，並宣示「違令者斬」，公開表達對諸葛亮的信任，讓他全權調兵遣將，運籌帷幄。

11.1 一路情義相挺

【管理開場：麥克阿瑟將軍信任部屬，以誠信相待】

　　在第二次世界大戰時，美國總統羅斯福派任麥克阿瑟將軍擔任太平洋戰區的聯軍總司令，交付他全權指揮聯軍，進行獨立作戰的權責。從而麥克阿瑟深思熟慮後，倡議採行跳島作戰戰略，取得太平洋戰事的最終勝利果實。

　　麥克阿瑟將軍後來抵達菲律賓，進行整備建軍工作，期能在1946年菲國獨立之際，能擁有足額的自衛軍力，麥克阿瑟更帶領艾森豪少校共同前往菲國。麥克阿瑟對艾森豪給予極佳評價，麥克阿瑟説艾森豪是美國陸軍中，最佳的參謀軍官人才，他絕對能勝任各種職位，應付艱難狀況，麥克阿瑟更深信在後續戰役中，艾森豪必能展露才華，頭角崢嶸，戰功彪炳，後來果然應驗，讓人不得不欽佩麥克阿瑟將軍長於識

人，知人善任，且疑人不用，用人不疑。

　　要做到信任，首先需要堅定選擇相信對方，展開信心冒險，這是一條勇氣探險的信心之旅。

【問得好】你能夠信任你身邊重要的人嗎？

　　你的領導之路能夠走得多遠，完全由你自己來決定。你是眾星拱月或是眾叛親離；你是擁有刎頸至交或僅能踽踽獨行；你是廣結善緣或是門庭冷落，這當中考驗著你領導的智慧與能耐，而非你身處職位的高低，手握資源的多寡。此更有如「信心照鏡子」般，你對人的信心有如明鏡，反照出你的領導實績。換言之，領導者與被領導者之間的彼此信任，讓信任來堅固你的領導力，絕對是在當中扮演著關鍵的角色，這乃是本章的中心思想。

　　信任是領導他人的根基，信任（**Trust**）是個人相信對方行為的可靠和人格的真實，信任是我們相信自己的需要，對方將會以實際行動來滿足。準此，在我們信任對方的情形下，使彼此生成特定連結的關係，從而能夠更明顯影響對方，發揮我們的領導力。此時，信任即代表可以預測對方的行為，從而減低對方的不確定行為。信任更有如無論有否被監督，個人都情願展露自己的脆弱，並相信對方不會趁機傷害的意涵。例如，劉關張桃園三結義的兄弟間無話不談、張忠謀與蔣尚義之主管幹部情誼、志明春嬌恩愛夫妻同床共枕等。

1. 信任的內涵

　　詹森（Ganesan）指出信任的內涵有二：即可信度與仁慈心【11-1】，茲說明如後：

(1) **可信度（Reliability）**：指個人可資相信對方知識能力與特定技能的程度。如相信對方擁有所需專業技術，必能準確、及時完成交付事務。例如，劉邦相信韓信統領兵馬的能耐，深信他必能打勝仗回來。同樣

的，諸葛亮對姜維率兵打仗的能力亦深信不疑。

(2) 仁慈心（**Benevolence**）：指個人相信對方的仁慈善良心意，從而願意優惠對待，並在動機上釋出善意。如個人相信對方意圖優惠我方，縱令不具契約承諾，而是主要來自於合作對象的善良動機。例如，劉備相信諸葛亮有悲天憫人的胸懷，深信透過親自拜訪，必能打動他，邀請他下山相助。

信任的內涵有二：即可信度與仁慈心。

---

2. 信任的形式

羅賓森（Robbins）指出信任具有三種形式，即以威嚇為基礎的信任、以了解為基礎的信任、以同理為基礎的信任【11-2】，茲說明如下：

(1) **以威嚇為基礎的信任**（**Fear-Based Trust**）：指個人告知對方如果違背規章，則必將遭到處罰與傷害，從而產生的信任。例如，**曹操**對徐庶說，如果敢為劉備效力，將殺害徐庶母親的性命，使得徐庶心生畏懼只得速返許昌，也因此推薦諸葛亮予劉備。又如，學校校長威脅各科系主任，如果未能達到招生的「業績」，將予以扣薪甚至去職等。

(2) **以了解為基礎的信任**（**Realize-Based Trust**）：指個人基於和對方溝通互動，在更多了解對方下，提高對對方行動的可預期性。例如，行銷經理經常與業務員朝夕相處，同甘共苦，也深深了解這些業務員的想法，從而能夠預測業務員的行動並產生信任。例如，**諸葛亮與周瑜**合作在赤壁抗曹，在經過多日相處的情況下，諸葛亮了解周瑜的為人，故在借東風火攻破曹之後，即行火速遁出吳營，以免被周瑜所殺害。又如，唐太宗李世民派任魏徵為諫官，且經朝夕相處知道對方正直敢言的個性，復因魏徵多次進言正中問題核心，故唐太宗十分信任魏徵，這是由於了解的信任。

(3) **以同理為基礎的信任**（**Recognize-Based Trust**）：指個人基於認同並同理對方的期望、需求與企圖心，從而產生的信任。例如，劉備與關

羽、張飛理念相同，故在桃園三結義，之後關羽陷落曹營，仍認同兄
長劉備，遂後來有過五關斬六將尋訪劉備之義舉。又如，劉備和趙雲
間，基於理念相同且相知甚深，故趙雲在劉備遭曹操追殺落難時，能
在長坂坡單騎退敵，勇敢救出劉備之子阿斗。

3. 信任的形成

庫克（Zucker）提出信任形成模式（**Trust Formation Theory**），
指出信任係經由歷程基礎、特徵基礎、機構基礎三方面來形成信心行為
【11-3】，如圖11-1所示，說明如下：

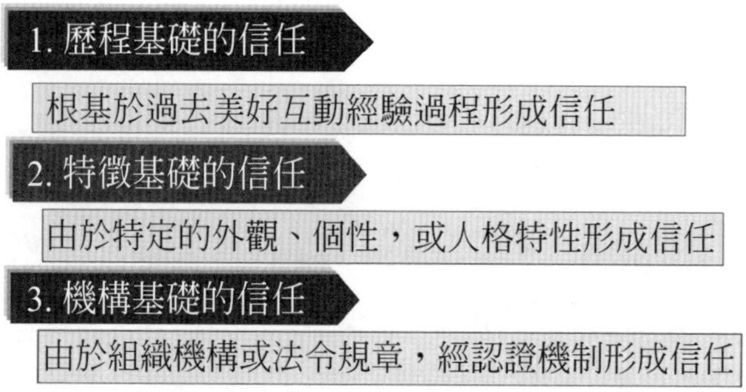

1. 歷程基礎的信任
根基於過去美好互動經驗過程形成信任
2. 特徵基礎的信任
由於特定的外觀、個性，或人格特性形成信任
3. 機構基礎的信任
由於組織機構或法令規章，經認證機制形成信任

資料來源：整理自 Zucker (1986)。

圖11-1　信任形成模式的說明

(1) **歷程基礎的信任**（**Process-Based Trust**）：由於過去美好的互動經驗過
程，以及持續時間往來所累積印象而形成信任。此係基於人際關係所
產生的友誼關切和情感交換的回饋，從而對對方具有善意。例如，統
一超商給消費者的恆久經驗是有禮貌與服務周到，從而贏得消費者信
任。又如，世界展望會志工發揮人性大愛，進行災區服務和愛心捐獻
等，已獲得民眾的信任。

(2) **特徵基礎的信任**（**Character-Based Trust**）：由於特定的外觀、個
性，或人格特性而形成信任。如某人具有老實忠厚面貌、穩重踏實個
性和誠懇待人親近，從而建立起信任關係。當然也包括某人由於家世
背景、求學歷程或省籍信仰等原因和對方類似，以致順利獲得對方的

信任。例如，台塑王永慶用童叟無欺的一貫誠實風格，博得消費大眾的信任。臺東市場菜販**陳樹菊**女士的單純與平實，也令社會大眾深信不疑。

(3) **機構基礎的信任**（**Institute-Based Trust**）：由於正式的組織機構或相關法令、制度、規章，經由外部認證機制而形成信任，從而和不熟識的他人進行交易時，可獲得雙方所需的必要信任。例如，某理財專員具有多種財經專業證照、某教師具有教育部所頒教師證書、某醫師或律師具有專業醫師或律師執照等。

　　至於信任運作方式的關鍵是，信任會增添領導者與被領導者之間的凝聚力量，不信任即會減損生產力，進而毀壞彼此的維繫力量。

【智慧語錄】

　　沒有偉大的品格，就沒有偉大的人，甚至也沒有偉大的藝術家，偉大的行動者。　　　　　　　　　　——文學家，羅曼羅蘭（Romain Rolland）

　　友誼和信任都是很脆弱的東西，像其他易碎、珍貴的東西一樣，需要很小心才能夠保持。　　　　　　　　——文學家，密爾頓（John Milton）

11.2 信任堅固領導力

【管理亮點：張忠謀培植蔣尚義，得以壯大台積電】

　　台積電**張忠謀**董事長深信成功企業皆具有卓越領袖，且讓部屬信任而樂意跟隨。張忠謀追求凡事確實嚴謹，並臻於至善，同時以負責態度確保目標達成。

　　張忠謀積極培植**蔣尚義**，是台積電人稱為「蔣爸」的研發副總。張忠謀從美國惠普發掘到蔣尚義，他是惠普半導體的技術部門最高帶領者，張忠謀完全信任蔣尚義，並且充分授權，在張忠謀的信任下，蔣尚義得以放手發揮。

　　蔣尚義絕無官架子，笑臉迎人是他的正字標誌。台積電在蔣尚義的帶領下，製程研發水準脫離先前的落後情況，進入現階段的領先者地

位；蔣尚義更親自率領研發團隊突破微米銅製程，拉大台積電和IBM的技術差距。蔣尚義雖寡言少語，但具備指導屬下的領袖魅力。張忠謀更說：「他當年在惠普時，就是位著名的深思熟慮型主管。」蔣尚義迄今仍是推動台積電製程技術的幕後功臣。

領導者需要選才、愛才、信才、用才，真正做到疑人不用、用人不疑的境界，領導與信任是相輔相成的事。

【問得好】你怎樣用心信任你周邊的親信人士？

1. 領導的基礎

領導的基礎在於信任，理由是唯有被領導者相信領導者，否則領導者將難以領導被領導者，從而形成「上有政策，下有對策」的各說各話，各吹各調的領導失序現象，此即羅伯森（Robbins）所提出的**領導根基理論**（**Theory of the Root of Leadership**）。因此，若是對方並不信任你的時候，你是無法領導對方的。

申言之，領導者的工作內容，主要是與被領導者合作，發現問題並且解決問題。然而領導者能否獲得解決問題上所需的知識技術與創意思維，端賴被領導者對其信任程度的大小而定。亦即領導者和被領導者之間的信任與否，將是領導者能否獲得知識技術與合作力量的關鍵。

當領導者獲得被領導者信任時，被領導者即樂意多加奮勇向前，來達成領導者的期望目標。理由是被領導者能夠相信本身的利益和力量並不會被領導者過度使用。被領導者並不會去隨從那些心不誠實，或是只是在利用他人的領導者。

2. 信任根基的四個層面

麥斯威爾（Maxwell, 2006）指出在領導下的信任根基，係包括正直、能力、一致、真誠四個層面【11-4】，如圖11-2所示，此為領導力的基石，茲說明如下：

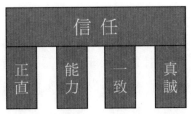

資料來源：整理修正自 Robbins (2010)。

圖11-2　信任根基的四個層面

(1) 正直（**Just**）：正直指公正無私與守正不阿，為領導下信任根基的主
要部分。理由是被領導者在決定是否跟隨某人的態度時，係取決於領
導者所說所行是否值得信賴，此明顯與領導者的話語誠實與行為正直
攸關，即與公平正義程度高度相關。設若領導者經常言而無信、不公
不義，則被領導者若要緊密跟隨，則將會因要隨時調整思想、言語、
行為不一致的情形，落入認知失調的窘境，試問被領導者要如何跟隨
呢？例如，《水滸傳》中的山東呼保義宋江與河北玉麒麟盧俊義，平
日行俠仗義，樂善好施，且重然諾，故取信於梁山一○八條好漢同心
聚義，成就其領導群倫的不朽功業。

(2) 能力（**Ability**）：能力指領導者的專業知識技能、人際關係技能與抽
象思考技能。領導者的能力是領導者在蒐集各方意見資訊後，能夠下
達領導指令的重要張本，領導力唯有具備技術能力，能夠完成自己所
承諾的事務時，被領導者方能有效地跟隨。設若被領導者難以信服領
導者的個人能力，自然不會順服的執行領導者下達的指令。例如，唐
太宗李世民無法信任其兄李建成的能力，認定李建成懦弱寡斷，不足
以領導成就大事，故發動玄武門之變，弒兄取而代之。

(3) 一致（**Consistency**）：一致指個人言行的可信度、可預測性與處理
事務時的優質判斷能力。一致性是領導者欲永續領導時的重要基石，
理由是領導者在面對各方勢力的說項壓力時，能否回到初衷，裡外
一致，持守前後一致的論點與優先順序，正是被領導者決定是否跟隨
此一領導者的觀察重點。例如，北宋京都開封府尹包拯，人稱「包青
天」，辦案明察秋毫，不畏權貴，其名言「王子犯法與庶民同罪」，

人前人後皆一致，遂能領導展昭、公孫勝、王朝、馬漢，以及七俠五義等英雄豪傑，齊心破案。

(4) **眞誠**（**Honest**）：眞誠指領導者能讓被領導者相信他業已將事實眞相全盤說出，表現出話語誠實與值得信賴，同時樂意維護被領導者利益並保有其尊嚴。眞誠是領導者取得被領導者信任的最後試金石。若領導者能夠對眾人坦誠相待，將會有眾多死士爲其效命，縱死而無憾，誠所謂士爲知己者死也。例如，王品牛排總裁**戴勝益**平日與友人知交甚篤，在他事業草創初期，因經營不善而負債一億，所幸有六十餘位友人出資搭救，戴勝益總裁素來與這六十多位朋友眞誠相待、坦誠無間，故能獲得這些朋友相助度過難關。戴勝益總裁特稱此爲他的好人緣，而非泛泛之交的名片人脈而已。

3. 領導與信任

準此，**領導者需要信任被領導者，也要贏得被領導者的信任**。因此，領導人是否願意信任被領導者即成關鍵。領導人若能信任被領導者，即會逐步形成兄弟或朋友般的情義，而非僅是僵化的工作關係。苟如是，被領導者自會情義相挺，鼎力相隨。此時的情義相挺是種信任、尊重、義氣的革命情感，是種能夠爲兄弟朋友拚命的熱情，更是歡喜做、甘願做的力量。例如，劉備、關羽、張飛在桃園三結義，劉備信任關羽，從而關羽雖人在曹營心卻在漢室，當獲知劉備仍存活的好消息，即過五關斬六將尋訪劉備。另外劉備信任諸葛亮，即使劉備歿後，諸葛亮仍焚膏繼晷，輔佐太子劉禪，而非取而代之。

> **領導者需要信任被領導者，也要贏得被領導者的信任。**

若是無法培養信任的氛圍，由於不信任感會滋長不信任，使得被領導者難以信任領導者，遑論同事之間的信任培養。在欠缺互信的情形下，自然不易形成共識，從而產生猜忌、敵視、相互攻擊情事，組織形成內耗空轉的苦果。例如，唐玄宗天寶年間，**安祿山**舉事使唐玄宗逃離京城，入川

避難，但安祿山不信任他人，遂為其子安慶緒所殺；隨後安慶緒又為其將史思明所殺，史思明又為其子史朝義所殺。一陣混亂殺戮皆因昧於功名利祿，互不信任，最後終被唐將**郭子儀**平亂，唐朝命脈得以存續，史稱「安史之亂」。

4. 信任與授權

信任部屬必然牽涉到授權（Authorize）。授權之事甚難，若是領導者無法授權，凡事親為，領導者終將因事務忙碌，以致於拖垮自己。縱使領導者是行政管理的治理「相才」，攻城掠地的行銷「將才」，或是領兵作戰的統籌「帥才」，也很難成為氣候，畢竟沒有授權部屬來帶出團隊，團隊就沒有再進步的成長空間。

「授權」顧名思義是將原來歸屬在領導者的權力，下放授予被領導者來執行，進而擴張並深化領導力，此即「授權模式」。授權也就是領導者提升被領導者工作能量的具體作法，從而使被領導者能夠承擔更大的任務，擔負更大的責任。

授權如吹氣球使它擴張一樣，首先是吹氣使氣球逐漸膨脹變大，然後是繼續吹氣使氣球能夠浮起並冉冉上升，再來是透過控制推進機制，使氣球空飄，並前進到所想要到達的地方。

【智慧語錄】
　　信任少數之人，不害任何人，愛所有的人。一切真摯的愛是建築在尊敬上面的。　　　　　　　　——文學家，莎士比亞（William Shakespeare）
　　人與人之間最大的信任，就是關於進言的信任。
　　　　　　　　　　　　　　　　——文學家，培根（Nicholas Bacon）

11.3 領航模式

【管理亮點：賈伯斯領航蘋果，知道要將蘋果帶往何方】
　　帶領蘋果（Apple）電腦攀登卓越的史蒂夫，賈伯斯（Steve Jobs）執行長，他在二十歲時即和沃茲尼亞克共同創設蘋果公司。賈伯斯三十歲

時，卻因人事鬥爭被迫離開蘋果公司，那時蘋果員工人數已達四千多人。

　　賈伯斯沒有被失敗打倒，反倒擁抱失敗。他旋即創設內思特（NeXT）電腦，專攻專業電腦市場，並創作麥金塔電腦與「玩具總動員」電腦動畫電影，大敗蘋果。使得蘋果電腦不得不邀請賈伯斯回鍋擔任執行長一職。

　　賈伯斯勇於將心歸零，放下得失心，知道要將蘋果帶往何方。他回歸人性本質，匠心獨具，並勇敢創新，接連設計出符合人性需要的iPhone、iPad、iPod、iCloud等電腦新產品，暢銷全球，重振蘋果公司聲威，進而重奪電腦市場的冠軍龍頭。

　　領導就是引領航行，一如牧羊人帶領羊群，牧羊人在前頭引導羊群前行，親自陪伴發揮具體而微的領導影響力。

【問得好】你要怎樣去領導他人呢？

　　領導的基本原則即麥斯威爾（Maxwell）於1983年所提出的**領航模式**（**Navigation Theory**），包括五項：第一是自在領導；第二是對準目標；第三是規劃路線；第四是校正路線；第五是陪伴同行【11-5】，如圖11-3

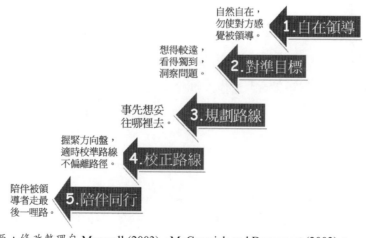

自然自在，勿使對方感覺被領導。　**1.**自在領導

想得較遠，看得獨到，洞察問題。　**2.**對準目標

事先想妥往哪裡去。　**3.**規劃路線

握緊方向盤，適時校準路線不偏離路徑。　**4.**校正路線

陪伴被領導者走最後一哩路。　**5.**陪伴同行

資料來源：修改整理自 Maxwell (2003)、McCormick and Davenport (2003)。

圖11-3　領航模式的說明

所示，爲領導的典範標竿，一如〈大衛王〉第23篇詩歌牧羊人之歌裡的論述【11-6】，茲說明於後：

1. 自在領導

領導的最高境界是：「勿使對方感覺到被領導」，輕鬆自在導引被領導者成爲領導者所期望的樣子。因爲謀事在人，成事在天，領導任務的成敗在乎上帝。我們應盡人事、聽天命，自由自在，如釋重負，而無需念茲在茲日夜懸念。領導者若能放下成敗壓力，將領導主權交予上帝，即能放手又放心，反而有獨特領導魅力。反之，領導者若患得患失，緊握權力，即會將無形壓力壓到被領導者上，使被領導者千斤重擔纏身，難以施展。

這正是大衛王〈牧羊人之歌〉第一節前段的內容：「耶和華是我的牧者，我必不致缺乏」。牧羊人放心哼著小調引領羊群。

例如，唐朝發生安祿山、史思明叛變作亂，唐玄宗在倉皇中逃離長安京都，暫避四川，玄宗冊封郭子儀爲朔方節度使，並完全授予指揮各軍作戰討逆的權力。從而郭子儀根據觀察分析，聯合朔方李光弼的軍隊，進軍河北，在常山擊敗史思明，收復河北地區。最後更收復首都長安，平定安史之亂。

> 領導的最高境界是：「勿使對方感覺到被領導」。

2. 對準目標

優質領導者能夠鎖定目標，看清目的地。優秀領導者總是想得較他人遠，看得較他人獨到，同時洞察出問題所在。領導者若具長遠眼光與敏銳洞察力，鎖定目標，知道目的地所在，且知如何滿足被領導者的需要，必能產生無可限量的效益，提振士氣，制敵機先，果斷領導。

這是〈牧羊人之歌〉第二節的內容：「他使我躺臥在青草地上，領我在可安歇的水邊」。牧羊人知道要將羊兒帶往何方，他清楚知道何處有青草地，何處有溪水流。

例如，諸葛亮提出著名「隆中策」策略規劃，提出「三分天下」方

案，鎖定劉備的目標，力主連結孫權，幫助劉備由無半寸土地，轉而坐擁荊州和益州，獲得和曹操、孫權共主天下的新局勢。此為經由宏觀視野，制定前瞻計畫的領導戰略。此時的目標正是劉備內心夢想吶喊、口中期望呼喚的目的地。

例如，宏碁董事長**施振榮**看出臺灣的產業結構，並無擔任老大哥的本事，僅能擔任老三或老四，理由是臺灣無法制定產品國際標準，且無法掌控通路和市場。遂提出「老二理論」，自我定位當老二，他知道要帶領宏碁前往何方。施董復提出「雙眼理論」，認定電子業如對弈圍棋，氣要夠長，應先布局強化邊陲，再伺機切入中央地盤。又如，鴻海集團總裁郭台銘洞察局勢、預見未來，確定目標，構建富士康大陸板塊；長榮海運董事長張榮發策劃未來、預定目標，除鞏固海運外，並積極發展航空事業。

3. 規劃路線

規劃路線指不僅明瞭最終目的地，也明瞭過程中的行進路線，即事先想妥往哪裡去，乃至於在導引過程中，各種需要明瞭的事務，同時並思索被領導者需要怎樣成長。此時領導者需為被領導者尋找一條能夠走完全程的康莊大道，有效完成任務。領導者若能規劃路線行程等細節，從而使帶領過程中，被領導者身心不受到驚嚇，能夠行走在正確道路中，避開險惡地勢、獅狼追趕、有毒事物，以及四處陷阱等之際，即能夠落實個人領導力。這個時候當然任何人都可以來試著掌舵，但是只有影響力最高的人最適合去策劃航線。

這也是大衛王〈牧羊人之歌〉第三節的內容：「他使我的靈魂甦醒，為自己的名引導我走義路。」

例如，漢武帝時大將**張騫**策劃路線以直通西域；明成祖時鄭和策劃航線直下南洋。又如，諸葛亮清楚策劃路線，明瞭要聯吳制魏，並指出要先取荊州，再取漢中與成都。再如，在1970年代第一次石油危機時，**蔣經國**總統策劃臺灣經濟發展路線，及時推動十項建設，帶領臺灣經濟維持高速發展。

4. 校正路線

　　校正路線指握緊方向盤，適時校準路線，不偏離預設路徑，終底於成。理由是無論過往經驗多豐富，仍無法完全預測未來，從而需要隨時導正路線。此時領導者需要持續增添信心，抗拒外界責難，戰勝沉重壓制，發揮個人潛能，堅持導正到底。此時，領導者必須維持前進動能，營造現有氣勢，以帶動各方之改變，因應反對勢力的消長。

　　領導者無法保證被領導者不致落入危險，然而被領導者一旦接近死蔭幽谷時，領導者即需適時變動行動路線，來搭救被領導者。若是領導者及早發現情勢不對，即需即時叫停、變動或甚至掉轉路線。

　　這也是〈牧羊人之歌〉第四節前半的內容：「我雖然行過死蔭的幽谷，也不怕遭害。」

　　例如，科學家**伽利略**駁斥哥白尼所提出的地球中心學說，並提出太陽中心學說，修正路線，並且辯駁反對者的責難，戰勝反抗壓力。又如，富邦金控董事長**蔡明忠**勇敢面對投錯標單事件，面對高額保證金被沒收的處境，他表示，「當然覺得很糗，不過只要有改進、認錯，就沒有什麼好糗的」，他還說：「自己也應該負起督導不周的責任」。準此，可知蔡董事長能夠勇於面對錯誤，不怕他人批評，虛心檢討。他也說：「會檢討並校正錯誤」，亦即修正路線，避免日後的作業錯誤。

5. 陪伴同行

　　陪他同行是領導者陪伴被領導者一起走最後一哩路，此舉可增添被領導者的信任程度。在領導者的陪伴同行下，領導者得適時添加助力，使被領導者不致半途而廢，能夠堅持到底，抵達目的地。此時領導者若能在適當時機使用合宜器具，適時採定適當行動，便十分關鍵。理由是正確時機執行正確行動，容易導致成功；而錯誤時機執行錯誤行動，將會是一樁禍患。至於錯誤時機執行正確行動，僅是限制抵銷效果，效益不強；而正確時機執行錯誤行動，則是錯置資源，無謂浪費。

　　這也是大衛王〈牧羊人之歌〉第四節後半的內容：「因為你與我同在，你的杖，你的竿，都安慰我。」此時，牧羊人隨時陪伴羊兒身邊，帶

給羊群安全感，即使是進入危險地域，碰到兇猛野獸，牧羊人必會挺身相救，保護小羊不受殺害。大衛自訴在牧羊時，曾碰到獅子與熊，他便奮力擊退獅子與熊。他更會使用祕密武器，即杖與竿，來導引羊群該走的路線；若是羊群走偏之時，便用杖與竿敲打羊群，導引牠回到正確路線。此外，牧羊人會用杖與竿數點羊群數目，以確認羊隻並無缺少。

例如，二次大戰時，美國太平洋戰區統帥**麥克阿瑟**將軍親赴菲律賓，為菲國執行整備建軍事務，希望使菲國在1946年獨立時，具備足夠自衛能力。麥克阿瑟率領**艾森豪**少校一起前往，麥克阿瑟在某次人事評估報告中，提及艾森豪是陸軍中最優秀的參謀軍官，能夠勝任各種艱困職位，並深信在下次戰爭中，艾森豪定會嶄露頭角，給予極高評價。事後果然應驗，麥克阿瑟將軍知人與識人的工夫，著實令人敬佩。

【智慧語錄】

一個人會失敗的最大原因，是對於自己的能力不敢充分地信任，甚至認為自己最後將會失敗。　　——科學家，富蘭克林（Benjamin Franklin）

向上級謙恭，是本分；向平輩謙虛，是和善；向下級謙虛，是高貴；向所有的人謙讓，是安全。　　——哲學家，亞里斯多德（Aristotle）

【本章註釋】

11-1 信任分成可信性和慈悲心兩個部分，出自詹森（Ganesan, 1994），請參見 Ganesan, S. (1994), "Determinants of Long-term Orientation in Buyer-Seller Relationships," *Journal of Marketing*, 58 (April): 1-19.

11-2 信任的分類包括以嚇阻、了解、認同為基礎的信任，請參見羅賓森，Robbins, S. P. (2013), *Organization Behavior*, the fifteen edition, New York: Prentice-Hall, Inc.

11-3 信任的形成包括過程基礎、特質基礎、制度基礎三個層次，出自庫克（Zucker, 1986），請參見Zucker, L.G. (1986), "Production of Trust: Institutional Sources of Economic Structure," *Research in Organizational Behavior*, Greenwich, CT: JAI Press, Vol.18, pp. 53-111.

11-4 信任的根基，出自約翰麥斯威爾（Maxwell, 2006），請參見Maxwell, John C. (2003), *Becoming a Person of Influence: How to Positively Impact the Lives of Others*, CA: Storagehouse of the Word International.

11-5 領航五個步驟係來自於《聖經・大衛詩篇》23篇第1-4節中的內容，本文係修改自麥克米克和得孚波克（McCormick and Davenport, 2003），請參見McCormick, B and D. Davenport （2003）, *Shepherd Leadership: Wisdom for Leaders from Psalm 23*, Jossey-Bass Inc.

11-6 大衛牧羊人之歌原文出自《聖經・詩篇》第23篇第1-6節。「耶和華是我的牧者，我必不致缺乏，……我且要住在耶和華的殿中，直到永遠」。

11-7 亦請參閱陳澤義著（2012），《影響力是通往世界的窗戶》，臺北市：聯經出版，第四篇之一路情義相挺，以及2014年簡體字版，深圳市：海天出版。

【課後學習單】

表11-1　「信心照鏡子」單元課程學習單──領導力根基學習單

課程名稱：	授課教師：
系級：　　　　　　姓名：	學號：
1. 請說明你在班上、社團上、家庭上所擔任的領導角色內涵，你是如何帶領他人的？（可舉例說明）	
2. 同樣的，此時你如何能夠帶領他人，他們是怎樣信任你的？「**信任的機制**」是什麼？（可舉例說明）	
3. 承上題，你的「**信任和領導**」有何關聯性？此時，你是如何使對方能夠信任你的領導能力？（可舉例說明）	
4. 此時，你的「**栽培他人的方式**」上，有哪些特殊的地方呢？它符合「**6A 的力量**」嗎？（請舉例說明）	
5. 同上，你是否也逐漸發現，你的「**領導能力**」也有些許變化。若有，那是什麼樣的變化呢？你的看法是什麼？	
6. 在這個過程中，請你說一說對你自己**領導能力**的一些觀感或意見吧！（可舉例說明）	
7. 這時，你還會想到有哪些「**改進方案**」呢？	
老師與助教評語	

表11-2 「信心照鏡子」單元課程學習單──領導模式學習單

課程名稱：	授課教師：
系級： 姓名：	學號：
1. 請擇一說明你在班級上、社團上、家庭上所擔任的領導角色內涵，你是如何帶領他人的？（可舉例說明）	
2. 同樣的，若是你要利用「**牧羊人領航模式**」，來為你自己在工作上領航時，你如何能夠帶領他人？「**領航的方式**」是什麼？（可舉例說明）	
3. 續上題，請說明牧羊人領航模式的「**基本原則與實際步驟**」，這對你有何啟發？（可舉例說明）	
4. 此時，牧羊人領航模式在你自己身上的「**應用**」為何？（請舉例說明）	
5. 同上，你是否也逐漸發現，你的「**授權他人過程**」也有些許的變化。若有，那是什麼樣的變化呢？你的意見是什麼？	
6. 在這個過程中，請你說一說你領導能力「**如何產生倍增成效**」的一些意見？（可舉例說明）	
7. 這時，你還會想到有哪些「**提升領導能力的方案**」呢？	
老師與助教評語	

第四篇　人脈巧實力：We Win

每個人的一生都是旅人，只是所行的道路不同，選擇的方式不同，感情的付出不同，因此有著不同的故事，不同的終局。人生聚散無常，起伏無定，然而一旦走過去，一切便是從容。無論是傷痛或是歡笑，過去的時光不可能再重新來過。過去你執著的事情，現在可能不值得再提起，曾經深切愛過的人，如今或已形同陌路。這些看似簡單的道理，我們多半需要親身走過，方能夠參透了悟。

　　生命更像一條河流，流向瀑布，流向山川，流向背後的天空，也別無選擇的流向無邊的大海。因此，管理美好人生切記莫忘初衷，試問：「你的生命中是否找到真正的喜悅！你是否為周遭他人帶來深層的喜悅！」此或可做為衡量你生命所帶來的生命意義，值得你我深思！

第十二章　有效的連結

【三國啟思：劉備善待趙雲】

　　在三國時代，**趙雲**原在公孫瓚麾下擔任別部司馬一職，負責照料部隊的馬匹，看似不受重用。後來，劉備轉投到公孫瓚的陣中，公孫瓚則是將趙雲派任給劉備擔任護衛。

　　劉備則是善待趙雲，經常向趙雲討論軍隊事務，並不時趨前對趙雲問安。特別是趙雲的哥哥去世，趙雲想要返鄉奔喪，劉備和趙雲道別，劉備緊握趙雲的雙手而哭泣，並說：「這回你走了，我再也看不到賢弟了。」趙雲被劉備的重情義感動，內心打算永遠追隨劉備。

　　後來趙雲服喪完畢，便積極打聽劉備去處，得知劉備人在鄴城，便趕到鄴城碰面。劉備和趙雲成為莫逆之交，趙雲全心效忠劉備，後來更有趙雲在長坂坡單騎救主，並救出劉禪的義舉。

12.1 溝通了解對方

【管理開場：歐巴馬總統以溝通為本，開創新局】

　　歐巴馬打破兩百多年來的美國傳統，成為第一位美國黑人總統，他的自傳《歐巴馬的夢想之路》，深具勵志色彩，足能激發鬥志，提振士氣。

　　歐巴馬總統的重要特質之一是以溝通為本，他有如透明人，與人從不拉大距離。他是否快樂，旁人一定會知道。如果他有什麼不一樣的想法，旁人也一定會知道。歐巴馬又以一顆謙卑包容的心，察納雅言，接納各方不同意見。在會議中若有人未表示意見，歐巴馬會認定他並不同意，因此會邀請對方表達意見，並精準的和對方溝通，盼能消除歧見。歐巴馬認為溝通是需要去同意不同意的意見：「agree disagree」，透過溝通化解衝突。

> 　　歐巴馬更經常和幕僚針鋒相對地爭論意見，歐巴馬也期盼幕僚能據理力爭挑戰決策。而當歐巴馬做出決策，則是反覆去問：「為什麼要這麼做決定？」

　　只有在真正想溝通，說話的用意是陳述事實並激發他人表示意見，想要向他人學習時，有效溝通才會啟動，也開始結交朋友。

【問得好】溝通時你會說些什麼？你會聽別人說些什麼？

　　發揮我們管理能力的核心行動是推動他人完成事務。我們若要完成事務，需要眾人的凝聚力，因為獨木實難撐大廈；想要推動他人，需要有穩固的團隊關係。是以發揮管理能力的重點在於溝通。

　　在管理他人當中，**溝通**（**Communication**）為關鍵媒介。因為我們說話的目的，通常有二，一者為表達自己意見而說話，二者為想要聽取對方的意見。茲說明如下：

(1) **為表達自己意見而說話**：說話者用意在吸引他人目光，甚至吹噓自己的知識能耐。事實上，此一聲音是噪音而令人煩心，有若車輛鳴笛、敲鑼響鈸、啟動機具聲響，進到聽話者的耳中。

(2) **想要聽取對方的意見而說話**：說話者用意在陳述事實真相，並引導他人表示意見，希望獲得對方寶貴建議。事實上，此時能真實開啟和他人互動溝通的開關，溝通連結他人，拓展關係人脈。因為說話者完全沒有想到自己，故能表達接納與信任對方的軟實力，開始建立關係。

　　總言之，「溝通的重點在於了解對方」，而非建立共識。因為溝通是雙方進行「聽與說」的歷程，藉以了解對方真實的想法和意見，感同身受對方的感覺，據以發現真實的對方，此乃溝通的真諦。至於是否需要進一步建立共識，則是第十三章協調創造雙贏的要旨。

　　論及管理他人與領導團隊時，充分溝通是必要的條件，理由是建立團隊的重要關鍵是溝通，溝通能夠串聯每一個人的內心，連接所要帶領的人

士，此時溝通即被視為水平溝通的橫向式歷程。

　　水平溝通是最典型的訊息傳遞程序，旨在將訊息正確無誤的傳送到對方，不致產生遺漏訊息之情事，即為巴洛（Barlo）於1960年所提出的水平溝通模式（**Horizontal Communication Model**）。水平溝通模式含括五項因子，即發訊方、資訊編碼、中介干擾、資訊解碼、收訊方【12-1】，如圖12-1所示。茲說明如下：

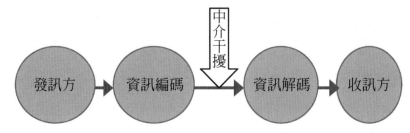

資料來源：整理自 Berlo (1960)。

圖12-1　水平溝通模式的說明

1. 發訊方

　　當說話方想要告知對方若干資訊時，說話方即成為發訊方，表示訊息來源的一方，即是溝通發動方。在此情形下，為了不遺漏任何的資訊，發訊方需避免發生以下兩種情事：

(1) 溝通焦慮

溝通焦慮（**Communication Anxiety**）指說話方因為擔心、害怕或憂慮，導致一時忘記所想表達事情的跡象。此即發訊方落入心中擔憂或是恐懼，出現十分緊張或懼怕的情緒，致使口語顫抖或結巴，無法順利說話，或忘記某些事，無法想起。例如，公司新進員工面對上司問話時，若無心理準備，會因緊張而支吾，結巴得說不清楚話，出現溝通焦慮。

(2) 過濾作用

過濾作用（**Flitering Effect**）指說話方想要討好對方，致使刻意過濾掉

所想說話的內容。即發訊方想要取悅收訊方,刻意操弄所說資訊的內容,通常是會「報喜不報憂」,只說收訊方想聽的恭維好話。例如,員工面對上司,經常是小心伺候,專挑好事情,隱瞞壞消息。至於遣詞用字也會非常考究,專說好聽的話,這時即業已發生過濾作用,過濾掉重要資訊。例如,同時有顧客抱怨和經銷商拜訪兩件事情發生,承辦人員只通報經銷商來訪這件事。

溝通焦慮和過濾作用是發訊者經常會碰到的溝通障礙。

---

2. 資訊編碼

當說話方想要告訴對方資訊時,說話方會先在腦中理清思緒,想好怎樣說話,使用特定的語詞,即為資訊編碼(Information Encoding),或稱譯碼。資訊編碼非常重要,因為錯誤的編碼會產生誤解;甚至需重複再說一次,致使對方反感,甚至不願溝通。在此一情形下,發訊方需做好資訊編碼,此時要留意兩件事情:

(1) 邏輯清楚

發訊方需整理思緒,有條理表達事情。最好先說結論,再說其中理由,並且將客觀事實和主觀意見區分開來。

(2) 用字準確

發訊方需選擇對方容易了解的話語字句,發訊方需根據收訊方的文化背景和教育程度,選擇合適的詞語。因為若收訊方學歷背景較低,而發訊方若一直使用學術理論語句,或許會使收訊方敬佩學養,卻無法精準溝通;另外若收訊方來自基層,發訊方老是說艱深語句,或許會使對方印象深刻,但卻無助於準確溝通。

3. 中介干擾

當說話方告知對方訊息時,環境干擾情形稱為中介干擾(Intervening Effect)。中介干擾主要指溝通場所的條件中介,因而和主體資訊產生訊息競爭(Information Competition)的情形,中介干擾容易使當事方產生

暫時性的煩躁情緒。例如，辦公室環境、街道環境、客廳環境或捷運站環境，此時外界環境經常會呈現人車聲雜沓、手機鈴聲、機具操作聲、電視音響聲等，形成雜音干擾現象。中介干擾包括兩種干擾，茲說明如下：

(1) 可控制性干擾

所謂可控制干擾（Controllable Intervening）指環境的中介干擾可被發訊方或收訊方所控制者。例如，辦公室環境中的電話說話聲、家中客廳環境中的電視機播放聲、臥室環境中的電腦影片播放聲等。這時發訊方或收訊方可以請求他人稍微降低電視機、電腦或手機說話的音量，將干擾降低至可以容忍的範圍。

(2) 不可控制性干擾

所謂不可控制干擾（Uncontrollable Intervening）指環境的中介干擾無法被發訊方或收訊方控制者。例如，街道環境中的車輛喇叭聲、捷運站環境中的播音呼叫聲、運動場所的呼叫加油聲等。此時在溝通時，收訊方無法排除干擾，無法進行準確解讀，甚至無法聽清楚資訊內容。例如，在捷運車廂內以手機通話時，備受環境（捷運行車聲、車內廣播聲、其他旅客說話聲、孩童哭叫吵鬧聲）干擾等。

4. 資訊解碼

當說話方告知對方訊息時，對方收到資訊後，會在內心中解讀該項訊息的意涵，此即資訊解碼（Information Uncoding），或稱解碼。資訊解碼非常關鍵，因為忽略此一解碼會產生誤會，甚至導致衝突。在此一情況下，收訊方需要規避兩件事情：

(1) 資訊過荷

資訊過荷（Information Overload）指發訊方在極短時間之內，傳送過多訊息，超過收訊方所能消化吸收的上限，導致資訊過荷。例如，某人正在忙於某件事務，發訊方突然插入談另一事情，並且向對方提出八項任務，導致對方資訊負荷過重，無法記住發訊方提出的八件任務的情形。

(2) 選擇性知覺

選擇性知覺（Selective Preception）指收訊方基於個人的特質、過往經驗、當下身心條件、動機需要、生涯時期等，會「選擇性的」傾聽發訊方所說的訊息。例如，收訊方通常會選擇新鮮獨特、趣味活潑、和自己相關，或具有重大影響力的事物，選擇性接收資訊。例如，學生會留意老師提到期中考試或是繳交作業報告有關的資訊。

> 收訊者一般會選擇新鮮獨特、趣味活潑、和自己相關，或具有重大影響力的事物，選擇性的接收資訊。

5. 收訊方

當說話方告知對方訊息時，對方收到訊息後即成為收訊方。

在此時，我們需捫心自問：「什麼是雙方關係的起頭？」「我們怎樣才能啟動並建立和他人之間的人際關係？」此需先學習做好自己的功課，才能開始經營雙方的人際關係，和他人開始有效溝通。

最後，一張唱片只有一個軸面，才能唱出和諧的聲音，否則有兩個軸面，就是噪音了。尊重、接納、欣賞，這六個字，是溝通合一的祕訣。透過溝通能促成彼此面對面的合作，如同管弦樂團一樣，將都是完美不同的我們，結合成為著全體的美好而存在。溝通能讓我們知道，我們都不是為著自己而存在，而是為全體的存在而努力。如果用雙手抓住你的憤恨、傷害，而不願透過溝通與饒恕來化解，那你就沒有手去抓住上帝的祝福，所以你要放手。要抓住上帝給我們的10,000元的祝福，而不要跟10元過意不去。生命中真正的成功關鍵，是透過溝通所營造的「人際關係」。這包括人與人之間的關係，以及人與上帝之間的關係，不是嗎？

【智慧語錄】

上帝給了人兩耳和雙眼，但卻只有一張嘴，意思是要人多看多聽而少說。
　　　　　　　　　　　　　　　　　——哲學家，蘇格拉底（Socrates）

多聽，少說，接受每一個人的責難，但是保留你的最後裁決。

　　　　　　　　　——文學家，莎士比亞（William Shakespeare）

12.2 有效的溝通力

【管理亮點：IKEA 總裁坎普拉德天天搭地鐵上班】

　　創辦IKEA家具王國的英格瓦·坎普拉德（Ingvar Kamprad）總裁，1926年出生在瑞典的艾爾姆胡爾特市。坎普拉德提倡IKEA要提供物美價廉、環保取向和功能性強的家具產品，使消費者能夠享有既便宜又品質高的組合式家具。坎普拉德說，IKEA的關鍵成功因素，就是簡單的一句話：「價廉物美就是最佳的策略。」

　　IKEA透過明亮寬敞的家具展示空間，加上價位低廉的促銷模式，連同物超所值的組合式家具，快速搶食都會區的中產階級市場，從而IKEA利潤率始終維持住兩位數的高檔。坎普拉德更看好亞洲地區的龐大市場商機，遂將亞洲總部設在上海，並揮軍俄羅斯，拉回日本市場，坎普拉德的全球布局，前瞻性高且深遠。目前IKEA的分支機構已跨過一百多個國家，是全球知名國際企業。

　　坎普拉德雖然擁有超過500億美元以上的身價，但是坎普德拉仍堅持搭飛機要坐經濟艙，上班要搭乘地鐵，完全沒有富豪架式。坎普德拉從日常生活上貫徹環保及勤儉的理念，實在令人敬佩。

　　若能針對特定對象有效溝通，進行高密度社會滲透工程，建立深厚人脈，定能強化個人的領導力。

【問得好】當你溝通時，他人了解你說話的內涵嗎？

　　欲強化我們的管理能力，需要強化溝通能力，深化關係，落實社會滲透工程。理由是管理能力的明顯記號是我們能否對他人主動表達愛與分享。若要管好自己，運用頭腦即可；但是若是要管理並領導他人，就得用

心經營方可。因爲領導的眞正觀測，即是我們有多少跟隨者，和跟隨者能否爲領導者情義相挺來斷定。

社會滲透指我們對於他人的浸染滲透程度。社會滲透的深淺情形，某方面也表示我們對他人的影響與領導力道。社會滲透程度區分成五個層次，即溝通五個深度，包括寒暄問候、談論他人事情、談論自己事情、分享自己感受與攀上溝通高峰，此即奧肯（Altman）於1978年所提出的**社會滲透模式（Model of Social Penetration）**【12-2】，如圖12-2所示，茲說明如下：

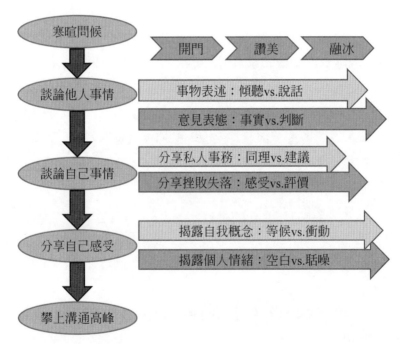

資料來源：整理自 Robbins (2013)。

圖12-2　社會滲透模式的說明

1. 寒暄問候

寒暄指打招呼問候和基本的社交辭令。例如，「你今天吃飽了嗎？」「你這些日子都在忙些什麼事？」「你近來好嗎？」以及使用「微

笑」這個世界共同語言，來向他人問候。基本上，相互寒暄是雙方溝通的第一步，也是建立彼此友誼的初階，因爲這是表達釋放心中善意的具體做法。只要我們能夠明確釋出善意訊息，自然很快能和對方拉近距離，卸下不必要的武裝，爲進一步談論各種事物做好準備。

在社會滲透模式中，打招呼的方式十分緊要，學習說「歡迎、請、早安、謝謝、很棒、對不起、很抱歉」等問候語言，可以很快和對方拉近距離。這包括三種話語，茲說明如下：

(1) 開門式話語

開門式話語能夠很快和對方搭起友誼橋梁，脫去冷漠和無感，快速進入正題的對話。常見的開門式話語，如「歡迎、請、早安」。例如：

「歡迎，歡迎您，近來都好嗎！」

「您能來我這裡，眞是歡迎，我感到非常榮幸，我很高興您能來！」

「請坐，請喝茶！」

「請您幫忙，因爲我迷路了，請告訴我到火車站的路怎麼走？」

「請告訴我，這裡發生什麼事情，請您告訴我。」

「伯母早安，伯母近來一切都好嗎？」

(2) 讚美式話語

讚美式話語能夠很快使對方留下美好的印象，並且即時化解可能的對立情結，免於滋生誤會，從而對方會將發訊方看成朋友、同好、同路人，或同國的同道者。常見的讚美式話語，如「很棒、很好、謝謝」。例如：

「我喜歡你的點子，你做得太棒了！」

「這件事情你做得超棒的，給你十個讚！」

「您的報告寫得眞詳細，條理分明，內容豐富，謝謝您的用心。」

「您燒的菜味道眞好，特別是紅燒獅子頭，口感眞棒；還有宮保雞丁，好想再吃一口。」

「謝謝您，眞的很感謝！」

「謝謝您，你眞是個大好人、大善人。」

(3) 融冰式話語

融冰式話語能夠有效消除對方，因為發訊方的錯誤話語或行為，所產生的生氣憤怒或對立姿態，甚至能使對方寬恕原諒，重新再度接納發訊方，化干戈為玉帛。常見的融冰式話語，如「對不起、很抱歉、我錯了」。例如：

「對不起，請借過一下。」

「對不起，是我搞錯了某甲和某乙！」

「抱歉，這一切都是我的錯。」

「很抱歉，是我疏忽了，你能夠原諒我嗎？」

「我錯了，我真的大錯特錯了！」

「我錯了，我真的不知道該怎麼辦？」

更進一步，「請、歡迎」的開門式話語，可以迅速和他人擺脫無感關係，搭建友誼橋梁，快速切入討論正題；即「很棒、很好、謝謝」的讚美式話語，可以很快讓他人對我們留下美好印象，並化解雙方可能的對立情緒，使對方將我們看成同條路線的同道朋友；至於「對不起、很抱歉」等融冰式話語，則可以化解對方因為我們的錯誤行為所造成的對立感受，進而使對方有機會重新接納我們，化解誤會成為朋友。

2. 談論他人事情

談論他人的事物指雙方開始談天說地，說古論今，至於談論話題可以無所不包，內容可包括美國前總統歐巴馬和中華民國前總統馬英九的每日行程、馬來西亞中央銀行提高銀行準備率、中國政府選擇性信用管制來打擊炒作房地產、政府油電價格雙漲、美牛瘦肉精進口問題、奢侈稅課徵、中韓日洽談自由貿易協定（FTA）、證券交易所得稅開徵爭議、各級政府官員的人事案；乃至於賽車跑馬、運動賽事、品茗賞鳥、烹飪時珍、藍染雕刻、景觀庭園、家居裝潢、調酒烘焙、花鳥星辰、鏡花水月等，此時雙方即已具備趣味相投的互相吸引元素。然而談論他人事件卻僅是點到事情的表面，並未觸及當事人生活層面，故屬於**表面化溝通（Facial Communication）**。

(1) 事務表述或意見表態

談論他人事情更可進一步區分成單純表述和自我表態兩個層面。若只是停留在單純表述階段，則僅是「表面特質」的敘述，談論內容僅止於公眾熟悉的內容，成為工作同事、學校同學、企業夥伴的形式，只是單純的資訊交換關係，這時容易造成無感關係，反而不會進入成為朋友關係。因為此時並沒有牽涉到立場態度的揭露，也就無關乎是成為敵人或是朋友，而僅是有如新聞記者般的報導消息而已，雙方關係一如第三者般的無關宏旨。而若是過度操作此一層面，有可能更形虛假，而不利於雙方關係的建立，甚至最後形同陌路。

> 只有溝通當事人對某些特定事物的「自我表態」，即表示自己的意見和看法，才是建立雙方友誼關係的開端。

若是以事務表達和敏感性高低為兩軸來劃分，即如圖12-3表示。可分成四個區塊，包括：

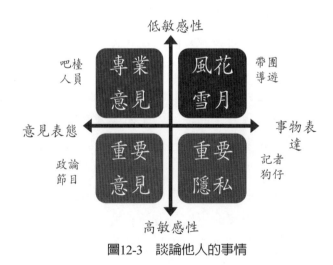

圖12-3　談論他人的事情

右上角的區塊為事物表達和低敏感性層面，談論的是風花雪月，最強

者不過是旅遊的帶團導遊。

右下角的區塊為事務表達和高敏感性層面，談論到的是挖掘重要人物的隱私，表現最強者莫過於記者狗仔隊。

左上角的區塊則是意見表態和低敏感性層面，談論到的是特定意見，常見的例子如酒館吧台的倒酒人員。

左下角的區塊是意見表態的高敏感性層面，討論到的是重要意見，最常見的例子是政論節目中的意見表述。

例如，淑英小姐在工作上結識自稱行銷達人的大雄，大雄相貌長得英俊瀟灑，又博學多聞。對於天文、地理、風土、民情、星座、花鳥、品茗、調酒、賽馬、烹飪以及歐美各國政經人物，大雄都能侃侃而談，如數家珍，這使得淑英非常佩服，她很快就陷入迷戀、墜入情網、無法自拔，在半推半就下發生超友誼的性關係。後來，雙方因為細故大吵一番，宣告分手，淑英這時才猛然發覺，她甚至不知道大雄的真正年歲、在哪裡上班、是否結婚生子、家在何方、家中有多少家人等。因為大雄都是聊些他人的事情，根本沒有提到自己的事情，兩人之間的社會滲透程度實在太淺了！

(2) 自我表態踏進友誼之門

只有溝通當事人對某些特定事物的「自我表態」，即表示自己的意見和看法，且不評斷對方，才是建立雙方友誼關係的開端。因為單純表述僅為一般性認識他人或同事之間的淺層關係，而唯有對某些特定事物「自我表態」，注入「生命樹」中生命與愛的關係，才有可能踏進友誼之門，發展友誼關係，因為在個人對某特定議題做出自我表態的同時，就是生命與愛的對外探索，這才有可能透過個人的知覺態度，以及自我坦誠告知生命的期望，進而藉由甘冒被對方拒絕或甚至是傷害的風險，來試探雙方可能發展的友誼程度。至於雙方之間友誼深化的程度，則需要去針對某些高敏感性題材的自我表態情形，以探求對方接受與否的情形來決定。

在談論他人事物時，若能夠虛懷若谷的有效聆聽，便能建立高品質溝通關係，維持雙方良好人際關係。因為此時是藉由有效傾聽對方話

語，以生命和愛做根基，釋放願意了解對方和尊重對方的明確訊息，此是願意給對方承諾的先決條件。相反的，若在談論他人事務時，老是搶話題發言，不想聽對方說話，只是賣弄說話人對事務的萬事通能力。此時是注入「善惡樹」中是非批判和善惡評斷，最可能也最容易打斷雙方溝通、破壞雙方關係的危險時刻。這是因爲別人早已看見我們驕傲、自大、吹牛的心態，進而對我們敬謝不敏了。誠如英特爾總裁葛洛夫（Grove）說：「我們溝通得好不好，並不是決定於我們說得多麼精彩，而是在於對方懂得多少。」

> 在談論他人事情時，若我們能謙虛自己，用心聆聽，將可維繫高品質溝通，保持優質關係。

(3) 聽與說的藝術

在談論他人事情時，爲避免溝通成效不彰，事倍功半，甚至徒勞無功，我們需要平衡和對方之間的「聽」和「說」，以使雙方中間的溝通表達過程更爲順暢。即我們談論他人事情品質好壞，取決於我們的「聽」和「說」內容。我們有沒有在聽？我們都聽些什麼？我們有沒有說得太多？我們說些什麼？

> 我們談論他人事情品質好壞，取決於我們「聽」和「說」的內容。我們有沒有在聽？我們都聽些什麼？我們有沒有說得太多？我們說些什麼？

換言之，在談論他人事情的自我察覺上，當我們把自己拍進溝通時的照片時，需要掌握兩個關鍵因素，即是去「說」，留心自己說話時的自信心程度；和去「聽」，注意聽他人說話時的傾聽力程度；若要使溝通表達更加順暢，必須將聽和說此兩者有效組合，形成有效溝通表達的能力。在其中，說話的自信心程度關乎當事人能否坦然自在表現

自己的意念，至於傾聽力程度是當事人能否有效了解對方所表達的意涵。自信心足夠的人，容易將自己的意思充分表達；至於傾聽力程度高的人，則可以有效察覺對方的心中意思，探索對話時，每一句話的真正內涵。在此情形下，四個「聽」、「說」**關係方格（Relationship Matrix）**，包括獅子（聽說俱佳）、孤鷹（多說少聽）、小狗（多聽少說）、無尾熊（聽說俱少）等四種狀態【13-3】。

3. 談論自己事情

(1) 分享自己私人事務

談論自己的事情時，是進一步向對方分享自己私人事務的情形，例如，自己的小孩表現優異、最近工作上獲得長官嘉勉、自己身體健康亮起紅燈等。向別人提到和自己相關的個人事情，在本質上是一種深度自我揭露的情況，這是生命與愛的對外探索，是注入「生命樹」中生命與愛的關係表現。是我們願意相信對方，相信對方不會批評、嘲笑，甚至加害自己脆弱部位的探試，並嘗試進行冒險探測的信任式舉動。此時的溝通深度明顯高於前述的談論他人事務，而成為突破無感關係的關鍵行動。因為此時是和朋友分享自己的事情，甚至是自己內心的心情，揭露「自己的需求、知覺和價值觀」，已經是屬於好朋友之間的交談；並且在繼續深度分享情況下，可能會形成自我獨白，要求對方積極關照自我，形成親密朋友之間情誼對話，此時的生命與愛的探索度甚高，資訊分享密度甚高，資訊分享數量亦甚大。同樣的，對於「善惡樹」中是非批判和善惡評斷攻擊的自我防衛力量亦十分強烈。

若是以績效表現高低和重要程度高低為兩走來劃分，即如圖12-4表示。可分成四個區塊，包括：

右上角的區塊為績效表現高且重要程度低的事情，多半是生活起居瑣事和有趣的遭遇，這是最容易拿出來分享的事情。

右下角的區塊為績效表現高且重要程度高的事情，例如自己的豐功偉業，這也是經常被分享的事情。

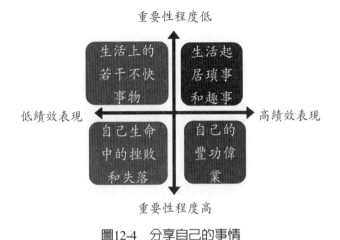

圖12-4　分享自己的事情

　　左上角的區塊為績效表現低且重要程度低的事情，經常是生活上的許多不愉快的事情，這是較難被分享的事情。

　　左下角的區塊則是績效表現低且重要程度高的事情，例如自己生命中的挫敗和失落，這是最不容易分享的事情。

(2) 分享自己的挫敗和失落

　　在談論自己的事物時，若能夠進一步分享自己的挫敗和失落痛處，更是雙方友誼進一步深化的絕佳契機。即是伴隨分享自己負面事務的程度增加，雙方的友誼程度得以做更進一步的深化，關係韌度得以做更進一步的確保。例如，分享自己工作上的失落貶黜，或是自己失戀被愛人拋棄，明顯較諸分享自己工作的晉級升遷，或是分享預備結婚的喜悅，需要更大的勇氣和友誼韌度，此自然容易和對方建立起堅貞不移、不可或缺的情誼。例如，**趙雲**本為公孫瓚別部司馬，在**劉備**投靠公孫瓚時，**公孫瓚**將他送給劉備當侍從，劉備經常和趙雲談論自己的事情，和趙雲結交成朋友；後來趙雲的大哥過世，趙雲向劉備請喪假返鄉居喪。劉備關心趙雲，故緊握著趙雲的手為他加油打氣，甚至仰天長嘆，讓趙雲備感窩心，起了長期追隨之念。

　　巧珍小姐向她的同事明珠訴說最近過得不太好，首先是她的先生大華工作並非很順利，老闆臉色並不好看，使他必須加班到很晚才能回

家，少個人幫忙；兩個還沒上小學的孩子最近又接連感冒生病，一個才剛好一點，又傳染給另一個，使她忙得團團轉，甚至整個晚上都沒辦法睡個好覺。加上婆婆昨天好像對她不諒解，怪她沒有把孩子的身體照顧好，更氣的是，先生竟然跟婆婆一個鼻孔出氣。這使得巧珍整個人快要崩潰，覺得心力交瘁，身體好累、好沒力。今天在工作時，就因為恍神而出錯，被主管叫去臭罵一頓。巧珍對明珠說，她好想放幾天假，把這一切都拋開，讓自己喘口氣。因為巧珍能夠分享自己不光彩的事，明珠也專心聆聽巧珍的訴苦，結果使巧珍和她的同事明珠之間，關係快速升溫，由一般同事情誼進入朋友之間情誼。

(3) 給他人足夠的安全和接納

切記在他人分享自己事情時，通常會引發我們想要插入分享自己事情的想望，若我們能夠抑制我們說話的衝動，便能夠給他人足夠的安全和接納，願意放開心情來，多分享自己更深的事情，如此我們便能聆聽到他人真正的心聲，進而建立真實友誼關係。此外，若是我們未能留意談話中，空白沉默的部分，必會漏失重要訊息。

此時，我們和他人精進溝通深度的要訣是，增強我們的自信心，並訓練對他人的同理心。即將他人視為獨立個體，個別化用心溝通。理由是別人不在乎我們多有學問，別人只關心我們有多在乎他們，故需要深化溝通程度。切記勿以為話說完就可以溝通清楚。我們要用心運用四周實例、生活例證、故事寓言多方說明，並適時諮詢對方意見，然後才提出自己意見，務使對方完全了解，方能進行有效的水平與垂直溝通。誠如所羅門王說：「一句妥善的說話言語，好像蜜蜂蜂房裡的花蜜，同樣的令人感到甜美。」【12-4】

4. 分享自己感受

(1) 揭露自我概念

若發訊方和收訊方彼此關係夠深厚時，則發訊方會具備足夠的安全感，向收訊方分享自我的軟弱和失敗，甚至會全然發洩情緒，揭露自己的「自我概念」，生成高度深層自我意識的連結。若發訊方和收訊

方雙方屬於手帕交密友、男女朋友或是夫妻關係，則會出現獨占式的分享，即進入兩人世界的深情對話，這時會產生屬於雙方共享的情感氛圍，會進入仙樂飄飄的喜樂境界，甚至出現高峰經驗。例如：

「這裡的風景好美，好漂亮！」

「來到這裡，我好像又回到小時候。我想起以前偷摘芒果，被大狼狗追著跑，爬到樹上，對狗裝鬼臉，但是狗卻賴著不走，使我也不敢下來，笑死人了！現在想起來真的好氣又好笑！」

「你就是愛拿東西，本性不改，總是覺得偷摘的芒果比較甜！」

「嗯！」

「那是一棵大樹，好大的榕樹啊！」

「看到這棵大樹，我就想起小時候在這裡乘涼，聽奶奶講她的故事，奶奶好會講故事喔，我好想好想再聽一次。那時真的無憂無慮，想起來就覺得很開心、很滿足，我真的好想回到從前的快樂日子！」

「這怎麼說呢？」

「我真的不是一個好勇鬥狠的人，而是被這個現實社會逼得很緊，才不得不狠下心這樣拚，將別人踩在腳底下；事實上，我好嚮往這安靜的鄉村田園生活，與世無爭，大家和氣相處，那不是很好嗎！」

(2) 揭露個人情緒

當分享自己的感受時，發訊方會分享自己的私人祕密，向收訊方傾訴自我的情緒和感受。例如，流露出喜悅、興奮、暢快、滿足、歡欣等正面情緒；流露出憤怒、懼怕、擔憂、懊惱、愁苦等負面情緒；流露出偏愛、厭惡、想要、逃避等趨避情緒等。這是個人「生命樹」中，生命和愛心探索的深度呈現。例如，工作升遷後的喜悅、追求對方並告白戀情的冒險、情侶吵架後對他人訴苦的糾結、家人過世後的哀傷等。例如：

「你的臉色很不好，是發生什麼事了？」

「我好緊張，好緊張喔！」

「緊張是一定會的，但是，你的表情好像不只有緊張？」

「是的，我很擔心，擔心這一次的表演，我表現得不好！真的，我一

點把握都沒有，我好害怕、好害怕，害怕失去了這一切的光榮！」

又當巧珍向他的同事明珠說她的不光彩事情時，明珠除了專心聆聽外，且能夠接住巧珍的情緒，同理對方，說出：「當妳做得這麼辛苦，而妳的先生卻沒有幫助妳的時候，妳覺得很生氣，也覺得自己好可憐。」或是「當妳被婆婆罵沒有照顧好小孩，而妳的先生卻沒有和妳站在同一邊的時候，我覺得很生氣，也為妳打抱不平。」這種感同身受的同理心，使巧珍覺得被明珠支持而感到安全，在被完全接納的情況下，巧珍不禁流出釋放情緒的眼淚，這時巧珍和明珠就成為可以彼此談心的好朋友，雙方的社會滲透程度相當高。

5. 攀上溝通高峰

高峰經驗是攀上雙方關係的最高峰，達到彼此水乳交融的關係合一境界，雙方產生瀑布發聲深得我心，深淵和深淵彼此響應的快意感受，例如，恩愛夫妻之間的琴瑟和鳴和舉案齊眉的深層感受，以及親密的性生活快慰感受。

總之，以上的社會滲透模式即清楚說明我們由熟悉對方（低度分享揭露），到探索情感交換的可能性（稍加改善）、突破障礙來初步交換情感（開放性交換），再到進行非語言溝通的穩定交換情感（高度分享揭露）進程，在實際社會中，我們需要發揮溝通力建立豐沛人脈，推動他人共同效力，進而使諸事順遂。亦即我們和他人溝通愈深，即意謂我們和他的社會滲透程度愈高，我們即愈能發展關係來管理與領導對方。成就「有關係就沒關係；沒關係就會有關係」的名諺。

【智慧語錄】

一個人給別人的東西愈多，而自己要求的愈少，他就愈好；一個人給別人的東西愈少，而自己要求的愈多，他就愈壞。

——哲學家，羅素（William Russell）

交朋友就是交朋友，這三個字最重要的是因為交往而帶來的身心舒暢和健康，還有隨緣而得的友誼，這份友誼的有，或者沒有，都不是交朋友最重要的目標。

——作家，三毛

12.3 用心溝通

人與人之間，就是一種緣分；

心與心之間，就是一種流動；

愛與愛之間，就是一股信任；

情與情之間，就是一顆真心；

對與對之間，就是一個個性；

錯與錯之間，就是一個原諒。

人人有自尊，個個有苦衷；想法、看法、做法都不盡相同。而理念不同、想法不同、做法也不一樣，這就是每個人的差異性。我們無需改變他人，只需用心溝通就行，面對自家人更要如此。至於用心溝通係包括三個層面，要將心比心，要不計毀譽，要保守你心。茲說明如下：

1. 用心溝通，將心比心

在溝通時要用心溝通，不必強求要改變別人，只需要做好自己就行。要去接納別人，因為每一個人的行為，都是在他自己的個人自我意識下，業已認定這是合情合理的，並且都是努力想要把這件事情做好的。因為，沒有任何人真的想要把事情搞砸。於是，我們有三點啟發，說明如下：

(1) 對於自己，不要追悔過去

不要追悔過去，因為在你過去中的每一個決策，在你做決定的當下，就你自己的意識而言，都已經認定這樣做是最好的決策。因此，請不要用今日的結果，來斷定過去的決策為非，因而落入追悔過去，懊惱悔恨的窠臼。而是要忘記背後，努力面前，向著標竿直跑，為了要得到從上頭來的榮耀冠冕，這才是正確的自我生命態度。也就是切勿過分苛責自己，也無需咒罵黑暗；而是要重拾信心，點亮生命的蠟燭，在光中再向前行。

(2) 對於他人，不要苛責別人

不要苛責別人，因為別人所做的每一個決策，在他做決定的當下，就他自己的意識而言，都已經認定這樣做是最好的決策。因此，請不要

用現在的成果不滿你意，甚至是執行過程不順你心，來斷定別人的決策爲非，因而落入指責對方，甚至落入所託非人的漩渦。而是要愛人如己，看別人比自己強，不要批評論斷，做到與別人和好，這才是正確的人際相處態度。也就是不要苛責別人，也無需詛咒環境；而是要重拾盼望，點亮生命的火炬，在光中同心同行。

(3) 對於罪惡，要堅定抵擋

堅定抵擋罪惡，罪惡就是各種罪行，其係起於人的罪性，罪性就是心中因反對而反對的力量。葛里翰說：幸福溝通的祕訣，在於能夠「和好」，向對方說：「對不起」。放在婚姻關係中，幸福婚姻是兩個善於饒恕的人之結合。能夠與上帝和好也與別人和好，你們之間有正確且合宜的關係。而不饒恕就有如破唱片的經常運轉，苦水經常倒帶，對方一直是你的「心上人」，念念不忘對方傷害你的事情，這是溝通的大忌。因爲人是不會主動改變的，除非他感受到愛與接納。而逃避不能拯救任何的人，也不能改變任何的事情，唯有勇敢面對，用心溝通，才能嘗到甜美關係的果實。

2. 用心溝通，不計毀譽

於是，我們有三點啟發，說明如下：

(1) 對於自己，要完全接納

千萬不要刻意判斷自己。因爲你是上帝所創造的，你是祂的精心傑作，你是獨一無二的；同時，你的每一個決策，在你做決策的當下，都是自己以爲是最好的決策，也都是盡心盡力去做的合理決定。因此，不要用今日之「非」，來否定過去之「是」，這是不對的；況且判斷你我的主體，應該是上帝，故請不要僭越，竊占上帝的角色去論斷自己。只需忘記背後，努力面前，盡力做好當前的每一個決定，即已足夠。

(2) 對於別人，要自由自在

面對別人的各種褒貶論斷，都要以爲是極小的事，不要受他們的影響，也不要隨之起舞。因爲嘴巴是長在別人的身體上，它要說好話或

是說壞話，這不是你個人可以控制的。你更無需為他們而活，因為這樣太累了，你必須隨時隨地如臨深淵、如履薄冰的小心伺候著，這沒有多久你就會受不了。你反而要脫離這個漩渦，勇敢活出你生命中的命定。

(3) 面對批評讚美，不要太在意

自在的面對各種褒貶，當我們因為某件事情被別人讚美時，我們的自尊心會得到滿足，因而產生愉悅的感覺，心中產生快樂的感受。例如，當所拍攝的照片，在臉書或賴（LINE）上被別人按讚，或是留言稱讚時，便會心花朵朵開，開心的笑開懷。相反的，當我們因為某件事情被別人批評時，或是被人忽略、忽視時，我們的自尊心會受到打擊，因而產生痛苦的感覺，心中產生憤怒的感受。例如，當所拍攝的照片，在臉書或LINE上被別人嗆聲時，即當有人持負面看法時，說連這個也拍得不好，真是太遜了；或被嘲笑白目，真是白癡一個，便會心生不爽，甚至暴跳如雷。特別是某些我們會在意的人的意見，所引發的情緒反應更是明顯，或是如LINE的已讀不回所引發的被忽略感受。

因此，天然人的我們，自然會刻意以「趨避模式」來趨近讚美和稱揚，而避開批評與忽視。但是，此時便是將自己的情緒主權，如快樂或憤怒，交付給他人或環境，使自己已經淪為受控的角色而渾然不知。甚至是將自己感受偏好或厭惡的態度主權，完全斷送在對方手中而悄然不覺。要知道，我們需要能夠跳脫別人的好惡眼光，不隨他人的觀點或視角起舞，因為批評人的嘴巴是長在別人的身上，你我無法控制，只要做到不受別人話語影響，你我便已經得勝，笑罵且任由人笑罵吧。除非是你自己願意，否則沒有人能夠使你不快樂；甚至除非是你自己願意，否則沒有人能夠使你羞愧。因為「人必自侮而後人侮之」，古已有明訓。你反而要專注在做正確的事務上，做上帝要你做的事情。如此一來，便能建立起美好自我形象的穩固盤石，外在風雨不能使之動搖、倒塌。

正如保羅所說：「我被你們評斷，或被人審判，對我都是極小的事。

其實連我自己也不評斷自己。我雖不覺得自己有錯，卻也不能因此得以稱義，但判斷我的乃是主（哥林多前書4：3-4）。

3. 用心溝通，保守你心

最後，用心溝通要做到保守你心，因為你要保守你的心，勝過保守一切，因為你一生的成效，是由心發出（箴言4：23）。這是最根本的法則，是不證自明的事情，千萬要掌握住這一個法則，你才不會整個人垮掉，充滿恐懼、自己嚇自己。也不會一個小小的風吹草動就把你整垮，甚至是突然來的驚恐就完全抓住你。在此時，即有三件事情需加以討論：

(1) 誰要保守

誰（Who）要保守，答案是你自己，這是你自己要做的事情。只有你的心說了才算數，也只有你的心才是完全屬於你，你的自我形象是真正完全屬於你。至於其他的事物，則是完全不屬於你，例如你的婚姻（配偶或小三的心難測）、孩子（總是突然轉向）、金錢（金融海嘯就突然成泡影）、房屋（房價貶值、火災或地震）、健康（突然罹癌或重大惡疾）等。

(2) 要做什麼事

要做什麼事（What），答案是保守的動作。這是保護看顧，全力以赴的護衛（Guard）著。事實上，生命中的裂縫都不是大事造成的，反而都是小事情的逐漸累積，而沒有去經常處理留意它。你是否經常檢查你的心思的情況，是否無法純淨的思想，原因是否是身體累了、電視或電影看太多了、垃圾食物吃太多了。也就是去檢視你的心思都想些什麼，是否想得真實、可敬、高貴、純潔。

(3) 什麼要被保守

什麼要被保守，受詞（Whom）是心的本身。重要的事物都要買保險。就像你的身體、房子和車子都買了各種保險，那你的心是否有買保險呢？因為如果你的心不對了，你的態度就不對了，看什麼事情都不順眼。你的人際關係也就會不對，全家搞得雞飛狗跳，甚至是小三、小四一大串。你的工作也不順心，你總是會和老闆作對，也會和顧客過不去。最後，你的身體和生命也出現問題，憂鬱、焦慮、暴

怒、擔心、失眠，如影隨形揮之不去，你整天都不會快樂，縱使你什麼都擁有，也是一樣。

你要接受上帝愛你，而你要饒恕別人。因為上帝已經赦免了我們的債，如同我們饒恕免掉別人的債。

12.4 管理關係存摺

時時刻刻勿忘在關係存摺中存入款項，必然可以使關係水缸中充斥飽滿的高水位，經歷關係果實纍纍的豐收。

【問得好】你多久沒有對家人生產親情了？

有一天，芝心參加公司的尾牙活動回來，她笑著拿出一大把餅乾放在桌子上，由於餅乾外型十分可愛，有小海豚、小兔子、小貓咪、小貓熊等，味道也十分芳香，她的先生和孩子們便想要拿起來吃，餅乾總共有七片。

「等會，我們家有四個人，我們將餅乾分成四份，每一份都要一樣多。」芝心笑著說。

大家不禁一愣，心想要如何分配餅乾。

「這是個愛心測驗，誰先想出來，我就親他一下。」

孩子們向芝心做個鬼臉，大叫一聲，然後繼續苦思，七片餅乾怎樣才能夠分成四份呢？

「如果七片餅乾沒有辦法分成四份，那麼八片餅乾呢？」芝心做個小提示。

大孩子突然想起餐桌上還有一片餅乾，這是上回去花蓮拿回來，還沒有吃完的餅乾，便拿出來湊成八片餅乾，然後很快就分成四份了。

芝心先在大孩子的臉上親一下，也給他一片餅乾，這下子大孩子有三片餅乾了。

「各位，解這一道題的關鍵在於，需要先給出去自己這一份，去分享、去付出，才能夠在愛的關係存摺中，存入足夠愛的關係，好使我們的

四周圍都充滿愛。」芝心微笑說。

在安身立命的過程中，打理我們四周的人際關係，經營我們的關係人脈，是做自己人生的CEO，獲得幸福生活的重要關鍵。這當中需要建立、強化並維持良好人際關係。然而，建立關係、強化關係和維護關係，皆需耗費時間，若不用心經營，花費時間和付出心力，實難以獲得美好人際關係果實。即需經歷「一分耕耘、一分收穫」，才有「種瓜得瓜、種豆得豆」的喜悅，此絲毫不假。

特別是在日常生活中，家庭生活是最貼近個人性格的，家人包括祖父母、父母（或雙親）、配偶、兄弟姊妹、子女、養子女等，都是最親近的生活對象。在家人面前，我們的情緒表現也是最為直接。完全不戴假面具，此和工作或其他場合明顯不同。因此，要有幸福美滿的家庭生活，我們更需要學會管理關係存摺。

1. 在關係存摺中存款

首先，要在**關係存摺**（**Relationship Passbook**）中存入款項。即我們和他人間的關係多寡，一如銀行存摺中的一個數字，數字愈高表示我們之間的關係愈好。透過常用的關係增減機制，使用會計學中借方與貸方的原理，在我們和對方的人際銀行關係存摺中，進行**關係存款**（**Relationship Deposit**）和**關係提款**（**Relationship Withdraw**）的過程。換言之，每當我們和對方用心說出一句美好溝通，帶給對方身心溫暖快樂感受，進而感受雙方關係強化進展，即是在雙方關係水準上加分，在雙方的友誼關係放進「存款」；而我們和對方每次粗心大意的劣質溝通，甚至造成惡性衝突，帶給對方身心受創的哀痛感受，進而感到雙方關係弱化或惡化的體認，即是在雙方關係水準減分，在雙方的友誼關係「提款」。至於雙方的關係水位，即是關係存款數額減去關係提款數額後的數量，此代表雙方關係資本的多寡、安全感尺度的水準，及關係品質的高低。一旦關係提款大於關係存款，即表示雙方的關係帳戶存款不足，需要及時補進關係存款，否則便會因存款不足（**Deposit Shortage**）而成為無效帳戶，被列為禁止往來戶。

因此，珍惜每次碰面，每次溝通機會，用心經營自己周圍人際關係，在雙方關係銀行存摺中，適時存進款項。在每一天中，對所接觸到的每個人，多多親切溫和問候對方，不要吝惜給出溫馨感恩，永遠多說些眞心讚美，隨時在雙方關係水準中加分，相信在我們的人際銀行關係存摺中，必然是充滿果實滿滿的豐收，並打造出彼此關係的金字招牌。

> 珍惜每次碰面，每次溝通機會，用心經營自己周圍人際關係，在雙方關係銀行存摺中，適時存進款項。

泰戈爾說：「我們必須先奉獻在生命中，才能夠獲得生命。」即是這個道理。在關係增減機制外，另有一如經濟學生產函數般的「關係生產函數」，此爲由於在關係建立、關係強化和關係維護過程中，必定會有個別的生產活動，形成所謂的關係生產函數。即我們係透過人力（勞動）、資本（財物）、時間、技術（技巧）等生產要素投入，來「生產」我們的人際關係。詳言之，其種類包括：

在工作（同事）方面，有工作關係生產函數$Q_{work} = f_{work}(L, K, T_1, T_2)$；

在友誼（朋友）方面，有友誼關係生產函數$Q_{friend} = f_{friend}(L, K, T_1, T_2)$；

在愛情（家庭）方面，有愛情關係生產函數$Q_{love} = f_{love}(L, K, T_1, T_2)$；

其中，Q代表產出數量，L、K、T_1、T_2分別代表勞動、資本、時間、技術投入。此時，我們若想要獲得某種成果（關係產出），自然需要投入相對勞動、資本、時間和技術，此即經濟學「生產函數」的中心旨趣。

例如，我們在工作上若要建立關係，需要付出人力、財物、時間，透過**工作生產函數（Work Production Function）**，經由工作支援和搭配，甚至是策略聯盟來經營事業，花時間進行關係行銷（顧客關係管理），持之以恆，必會產生關係利益和實際利潤。

又如，我們若想獲得友誼，即需要付出勞力、金錢，並花費時間，透過**友誼生產函數（Friendship Production Function）**，經由分享和溝通，用心經營友誼，花時間關心對方，假以時日必可獲得友誼滿滿的果實。

　　再如，我們若想獲得愛情，那就需要投入勞動、金錢和花費時間，透過**愛情生產函數**（**Love Production Function**），使用各種力氣及心思，花錢和對方約會交往，花時間陪伴對方，此為必經之路。因為天下沒有不勞而獲的事，天下也沒有白吃的午餐，許多人際關係若不花費時間和心力維護，時間一久，便容易冷淡而疏遠。例如，很多夫妻在結婚多年後，婚姻亮起紅燈，此問題多半出在一方或雙方在結婚後，並未像婚前一樣，持續用心生產雙方的愛情關係，以致雙方的愛情關係水位不足，愛情關係淡化。在此時，雙方即需要回頭運用愛情生產函數的原理，努力、用心生產愛情，自然可以提高雙方的愛情關係水位，恢復婚姻中所需要的美滿愛情關係。

　　以上三方面共同構成我們工作、友誼、愛情關係，三方面人際指數的內容。此時便成為多目標（工作、友誼、愛情三個目標）線性規劃問題，而非單目標線性規劃問題。需要透過智慧的選擇，妥善管理時間，選擇經營合適的人際關係，獲得美好人際關係果實。

　　當然，因為每個人的時間只有二十四小時，在多生產工作關係時，自然需減少生產友誼和愛情關係。觀諸社會中有許多夜以繼日、忙於工作的人，竟日經營工作人際關係，頗見成效，賺進大把鈔票。然而，長久後不免發現，他的老朋友和同學皆因久未聯繫而日漸疏遠，甚至是家庭夫妻關係也陸續亮起紅燈，經歷到夫妻反目或子女叛逆等苦果，此皆因長時間疏於經營友誼、親情和愛情關係，所導致的自然結果。

　　退一步言，若執意在同一時間生產工作關係、友誼關係、愛情關係三方面，而犧牲或壓縮晚上睡眠和休息的時間，自然會減少生產健康，在自己身體持續未獲應有關照情形下，自然是病痛上身，甚至罹患癌症惡疾，危及生命，此點實不可不慎。

　　培根說：「一個人建立人際關係時的行為舉止，像是一件心靈衣裳，而且具備衣裳的所有特點。因為行為舉止應合乎外界時尚，而不應稀奇古怪；它應表現心靈美的同時，又能夠掩飾其不足。」總之，每個人的行為舉止不能太極端、太偏差、太呆板。

2. 人際關係平等互惠基礎的維持

　　每個人在人際關係建立上，有其個人特色的差異，例如，有些人比較容易融入人群；有些人則會有意無意選擇疏遠人群。此外，每個人皆需要在各種不同情境下，經營人際關係，因此，不斷調整自己並適應環境是十分重要的。事實上，影響人際滿意度的主要因素為人際溝通能力和雙方感受的達成情形。

　　張愛玲說：「裝扮得很像樣的人，在像樣的地方出現，看見同類，也被看見，這就是社交。」足令人會心微笑。蘇格拉底也說：「好習慣是一個人在社交場中，所能穿著的最佳服飾」，就是這個道理。

　　申言之，長久維繫美好人際關係，需建立在「平等互惠」基礎上。即如《聖經》所說：「你要別人怎麼待你，你就要先怎樣待人。【12-5】」只有單方面持續付出絕對無法持久。因為人類的大腦中，有一個衡量比較區域，會自動檢查雙方來往過程，並斤斤計較，某一方若吃虧超過一定程度，就會發出停止往來的指令，並淡化雙方關係。此一人際關係天平是來自於人性的公平機制，而公平的原義是自己保有幸福。若以知覺價值認定的觀點而言，公平機制即是知覺價值，指當對方從該項關係所得到和所付出的部分，做一個整體性的效用評估，藉此評估的效用即是「知覺價值」。知覺價值可看成我們對於生活中付出和獲得之間所給定的個人評價，而任何的人際關係一旦違背平等互惠的「互相」原則，自然容易產生衝突和對立。茲說明如下：

(1) 平等原則

　　平等指雙方利益往來維持在收支平衡的水準，沒有一方具有明顯「吃虧」或「占便宜」情況，並且不存在「支配者和被支配者」的高低位階差距。至於「平等」與否的認定是主觀的，明顯因人而異。換言之，一個人主觀感覺到吃虧或占便宜，此關係到個人的價值觀標準。因為我們在評估知覺價值時，皆以自己個性和偏好為比較標準，故相同事件不一定對每個人皆產生相同的價值判斷。

(2) 互惠原則

互惠指雙贏，雙方皆取得「有效利益」。由於利益認定會隨個人價值觀改變而變動，因此互惠情況自會因利益改變而變化。例如：關係開始初期認定爲「有效利益」，然而當時間拉長則轉變爲「無效利益」；或者是在短時間內具有好處，但在長時間內則否，甚至發現利益的背後，竟然暗藏災禍等不一而足。

單有平等而不具互惠是不可能持久的，因爲無利可圖，自然會驅動人們轉向另外有利可圖的關係。例如，若雙方皆十分吝嗇，或是雙方皆很冷漠，則關係無法長久。

結婚三十三年，在上帝的奇異恩典中，澤義、彝璇夫妻伉儷情深，因爲兩人都堅持夫妻感情至上。就算是工作再忙碌，在結婚之後也絕對不可以停止約會，而是要隨時透過愛情生產函數，來生產愛情。當兩個小孩接連出生後，澤義、彝璇就有多次將孩子送給「家庭托嬰」，臨托兩、三個小時，爲的是要來爭取寶貴的約會時間。那時澤義、彝璇手頭並不寬裕，因此只能在夜市附近，隨便找個廉價小吃店來約會談心，儘管如此，如今他們回想起來仍是甜蜜。後來孩子們長大些，澤義和彝璇更每週至少要抽出四個小時來約會和吃飯、一起去郊遊，或是共同做些事情，努力透過「愛情生產函數」，來賣力生產愛情。這樣的習慣已維持二十幾個年頭，長期間透過關係存款的方式，結果就是造成澤義、彝璇感情恩愛，舉案齊眉的豐盛果實。

【智慧語錄】

要深入你的內心，認識你自己；認識你自己，方能認識人生。

——蘇格拉底（Socrates），古希臘哲學家

如果我們想交朋友，就要先爲別人做些事——那些需要花時間、體力、體貼、奉獻才能做到的事。

——卡內基（Dale Carnegie），人際溝通專家，創立卡內基溝通訓練

【本章註釋】

12-1 水平溝通（Horizontal Communication）包括五個階段，即發訊者、譯碼、干擾中介、解碼、收訊者。出自巴洛（Berlo, 1960），請參見 Berlo, D. K. (1960), *The Process of Communications*, NY: Holt, Rinehart & Winston.；亦請參閱陳澤義著（2011），《美好人生是管理出來的》，臺北市：聯經出版，第四篇之一建立人脈，以及2014年簡體字版，深圳市：海天出版。

12-2 社會滲透模式（Model of Social Peretration）的內涵，出自奧肯（Altman, 1978），請參見Altman, H. (1978), "Lessons of Leadership: Turning Ideas into Profits, Nation's Business, 66(4): 60-66；亦請參閱陳澤義著（2012），《影響力是通往世界的窗戶》，臺北市：聯經出版，第三篇之一有效的溝通，以及2014年簡體字版，深圳市：海天出版。

12-3 四個「聽」「說」關係方格見華人心理治療研究發展基金會執行長王浩威2012年的演講稿。

12-4 「良言如同蜂房，使心覺甘甜，使骨得醫治」，原文出自〈所羅門王箴言〉16章24節。

12-5 「所以，無論何事，你們願意人怎樣待你們，你們也要怎樣待人，因為這就是律法和先知的道理。」原文出自《聖經・馬太福音》7章12節。

【課後學習單】

表12-1 「有效的連結」單元課程學習單——溝通力學習單

課程名稱：	授課教師：
系級： 姓名：	學號：
1. 請擇一說明你要在班級上、社團上、家庭上向他人進行「**水平溝通**」溝通時，你是如何處理過濾作用和降低溝通焦慮的問題？（可舉例說明）	
2. 同樣的，你在進行「**水平溝通**」時，如何排除環境上的溝通干擾？還有，哪一個溝通階段的障礙，是你需要努力去克服的？（可舉例說明）	
3. 請說明你在進行「**水平溝通**」時，你是如何處理溝通負荷已經過度，以及已經選擇性知覺不接收的情形？（可舉例說明）	
4. 若是你要利用「**社會滲透模式**」，來溝通他人時，你如何留心和重要朋友或家人溝通時，溝通深度只停留在他人事情上的情形？（可舉例說明）	
5. 同樣的，若是你要利用「**社會滲透模式**」來溝通他人時，你如何留心和普通人或陌生人溝通時，溝通深度卻深入到自己的事情或感覺之上？（可舉例說明）	
6. 承上題，請說明你在溝通他人時，「**關係存摺**」如何扮演一定的角色？這對你有何啟發呢？（可舉例說明）	
7. 此時，本章「**三種生產函數**」在你自己身上要如何應用呢？（請舉例說明）	
老師與助教評語	

第十三章　衝突帶出機會

【三國啟思：諸葛亮街亭敗陣斬馬謖】

　　諸葛亮首出祈山北伐魏國，由於兵精糧足，士氣正盛，以致數戰皆捷撼魏國。魏明帝旋拜司馬懿為大都督，司馬懿令張郃任先鋒，直接攻打街亭咽喉。諸葛亮遂令馬謖擔任主帥，王平為副將，帶領軍士兩萬五千人，務必固守街亭要塞之地。

　　惜馬謖輕忽諸葛亮的囑託，不聽副將王平的勸阻，自恃自幼博覽群書，過分輕敵，只想屯兵山頂先占制高點，反而放棄隘口地形。司馬懿先圍山阻截糧道，再放火燒山大亂軍心，馬謖遂率領兵士衝殺竄逃，街亭遂落入司馬懿之手。

　　諸葛亮因此只能退兵回到漢中，平白喪失一次大好的反攻伐魏軍事行動，事後為貫徹軍紀，諸葛亮唯有揮淚斬馬謖，令人扼腕。

13.1 協調創造雙贏

【管理開場：印度總理甘地勇於面對衝突，開創不合作運動先河】

　　在1920年，印度聖雄甘地倡導不合作運動（Non Cooperation Movement），希冀經由和平抵抗途徑，抗拒英國政府的殖民地統治政權。後來正逢第二次世界大戰，甘地遂倡議與英國協同作戰，並且要英國政府同意在戰後，給予印度獨立，終結英國百餘年的統治。

　　甘地倡導的不合作運動，正是衝突管理的事證，甘地鼓舞印度人民自力更生，自力經營紡織事業，生產土布與英國布料抗衡。甘地期望建立民族紡織產業，藉以提振農村自主經濟，並且擴增民眾就業機會，調節農民休閒檔期。甘地認為應回歸以人為中心的角色，抗拒工業化將人類工具化的非人道威脅。不合作運動更包括鼓勵印度民眾不購買英國

貨、不就讀英國人所籌辦的學校、不踏進英國人所設置的法庭等。

甘地所進行的衝突管理，更包括鷹式與鴿式兩套策略，鷹式策略為發動罷工運動，透過激烈的絕食行動向英國政府直接施壓，絕食行動更擴及自己、農民與工人等團體。鴿式策略則是訴求不主動施暴，不用暴力武器，明確傳達出非暴力、非抗爭的不合作的反對意見。

甘地素來手持竹竿、布衣粗食，以誠實與非暴力為工具表達不合作。在歷經數度失敗與阻折後，印度最終得以在1947年8月宣布獨立，並透過印巴分治，設置巴基斯坦獨立政權。

在管理與領導過程中，經常會踩到反對勢力的腳跟，衝突自是難免。我們應容許爆發正面衝突，亦需積極去面對衝突，並解決衝突。

【問得好】你怎樣去面對那些意見與你相左的人？

這一章可以說是本書至為重要的一章，攸關你的人生格局高下。惡性衝突所帶來的家庭中的子女負氣離家、兄弟反目、夫妻離異，以及工作中的「辭退（Fire）」老闆、同事反對、下屬無言，以及同學絕裂、朋友絕交、親人絕情等人間憾事，令人扼腕。若是我們能夠有效的處理衝突，不僅可以化干戈為玉帛，維持既有人際關係；更可以凡事順利，又盡享人際溫情。故協調衝突可創造雙贏，在人生課題中有必要妥適管理。

本節說明在管理和領導中，需要面對的衝突、處理衝突，進行協調的程序，此是管理者執行協調管理的必要手段。理由是能否成功處理衝突，其重要性係關乎個人的領導與管理能力，茲說明如下：

1. 衝突的發生

(1) 衝突的意義與發生原因

由「衝突」的字義說明，衝突是一方要衝鋒，繼而碰到障礙物而突著的情形。衝突肇因於個人所關切的自身權利，業已或將會遭到對方行動負面撞擊的反應。

基於每個人皆是不同個體，出自不同家庭文化背景，自會有不同的待人接物風格與做人處事態度，具有多樣化意見陳述，衝突乃應運而生且不能規避。在管理與領導當中，基於管理與領導者需要設定並導引執行路徑，有時會異於旁人內心想法，甚至是踩到他人既得利益而爆發衝突。此時理性的管理與領導者會視每一件衝突為一項機會，而非一個困難。

至於發生衝突的原因，係來自於三種差異，即目標差異、領域重疊與對事實的知覺認知差異【13-1】，茲說明如下：

a. **目標差異**：指雙方努力的目標不相同，所生成方向拉扯的衝突撕裂情形。經常見於領導者看重成長擴張，其他人則希望維持現狀，保守穩健，即易於爆發衝突。例如，劉備歿後，**諸葛亮**力主北伐曹魏，然蜀後主**劉禪**則傾向守成安靜，兩人的目標方向大相逕庭。

b. **領域重疊**：指雙方權利與義務的規範未臻明確，所生成的地域重疊的衝突撕裂。經常見於領導者和他人間的行動領域相互交錯，從而爆發彼此爭奪資源的情形。例如，**劉備和呂布**皆想要占領徐州城，然一山不容二虎，故劉備將徐州讓予呂布，自己前往旁邊的小沛城，化解一場可能的領域衝突。

c. **對事實的認知差異**：指由於誤會認知或錯失溝通，所生成的行動衝撞和衝突撕裂。經常見於領導者擁有最新的一手資訊，其他人則不然，此時即容易由於溝通不足而滋生衝突。例如，**袁紹**與曹操對峙於官渡，謀士**沮授**力主以持久戰消耗曹軍，因曹軍遠來疲憊，但袁紹不從而刻意疏遠，後來袁紹兵敗於官渡，從此一蹶不振。

(2) 衝突的型態

衝突的型態最常見者，為外顯型衝突與情感型衝突兩種，茲說明於後：

a. **外顯型衝突**（**Revealable Conflict**）：指我們為追求自身利益，從而踩到對方既得利益的紅線，以致爆發衝突。經常發生在領導者欲開創被領導者的共同價值，然被領導者則泰半會自我盤算與本位主義，即

會爆發雙方的顯示性衝突。例如，**曹操**在攻克汝南公孫瓚後，為統一北方，和河北**袁紹**戰於官渡，爆發外顯型衝突。

b. **情感型衝突**（**Emotional Conflict**）：指我們對他人發生的敵視緊張、敏感情緒或壓力滋生的感受。經常發生在某單位主管懸缺，今有二人競逐此一職位的情形，即使雙方情感關係萬分緊張。例如，曹操嫡子中，**曹丕**與**曹植**皆有機會繼承大統，導致發生領域衝突，曹丕逼迫曹植瞬間作詩，曹植遂完成「本是同根生，相煎何太急」的七步詩千古佳句【13-2】。

2. 衝突管理

前段提及，在管理與領導過程中，經常會碰撞反對勢力，衝突自不可免。但衝突並非全屬負向，有其進步發展與提振團體績效的正面意義，我們宜容許衝突發生，且積極面對並管理衝突。

在面對衝突的當下，首先需創造解決衝突的良好條件，方能進行有效的衝突管理。此時即需創造以下的四個先決條件【13-3】，說明如下：

(1) **杜絕任何評斷**：此時千萬不可做出任何評斷，即「誰有理，誰無理」，若是妄下任何價值評斷，那不啻是提油桶救火，火上加油愈發不可收拾。

(2) **傾聽浮現真實**：這時需要先去傾聽兩造想說什麼，重點是關懷並找出說話者內心的「未滿足需求（Unmet Demand）」或「未實現夢想」，乃至於凸顯出他的未解決問題。在這個真實浮現的過程中，傾聽而不要評斷，乃是最高指導原則，重點則是去探究觸動對方哪些事情。

(3) **提問確認思維**：在傾聽過程中，需要適時提出問題。提問的目的是幫助對方澄清自己的立場，使他能夠想得更加清楚。也就是要探究「他怎樣看待自己的立場？」「他怎樣解釋自己的立場？」以及「這樣的立場會有怎麼樣的後果？」

(4) **反思自己動機**：在傾聽與提問的同時，也需要問自己，確認自己的動機和立場是否公正無私。而不宜摻雜自己的「未滿足需求」、「壓抑的內心衝突」或「未實現夢想」，甚至是藉機擴張自己的權力，則不

足取。

切記，所有的傾聽、提問與說話的溝通舉動，都在於要了解對方，而非要建立共識。不可先入為主的認為自己是對的，是站在有價值的一方，而要對方聽從我，若這樣做就會是一場災難。

論及衝突管理是針對衝突爆發後，所需要的處理方案與建設性解決機制，此即羅賓森（Robbins）的**衝突管理模式**（**Conflict Management Model**）。方法包括：營造和解氣氛、訴諸更高層次目標、研擬創意解決方案、增添供給化解衝突與堅守認知公平【13-4】。如大衛王所著詩歌第23篇中，〈牧羊人之歌〉的論述【13-5】，如圖13-1所示，茲說明如下：

資料來源：整理自 Robbinson (2010)。

圖13-1　衝突管理模式的說明

(1) 營造和解氣氛

即主動擺宴營造協調與調停氣氛，正面協調雙方爭議，並導引雙方陳述意見與解決方案，從中調停和解。

此時，與我們意見不同的人為對手方，即所謂敵方，在敵人面前擺設宴席，指設宴安排飯局，將衝突雙方共聚一室，充作調解與處理爭議的舞臺。理由是在用膳時間，經常是喜悅快樂時光，例如，誕辰壽

宴、升遷賀宴、慶功酒席、喬遷歡宴、結婚喜宴、滿月喜慶等，諸多爭執較易在此時化解。這也是〈牧羊人之歌〉第五節前段的內容：「在我敵人面前，你為我擺設筵席」。

(2) 訴諸更高層次目標

在適當場合中，我們若**訴諸更高層次目標，可增添衝突者的自尊以處理紛爭，即能促使對方願意為更高層努力目標，放棄現階段的衝突損失**。此時係訴求更高層次目標的意義，有如用膏油塗抹對方般的委以重任，授予使命，以提升對方自尊。即先聚焦於超然目標，如共同抗拒外侮威脅，以凝聚共識，並移轉現有衝突目標，並為具創意處理方案鋪路。這也是〈牧羊人之歌〉第五節中段的內容：「你用油膏了我的頭」。

例如，筆者在中華經濟研究院工作三年時，考取博士班後結婚，不久後妻子懷孕。妻子原本擔任青少年感化輔導工作，此時我們面臨多個目標的衝突（研究院工作、攻讀博士班、青少年輔導、夫妻相處磨合、養兒育女）。經與妻子深度溝通後，提及更高層次目標，即教養品質的重要。基於「六歲定終身」的親子教育理論，孩童六歲前的教養已決定孩童一生的人格發展，若孩童在六歲之前，能夠獲得完整的父母親關愛，即能夠使他擁有充足安全感和高度自信心，踏入學校與社會。另亦思想教養好自己子女，事先防範未然，豈不更勝於補破網的青少年感化歸正輔導。在此更高目標的引導下，妻子決定辭去工作，全心教養兩個小孩直到小學，才重回工作職場，此一決定明顯解決往後至少六年內，家中預期會產生的各種衝突。

> **訴諸更高層次目標，可增添衝突者的自尊以處理紛爭，即能促使對方願意為更高層努力目標，放棄現階段的衝突損失。**

(3) 研擬創意解決方案

在雙方輪番表述自己觀點，並檢視事實、澄清誤解或探索善意後。即

可研擬創意解決方法，以導引各方善意並顧及彼此尊嚴，雙方皆得下台階以解決衝突。此時需要多方協調溝通，探求各方立場、心中感受與共同利益，以提出各方皆能接受的創意方案或最底線的折衷方案。這仍是〈牧羊人之歌〉第五節中段的內容：「你用油膏了我的頭」。

例如，筆者在讀碩士時，曾經和同班同學共同追求同一個女生，預期會爆發領域重疊衝突。那時班上已服完兵役的蕭同學挺身而出，約當事人三方到咖啡廳聚會，他對我們說：「男女感情是一時的，同窗情誼則是永久的。我期待你們之間往後還是朋友，以後同學會大家還會碰面，千萬不要為這樣一件事情，破壞大家的同學友情。」他還提出創意解決方案，即由女方當場挑選其中一人繼續交往。此舉快刀斬亂麻，立時化解一場山雨欲來的衝突，實為巧計。

(4) 增添供給化解衝突

基於衝突多源於供給不敷需求，因此，我們若能把餅做大，增添供給以滿足各方需求，便能化解衝突。此指我們至外界獲取資源並分配到各方需求上。即指增加供應，使大家福杯飽滿，甚至滿溢。也就是〈牧羊人之歌〉第五節後段的內容：「使我的福杯滿溢」。

(5) 堅守認知公平

衝突管理的最高原則是使各方皆感受到**認知公平**（**Perceived Justice**），在物質面、心理面、時間面等方面，皆使衝突各方感受到調停處理所帶來的結果公平、程序公平與互動公平。從而各方皆滿意，雙方恢復關係，化干戈為玉帛。若情非得已，才交付仲裁，由雙方皆可信賴的第三者，甚至當地法院來協調裁定，以堅守認知公平。

在此時，衝突各方能認知到恩惠與慈愛氛圍，此意謂管理衝突需要使各方感受到恩惠與慈愛。第一是恩惠，指衝突化解後，能獲得物質恩惠，獲得結果公平；第二是慈愛，指衝突化解過程中，能獲得善意對待，獲得程序公平與互動公平。使衝突方心滿意足，享有永遠福樂，一如待在天國中，直到永遠，這即是〈牧羊人之歌〉第六節的內容：「我一生一世必有恩惠慈愛隨著我；我且要住在耶和華的殿中，直到永遠」。

3. 道歉的角色

　　道歉是指承認錯誤，這是衝突發生後，進行補償的第一步動作，也就是將失誤設下停損點，是一絕佳方法，因此特別加以說明。Lovelock指出，衝突補救的最高指導原則，第一是道歉，第二是道歉，第三還是道歉。

　　基本上，道歉、承認錯誤，並補償對方是最積極的解決衝突的方式。不去道歉而光是解釋原因不一定有效。解釋原因可歸因於內部原因或外部原因，內部原因是自己不好；外部原因可能是因為天氣不佳，或有颱風地震。紅綠燈太多，所以遲到。不當的歸因反而會導致對方的不滿，在解釋原因時需要特別注意。

　　至於道歉的基本原則有五個，包括先行道歉非常重要、先為氣氛不佳來道歉、當天爭吵當天道歉、位階為大的先行道歉、雙方不要同時生氣，說明如下：

1. 先行道歉非常重要

　　若是可行就直接向對方道歉，若是一時拉不下面子，就要先為氣氛道歉。這時可以說：「很抱歉，我今天把氣氛搞砸了，我向你道歉」。因為當你先道歉後，就是給對方一個台階下。對方便可以回答說：「沒有關係，下次小心點就好；事實上，我也沒有注意到。」這樣一來，衝突爭吵的壓力，就已經化解掉一大半。

2. 先為氣氛不佳來道歉

　　基本上，與朋友、同事、配偶或家人間的爭吵，多屬芝麻綠豆的小事，例如買錯物品或弄壞用品，或東西擺錯位置，以致於找不到等。因此，需要先為當時的氣氛不佳來道歉。這時你可以這樣說：「很拍謝，我今天沒能給你一個快樂的早上，我向你道歉。」這樣一來，就能大事化小，小事化無，使對方甚至破涕為笑，化干戈為玉帛。

3. 當天爭吵當天道歉

　　發生爭吵衝突時，基於今日事今日畢的原則，需要及時道歉，而不應該打長期冷戰，拖延時間或拉長戰線。因為這就好像人每天都需要上廁所

大號，使腸道暢通一樣。這樣才不會發生便祕，堵塞腸道不通，傷害身體健康的情形。因此發生爭吵衝突的當下，就需要當時馬上道歉。

4. 位階為大的先行道歉

在工作或家庭中，身為主管或戶長的人要先行道歉，因為他是一單位之主或一家之主，就如同是一國之君。他在百姓蒼生（部屬、朋友、配偶與家人）民不聊生時，應當「下詔罪己」一樣。

5. 雙方不要同時生氣

在發生爭吵時，需要馬上煞車，不要繼續吵下去，也就是不要雙方同時發脾氣。這樣便能大大減少發生大吵大鬧，爆發惡性爭吵的憾事。而是有一方會等到對方發完脾氣，情緒回復正常後，再跟對方發脾氣，這樣才能使對方能夠接住發脾氣的情緒，這一點十分重要。

葛里翰說：人際相處，乃至於幸福婚姻的祕訣，都在於能夠「和好」，向對方道歉。說：「對不起，我錯了」，來勝過人的罪性，罪性就是心中因反對而反對的力量。也就是朋友情誼，乃至於幸福婚姻，都是兩個善於饒恕的人的相處。人與朋友、同事、配偶或家人和好，也與上帝和好，兩人之間有正確且合適的關係。不饒恕對方就好像是破唱片一樣的經常運轉，苦水經常倒帶，把對方一直當做是你的「心上人」，念念不忘對方曾經傷害過你的事情。事實上，朋友、同事、配偶或家人是不會主動改變的，除非他感受到你的愛和接納。面對衝突的他人，只要能夠有效化解衝突，重拾快樂歡顏，則天底下沒有什麼不能解決的事情，幸福美滿的生活、家庭與婚姻自然是指日可待，並且能夠維持長久的年日，加油。

【智慧語錄】

在你發怒的時候，要緊緊閉住你的嘴，免得增加你的怒氣。

—— 哲學家，蘇格拉底（Socrates）

不必理會人們的誹謗；它是個微小的火花，如果你不吹它，它便會自行熄滅。　　　　　　　　　　—— 文學家，狄更斯（Charles Dickens）

13.2 調和鼎鼐之道

【管理亮點：開創 ZARA 傳奇的歐特嘉總裁】

　　ZARA是阿曼西奧·歐特嘉（Amancio Ortega Gaona）一手創辦。歐特嘉在1936年出生於西班牙里昂市，14歲就因著家庭貧窮休學到襯衫店擔任學徒。由於歐特嘉工作十分認真，並且能夠敏銳察覺顧客的需要，歐特嘉24歲就升任服裝店經理。

　　27歲時，歐特嘉開始創業，他一生中只選擇從事最喜歡的服飾業，他開設一家Confecciones Goa服裝店，自力生產並銷售高品質等級的浴袍。

　　39歲時，歐特嘉便積存到足夠資金，在拉科魯尼亞再開設第一家專賣店ZARA，ZARA商業模式簡單明確，是採用顧客能夠付得起的價格，出售高品質的衣服，讓消費者來享受只有上流社會才擁有的尊榮，這個理念非常合乎西班牙人的消費需要。

　　49歲時，歐特嘉總裁更創設印蒂紡織集團。在54歲時，歐特嘉已經在西班牙各地創設超過一百多家的ZARA連鎖店。迄今ZARA已成為全球最龐大的服飾集團，而歐特嘉也成為西班牙首富。

　　透過協商談判來解決衝突，是領導者調和鼎鼐、跨越衝突障礙必要的演練工房。

【問得好】你會怎樣和他人協商談判？

　　協商指在面對面衝突與發生障礙情形時，所進行的談判與協議行動，調和鼎鼐、製造雙贏，達成解決衝突的效益。庫倫和帕伯提阿（Cullen and Parboteeah）即提出**協商談判模式**（**Negotiation Model**），指出協商的實務行動包括四個步驟，即事前規劃預備、提出開價要求、進行說服行動、讓步並達成最終協議【13-6】，如圖13-2所示，茲說明於後：

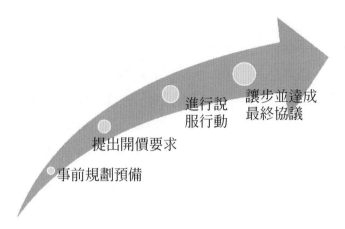

進行說
服行動

讓步並達成
最終協議

提出開價要求

事前規劃預備

資料來源：整理自 Cullen and Parboteeah (2008)。

圖13-2　協商談判模式的說明

1. 事前規劃預備

　　首先是事前規劃預備，此時我們需要明確界定協商談判的背景與所欲達成的目標；同時需要蒐集完整資訊，沙盤推演對方立場，草擬對方最可能的策略方案。即我們在知己知彼下，便能夠百戰百勝，發展可行協商策略，制定最優解決方案，以及最低限度的底線方案。

　　此時亦需建立關係，擴展雙方友誼關係，營造正式協商的和善氣氛。在協商實務中，第一個步驟需熟悉對方並進行社交與交誼活動，促成認識了解，而非實質事務。理由是若欠缺誠意、平和的協商氣氛，經常會導致協商破局，失去協商本意。

　　申言之，我們需先制定協商執行計畫，完整鋪陳協商談判的程序流程，預備相關談判資料，同時演練談判時的突發狀況提早因應。茲說明如下：

(1) **清楚談判目標**：此時需先研判談判成功的勝算，同時探究我們想經由談判達成的目標，並兼顧對方的目標。

(2) **參與談判人員**：在制定談判目標後，即可選任合適的協商人員前往協商。參與談判人員需要善於建立人際關係，具備良好語言能力、有高

度同理心、充滿好奇心、富彈性和創造力、旺盛精力、高度幽默感，及能夠忍受模稜兩可氛圍等特質。參與談判人員亦需有靈活頭腦、身心健全，並且富有創意思維，上述因素皆有利於達成談判目標。

(3) **蒐集必要資訊**：談判協商前，需蒐集、準備並檢視三種相關資料，因為若無充分預備，即難以獲得成功談判。茲說明如下：

a. **攸關雙方共同利益**，旨在確認雙方目的並尋找衝突事件的真相，並且研議採行雙贏或少輸為贏的談判策略。

b. **攸關對方真正需要**，以研判此次是否非要達成協議，或此次僅是下回協商的預備。

c. **攸關雙方談判籌碼**，從而發現雙方皆認同的支撐點，當做若是談判擱淺時，可行的替代方案。

(4) **事先演練議程規劃**：協商啟動前，需預設模擬對方可能的反應，例如，臨時變動協商代表、要求另擇協商地點、要求抵達後即刻開議、要求延長會議時間並增加次數、要求減少時間並縮減次數、安排大量社交活動、完全反對或完全同意等，上述可能提案皆需事先擬妥應變方案。

例如，元朝成吉思汗多次召開「忽裡勒台」大會，進行衝突協商，聽取部屬意見，以化解重大衝突，從而促使部屬效忠。

2. 提出開價要求

再來是提出開價要求（**Opening Offer**）或稱第一度開價，是單方面提出對於協議爭議點的期待。在提出開價要求階段，可細分成三個子步驟：

(1) **提出開價要求前**：開價前雙方會先互換基本資訊，即攸關社交關係的資訊與攸關技術層面資訊等。其中社交關係資訊指和對方確認協商程序，確認協商人員、時間、地點和協商細部流程。技術層面資訊指協商標的物的數量、規格、成分、屬性等特質。

(2) **提出開價要求時**：開價時有兩種策略可資採用，說明如下。

a. **吸脂策略**：指開價吸收對方脂油的情況。即盡量高價賣出，盡量低價

買進，並且開價要超出對方意料。例如，某人欲購買某標的物，開價甚低，開價又準又狠，令對方十分頭痛。理由是假若此人意志堅定，在對方無力抗衡，且協商未破局情況下，或許會以較低價位取得，獲得大量利益。

　　b. **滲透策略**：指開價偏重對方利益的情況。例如，如欲購買某一標的物，開價較高，使對方鬆一口氣。理由是假若對方無意跟進，通常會以較高價位取得。

(3) **提出開價要求後**：首次開價後的個人態度應十分堅定，同時要使對方知道你開價的真實內涵，並且無需說明出此價格的任何原因。同時，開價者需要先設立可接受的最大底線，並且說明合理價碼水準，以及哪部分是可以商量、哪部分是不容許商量。若對方是開價方，此時要先思考妥當，不宜直接接受對方首次開價。縱使對方開價還算合理，亦不宜通盤接受。

　　例如，在協商過程中，清廷的施琅直接提出要對方投降，刻意壓迫延平王限縮選項，藉以直接擊敗鄭克塽，給予對方壓力。

3. 進行說服行動

　　第三是進行**說服行動**（**Persuasion Behavior**），說服行動是協商方試圖讓對方接受所提出的條件，為協商程序的最核心步驟。此時需要對協商內容提出澄清和解釋，或釐清個人目的需要，使對方能夠了解認同。常用說服方法，包括提出支持論點、提出額外資訊、提出吸引誘因、提出聯盟條件等；甚至是命令威脅、質問警告、懲罰性拒絕、公開建議等。

> 說服行動是協商方試圖讓對方接受所提出的條件，而為協商程序的最核心步驟。

　　至於說服的通用方式，包括零和遊戲及非零和遊戲兩種。茲說明如下：

(1) **零和遊戲**：發生在競爭性說服的情況，各方皆不妥協，全力壓制對方，並視協商說服爲你死我活的零和遊戲（**Zero-Sum Game**）。在其中，常用的談判說服方法有四，茲說明於後：

a. **先鋒型攻擊**（**Pioneer Attack**）：指在開價時震驚對方，此時先讚賞對方產品，卻冷不防開出令對方無法接受的超低價位，澆對方一桶冷水，令對方大感驚奇，信心動搖，繼而重估產品價值。

b. **直接型攻擊**（**Direct Attack**）：直接施壓予對方，強逼對方讓步接受，或片面妥協，又稱正面攻擊，十分適合居優勢方的強勢作爲。

c. **規避型攻擊**（**Avoidance Attack**）：間接給予壓迫，在對手並未察覺時，採行側面、逐步的攻勢，趁機獲取利益，又稱側面迂迴攻擊。有如蠶食戰術般的切義大利香腸，直至圖窮匕現的決戰爲止。基於對方爲此已付出龐大資源與時間，從而個人可贏得上風。

d. **誘敵型攻擊**（**Lure Attack**）：又稱誘敵深入攻擊，指先行祭出誘餌，以高誘惑條件，一如凋謝美女的香餌，引誘對方有意願加入協商談判，直至對方落入設計圈套，再反手指出正發生某關鍵事務，同時提出一個不具吸引力的價碼。迫使對方認賠殺出，以規避日後更大的損失【13-7】。

(2) **非零和遊戲**：發生在解決問題的情況，期盼協商者做成對雙方互利滿意的雙贏，甚至多方滿意爲多贏結果的非零和遊戲（**Non-Zero-Sum Game**）。

在說服過程中，若能草擬出多種選項與創意提案，較容易尋找到各方皆滿意的解決方案。若是強制要求二選一的選項，明顯會限縮協商空間，形成高壓逼迫氣勢而容易破局。

例如，曹軍百萬壓境江東，**諸葛亮提出聯吳制曹**，依序舌戰江東張昭、虞翻、步騭、薛綜、陸績、嚴畯、程德樞群儒，又透過激將法，針對對方心理弱點來攻擊，得以分別說服孫權與周瑜。

至於常見的說服的技巧則有以下12種，分成四大類（如圖13-3所

示），說明如下：

(1) **主要說服途徑**

　　a. **中央途徑說服**：是透過論證、分析等理性方式，來實施說服。這是最

　　　　為傳統、正式的說服方式。

　　b. **周邊途徑說服**：是透過情感、感覺等感性方式，來實施說服。這是透

　　　　過情緒力量來說服對方。

(2) **說服角度立場**

　　a. **相同立場策略**：是站在被說服者的立場，以他個人的利益、需求來思

　　　　考，說服對方。

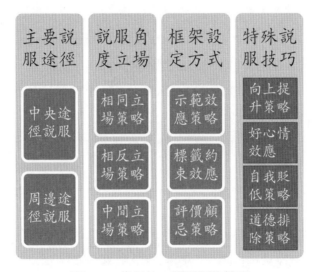

圖13-3　常見的12種說服的技巧

　　b. **相反立場策略**：是說服者透過站在和自己利益相反的立場，進行說明

　　　　事理，以強化說服力。

　　c. **中間立場策略**：是中間立場策略，採取不相干的第三方的立場，釐清

　　　　利益關係，增強說服力。

(3) **框架設定方式**

　　a. **示範效應策略**：是將標籤予以擬人化，示意別人也這樣做，以強化說

服力。

b. **標籤約束效應**：是將一些特定的價值觀標準的用語當作標籤，加在某一個人身上，來約束對方，所形成的說服策略。例如你是一個有頭有臉、有名望的人，你不能這樣做。

c. **評價顧忌策略**：是透過社會的主流評價，來約束對方的行為，達成說服的效果。

(4) **特殊說服技巧**

a. **向上提升策略**：是將論證提升到更高的層面，例如國家社會、道德公義、環境保護等，來強化說服能力。

b. **好心情效應**：是基於當一個人心情愉快時，他會採取積極思考模式，也會放鬆戒備心理，這時更容易被對方說服。因此取悅對方，使對方心情愉快，產生蜜月效應，創造說服空間。

c. **自我貶低策略**：是刻意讓自己用卑微、無能力的形象出現，降低對他人的威脅感，以促成說服。

d. **道德排除策略**：是把對方放在道德失範的情況下，幫自己找到攻擊對方的藉口。

4. 讓步並達成最終協議

最後是**讓步行為**（**Concession Behavior**）並達成最終協議，是雙方經由折衝協商、妥協退讓後獲得的協議方案結果。此時是協商談判的最終協議階段，要求對方做出讓步，放棄堅持，期獲得雙方皆滿意，或雖不滿意但還可以接受的結果，從而簽署協議書或合約。

至於讓步的方式，包括以下三種情況，茲說明如下：

(1) **對等讓步**：此時是我方讓一半，對方也讓一半的情形，以縮短雙方協商的距離差距，此時即是一方針對對手的讓步，進行全盤的平衡考量，常見於雙方實力均等或差異不大的情況。

在均等讓步時，係將讓步的內容導引至具體的補救措施之上，好讓受損害的一方提出對應交換條件，以切合彼此的利益，同時使對方明瞭雙方

關係不會因為此次讓步而受到傷害，此係均等讓步協議的基本原則。

(2) **不對等讓步**：此時是一方讓步大於對方的情形，基於在現實上雙方實力通常並不均等。從而實力籌碼強大的一方在對手提出讓步要求時，多會拒絕其要求的說：「不行」，力求施壓協商談判，以獲取巨額的利益。

例如，協商時優勢方令對方明瞭：「若不按照我方建議，另外有更好的機會在外面等著」，或「若是不願意降價，那就要選擇向他方購買」，此種方式會威脅對方，使對方感到莫名壓力。

(3) **完全不讓步**：指無任何一方做出讓步，直至協商談判的最後時刻仍僵持不下。

例如，**曹操**在華容道對關羽進行協商，曹操點出關羽曾陷落曹營，曹操多次設宴款待，關羽卻過五關斬六將傷曹操人馬，藉以要關羽讓步，給予曹操一條生路。

【智慧語錄】

討論的時候要冷靜，激烈的爭論會使錯誤變成缺點，真理成為霸道。

　　　　　　　　　　　　　　　　　── 美國總統，胡佛（Herbert Hoover）

人生就好像是拋擲迴力鏢一樣，你投擲出去的是什麼，你所回收到的就是什麼。　　　　　　　　── 人際溝通專家，卡內基（Dale Carnegie）

13.3 和諧的三角關係

【管理亮點：統一集團總裁吳修齊、高清愿、林蒼生的關係平衡美談】

統一集團高清愿總裁十六歲時在新和興布行工作，那時的老闆是吳修齊。

統一企業創辦人吳修齊，創設新和興布行，僱用高清愿為員工。吳修齊知人善任，看上高清愿的聰明能幹、誠樸勤毅、謙虛學習、富領導力的資質，遂破格拔擢，委以重任。高清愿則是在布行中，從吳

修齊身上學習到諸多爲人處事的基本道理。於是吳修齊慢慢提升高清愿擔任統一集團總裁，高清愿則帶領統一食品成爲卓越的領導品牌。

隨後，高清愿更複製此一模式，栽培林蒼生成爲統一集團的總裁。林蒼生由基層做起，各項歷練完整，深受高清愿欣賞，並且擔任統一企業總經理一職，成爲統一集團的準接班人。

平衡原理能夠協助領導者，乃是平衡處理微妙人際三角關係的好方法。

【問得好】你要怎樣在順了姑意、逆了嫂意的人際漩渦中脫困而出？

1. 人與人之間的協調

在協調的過程當中，不免會碰觸到人際關係之間的奧祕處，亦即如何拿捏我們和他人之間、我們和事物之間的平衡感受。例如，老張尊敬並崇拜周哥，進而周哥向老張介紹他的好友小李，此時老張將會由於尊敬周哥的緣故，進而「愛屋及烏」，接納小李，從而和小李成爲朋友，這就是在管理、領導或協商中，擴展人際關係（人脈）的基本方法。

引申言之，老張、周哥、小李三個人間，即成爲一個等邊三角形，老張、周哥、小李分別處在三角形的三個角點。此時，由於周哥被老張尊敬，於是老張和周哥之間的關係符號爲正號「＋」；周哥推介小李，使得周哥和小李之間的關係符號也是正號「＋」；基於「正正爲正」的乘法原則，使得老張和某小李之間的關係符號也必須是正號「＋」，進而老張便如同尊敬般的接納小李成爲朋友。若事實發展也照此劇本演出，那對於在面對老張和小李之間，就會形成認知上的「正、正、正」穩定平衡關係，從而享有認知平衡的健康知覺。周哥便是藉此進行人事協調的舉動，更是藉由推薦使來擴張影響力；或是小李獲得他人（周哥）協助，以致能獲得能力展現機會與平臺，是爲人力資源協調的合宜途徑。此即墨文和布朗（Mowen & Brown）於1983年所提出的平衡理論（**Balance Theory**）之應用【13-8】，如圖13-4所示，是爲平衡理論示意圖。

資料來源：整理自 Mowen & Minor (2001)。

圖13-4　平衡理論的基本內涵圖

　　又如在工作場合上，若是老張的上司王董特別欣賞老張的同事小蔡，這會使得王董和小蔡之間的關係符號成爲「正號」。在此情況下，基於妒嫉心或是酸葡萄的比較心理作祟，從而影響老張和同事小蔡的和睦關係，導向逐漸遠離的外推力，從而老張和同事小蔡之間的關係符號便會成爲「負號」，這明顯影響二人接受他人介入協調事務的意願。連帶的，基於公平推論和遷怒心理的作祟，老張和上司王董之間的關係符號泰半也會成爲「負號」，因爲老張會認爲上司王董並未公平的對待他。在此情形下，老張對於王董的任何協調舉動，便不易合作配合，雖然此時老張面對王董和小蔡之間的認知關係，業已轉成「正、負、負」的「負負得正」關係認知平衡狀態。這是協調人在進行各種協調事務時，所必須面對的關係陷阱。也就是雖然勉強完成協調，但是卻是在惡劣關係下推動進行。

　　申言之，雖然老張在工作上仍然可以維持情緒平衡，不致落入認知失調的窘境。但是，基於老張長久和上司王董之間，以及老張和同事小蔡之間，皆是負向的關係，此舉必然成就老張面對同事的鬥爭性格，以及面對主管的關愛渴望，此會影響老張的工作情緒，損及老張在該企業中的生涯發展。

　　如今，王董的做法爲：一則是將王董和老張的關係符號調整爲
「正」，也就是王董需要用意志再去接納老張，雖然老張已經認爲王董
偏心，偏愛他的同事小蔡；同時也要協助老張和小蔡的關係符號調整爲
「正」，亦即勸說老張用意志去認定小蔡並非敵人，使之重新接納爲朋友
同事，恢復「正、正、正」的認知平衡關係，同時也完成協調的舉動。

　　同時，老張的做法有二：首先是要將老張和小蔡的關係符號調整爲
「正」，亦即老張需要用意志去接納小蔡，使之成爲友善同事，即老張能
夠轉念來和同事小蔡之間和睦相處，放下比較和計較心態，如此一來，老
張和同事小蔡之間的關係符號便會轉爲「正號」。同時，老張也要認同上
司王董的做法，而將老張和王董的關係符號也調整爲「正」，亦即是用意
志去認定王董並未偏袒對方，況且小蔡的確是表現優異，值得王董的稱
讚，從而老張面對王董和小蔡之間的關係，恢復認知平衡的「正、正、
正」的穩定關係，此時不會危及老張在企業中的日後生涯發展，也連帶完
成接受協調的舉動，進而成就老張、小蔡和王董三贏的美好結果，以下將
此情況，列示如圖13-5所示。

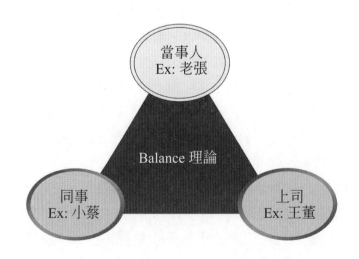

資料來源：整理自 Mowen & Minor (2001)。

圖13-5　平衡理論的變型：上司稱讚同事

此外，在家庭場合上，則經常會出現先生（當事人）面對妻子、媽媽之間的「三角習題」（如圖13-6）。

資料來源：整理自 Mowen & Minor (2001)。

圖13-6 傳統婆媳關係的平衡理論解釋

因為自古婆媳難相處，故妻子、媽媽之間不免為「負號」，而先生基於孝順母親，故先生、媽媽之間自然成為「正號」。在認知平衡的要求下，先生、妻子之間自然成為「負號」，導致夫妻之間易生勃谿、不睦。此時先生需要在認知上調整與母親之間的關係成為「負號」，並同時將先生、妻子之間的關係轉為「正號」，使夫妻同心，強化彼此關係，再一起孝順父母。此時亦使妻子有力量善待婆婆，以時間換取婆婆的正面印象。相信假以時日，必然可使妻子、媽媽之間轉成為「正號」，此時先生、媽媽之間也同時轉成為「正號」，達到三方皆是「正、正、正」的美好境界。必須指出的是，在遭受婆婆惡待的時候，妻子若盼不到先生的善意，通常會回家向自己的媽媽訴苦，此舉會導致婆婆和媽媽之間的關係惡化，深化兩個親家之間的嫌隙，間接使婆媳關係更進一步惡化，實非明智之舉。

例如，筆者在結婚之後，媽媽每次來我家時，即會數落我妻子（即她

的媳婦）的不是，如煎魚煎得魚皮沾鍋、襯衫領子發黃洗不乾淨、屋角有很多灰塵、小孩的衣服骯髒等等，來顯示她很愛乾淨，也很會理家，這當然是兩個女人的戰爭。在此時，基於媽媽和妻子之間的關係已經成為「負向」，我必須因應將我和媽媽的關係也調整成「負向」，即媽媽這個時候是錯的；同時我和妻子的關係仍維持「正向」，因為夫妻要離開父母，二人成為一體。因此，我和妻子與媽媽，三人之間的關係就成為「負負正」，仍為「正號」，為一穩定的結構，我不會發生認知失調的情形。

直到我們結婚十年後，我媽媽與妻子之間的敵意才逐漸消除，兩人的關係轉成「正向」；這時，我才調整與媽媽的關係也為「正向」，再加上我和妻子的「正向」關係。因此，我和妻子與媽媽，三人之間的關係變成為「正正正」，標準的「正號」，繼續為一安定結構。

2. 人與事物之間的協調

更有甚者，推介的對象也可以由某個人轉換成某件物品。如上例，老張尊敬周哥，而周哥若向老張推介展示他所使用的愛迪達品牌運動服，這時老張會因欣賞周哥，從而「愛屋及烏」，也喜歡愛迪達品牌運動服，後來老張購買愛迪達品牌運動服，自然不在話下，此即推薦式廣告中常見的例證。

推薦式廣告的管理學理基礎是「平衡理論」，亦即透過消費者對於廣告代言人的美好印象，緊密結合廣告代言人和代言產品之間的關聯，從而使消費者對於代言產品，滋生正面的態度偏好。例如，瑞恩（Rain）粉絲群（哈韓族）一旦見到韓國連續劇《逃亡者》、《浪漫滿屋》中，偶像歌手Rain所使用手機的款式，即會購買和該歌手同樣款式的手機。

> **推薦式廣告的管理學理基礎是「平衡理論」。**

又如，在上述場合上，若是老張尊敬的周哥特別推薦愛迪達品牌運動服，這會使得周哥和愛迪達品牌運動服之間的關係符號成為「正號」。在此情況下，基於平衡理論的引導，老張和愛迪達品牌運動服之間的關

係符號也必須成為「正號」，因為老張認為周哥會合宜對待。若老張刻意拒絕周哥推薦的愛迪達牌運動服，則會使老張和愛迪達品牌運動服的關係符號變成「負號」。在此情形下，就會呈現出認知失調（**Perceived Dissonance**）的「正、正、負」緊張狀態【13-9】，繼而出現不安、困惑、憂鬱心情，甚至是失眠、暴躁、憤怒情緒。

　　此時，老張的做法有二：第一是將老張和愛迪達品牌運動服的關係符號調整為「正」，也就是老張用意志去接納愛迪達牌運動服，從而恢復「正、正、正」的三方穩定平衡關係；或是將老張和周哥的關係符號調整為「負」，亦即用意志去認定周哥這次有錯，使之成為「負、負、正」的「負負得正」形式，仍然恢復成穩定平衡關係。

　　平衡理論更會在相親介紹、工作推薦、政治人物互挺拉拔場合中經常出現。然而，基於此一決策自身敏感性和重要性均高，從而我們經常會在情緒平衡和利益權衡中天人交戰，呈現高度不確定結果。圖13-7是人與物品間的關係平衡示意。

資料來源：整理自 Mowen & Minor (2001)。

圖13-7　人與物品間關係平衡的圖示

【智慧語錄】

生命像一股激流，若是沒有岩石和暗礁，就激不起美麗的浪花。

——文學家，羅曼·羅蘭（Romain Rolland）

習慣是第二個自我，他要不是最好的僕人，便是最壞的主人了。

——文學家，莎士比亞（William Shakespeare）

【本章註釋】

13-1 衝突發生的來源與形式，出自Coughlan, Anderson, Stern and El-Ansary (2001)，Coughlan, Anne T., Anderson, Erin, Stern, Louis W. and Adel I. El-Ansary (2001), *Marketing Channels*, New Jersey: Prentice-Hall.

13-2 「本是同根生，相煎何太急」語出三國曹植的《七步詩》：「煮豆燃豆萁，豆在釜中泣；本是同根生，相煎何太急。」

13-3 有關創造解決衝突的先決條件，請參閱鄭玉英譯（2014），《克服衝突心境界》（安瑟蘭‧古倫著），臺北市：南與北文化出版，第三章，處理衝突的古老智慧。

13-4 衝突管理模式（Conflict Management Model）的內涵，出自羅賓森（Robbins），請參見Robbins, S. P. (2013), *Organization Behavior*, the fifteen edition, Prentice-Hall, Inc；亦請參閱陳澤義著（2012），《影響力是通往世界的窗戶》，臺北市：聯經出版，第五篇之一衝突帶出機會，以及2014年簡體字版，深圳市：海天出版。

13-5 大衛牧羊人之歌原文出自《聖經‧詩篇》第23篇第1-6節。「耶和華是我的牧者，我必不致缺乏，……我且要住在耶和華的殿中，直到永遠」。

13-6 協商談判模式（Negotiation Model）的內涵，出自庫倫和帕伯提阿（Cullen and Parboteeah），請參見Cullen, J. B. and K. P. Parboteeah (2008), *Multinational Management: A Strategic Approach*, the fourth edition, Thomson Learning, Inc.，亦請參閱陳澤義、劉祥熹著（民99），《國際企業管理：理論與實際》，臺北市：普林斯頓國際出版。

13-7 其他的說服通用策略與技術，請參見張國忠（民96），《談判：原理與實務》（四版），前程企業管理公司，臺北縣。

13-8 平衡理論（Balance Theory）的內涵，出自1983年墨文（Mowen）與布朗（Brown）的相關文獻，請參見Mowen, J. C. and M. S. Minor (2001), *Consumer Behavior: A Framework*, NJ: Prentice-Hall, Inc.

13-9 認知失調（Perceived Dissonance）的內涵，出自斐斯庭格（Festinger, 1957），請參見Festinger, L. (1957), *A Theory of Congnitive Dissonance*, Stanford, CA, Stanford University Press.

【課後學習單】

表13-1 「衝突帶出機會」單元課程學習單──協調力學習單

課程名稱：	授課教師：
系級：　　　　　　姓名：	學號：
1. 當你在工作上領航帶領一個小組，為完成某項工作業務或活動而努力，會面對某些反對的勢力，請分析「**衝突的原因和形式**」？（可舉例說明）	
2. 同上題，此時本書的四個「**衝突處理**」原則和步驟為何？如何應用在你自己身上？（可舉例說明）	
3. 同上題，請說明若你要進行協商時，「**協商談判模式**」為何？你會怎樣應用它？（可舉例說明）	
4. 具體言之，在面對某些反對的勢力，你需要有的「**協商談判做法**」四個階段為何？在你身上會如何應用？（可舉例說明）	
5. 實務上，若是你想要利用「**關係平衡原理**」來處理同事關係時，你會如何留心關係平衡上的微妙問題？（可舉例說明）	
6. 承上題，請說明你在面對廣告推薦商品時，「**人與物關係平衡**」如何扮演其角色？如何啟發你？（可舉例說明）	
7. 此時，本章「**協調力**」的內容在你身上有哪些應用呢？（請舉例說明）	
老師與助教評語	

第十四章　控制回應目標

【三國啟思：趙雲於長坂坡單騎退敵救出阿斗】

　　劉備素常善待趙雲，並深信趙雲統率軍兵的將領大能，從而相信趙雲定能凱旋而歸。

　　在漢獻帝建安十三年，曹操一統北方，親率百萬大軍南下江南，劉備兵薄力孤，無力抗敵，只能倉皇逃向江陵。曹操指派輕騎兵火速驅趕，劉備由於隨行民眾甚多，拖慢軍兵行動速度，曹軍遂在當陽長坂附近追上劉備。

　　劉備在曹軍數度衝撞中，僅能丟妻棄子，陪同數十輕騎，狼狽南向逃竄。後來，曹軍在長坂坡追上劉備，趙雲則站立在長坂坡橋邊，趁著身後揚起滾滾黃沙虛張聲勢，大叫：「我乃常山趙子龍，誰敢過來！」

　　趙雲單騎的聲勢確實嚇人，曹軍遂被斥退，趙雲得以救出劉備幼子劉禪（阿斗）。劉備則說：「爲著此一畜牲，差點害我損失一員上將」，趙雲趕緊抱起阿斗，接連跪地泣拜並說：「雲雖肝腦塗地，不能報也。」

　　當然，由於曹操素來賞識趙雲深入敵陣屢建奇功，故下令軍士不得放冷箭偷襲殺害趙雲，遂間接成就此一長坂坡前的單騎英雄。

14.1 預警與偵測系統

【管理開場：林肯總統能夠內控自我，勇於面對失敗】

　　美國總統林肯曾歷經多次失敗，但是林肯有堅強的內控意志力，經歷公司倒閉、債臺高築、愛人過世、多次競選失利，卻不被失敗所打倒，終能屢敗屢戰，終底於成。

　　林肯生於1809年，二十三歲時失業，首次競選參議員失利。轉而創業開辦公司，結果不到一年就倒閉，並且背負一身債務。

　　在二十七歲時，他再次競選州議員勝選，然而，未婚妻卻在是年

驟逝，重大打擊林肯，使他罹患神經衰弱症。

在二十九歲時競選州議會議長卻鎩羽而歸，在三十四歲時競選國會議員再次失利。

然而，林肯仍然不屈不撓，再接再厲，三十七歲時當選國會議員，可惜於三十九歲時卻在國會議員連任競選中無法勝選。然而，林肯先生並未被擊倒。

四十五歲時，林肯競選參議員再度失利；四十七歲時，林肯競選美國副總統提名亦功虧一簣；四十九歲時，林肯再度競選參議員亦未竟全功。

林肯先生依然持定目標，屢敗屢戰，在他的字典裡沒有失敗兩個字。終於，五十一歲時，林肯競選美國總統成功，成為美國第十六屆共和國總統。

不要自欺，上帝是輕慢不得的。人種的是什麼，收的也是什麼。控制不住的慾望，必會收到苦果。

【問得好】你怎樣控制住你自己的脾氣？控制住自己的體重？

控制是與起初設定的目標相對齊，控制每天的行為來朝向目標前進，終致達成目標。控制也是規範每日的行為，面對周遭環境變化，努力去迎向它，使其不致於失控，發生意外、災害與損失。因此，控制在管理與人生中十分重要，控制是人生管理活動的總驗收機制。

悲觀的人抱怨風向不順，總是對不順的事情問「Why」，落在個人的情緒困境當中。

樂觀的人期待風向改變，總是對不順的事情問「How」，尋找可以解決問題與控制的方法。

務實的人調整風帆航向，總是對不順的事情問「When、Where」，尋求可以控制與改變的時間和地點。

　　事實上，人生沒有過不去的坑洞，我們不可能坐在坑洞旁邊，等待它自動消失、閉合，我們只能想些辦法來跳開它，或跨越它。人生也沒有永遠的痛苦，再深的傷痛，傷口總是會有痊癒的時刻。一個不知道如何控制的人，最後只會失去……。

　　慢慢地，我們的眼淚不會白流，慢慢地，我們覺得一切都將遠去。

　　適當的放下，是我們人生的亮麗身影，

　　勇敢的面對，是我們時空的優雅轉身，

　　目標的對齊，則是我們生命中的美麗頓號。

　　控制（**Control**）的主要功用，即是回應起初設定的目標，以確保目標能夠達成。而為能有效執行控制作業，則有賴建立合宜的控制機制，本章即由此出發，說明控制的機制，據以建立預警與偵測系統，進而落實在壓力管理與時間管理上。

1. 控制機制

　　控制力之於個人生活，即是探討**效率控制**（**Control of Efficiency**）與**效能控制**（**Control of Effectiveness**）兩個層面的總合結果，我們做為人生管理者，即藉由運用各項資源，並挑選合宜作業生產程序，以控管產出能達成既定目標。基本上，初學者的焦點經常會落在作業流程中，進行投入和過程上的執行效率控制，至於精熟者的焦點，則會轉成在產出和價值目標上的作業流程中，進行效能控制，此即**控制力模式**（**Control Power Model**），茲說明如下。

(1) 控制的類別

　　首先，論及控制的類別，其有三種。包括向前控制、同時控制、向後控制，說明如下【14-1】：

a. 向前控制

　　第一種控制是**向前控制**（**Feedforward Control**），係設定「投入」項目為控制標的，又稱前饋控制。此時個人或企業係根據投入項目，就其事前確認和問題防範的部分來進行管控，並且更加看重掌握人員素質的重要，是為前饋控制。此時的設計理念係先要求具備個體品質，

方能求其全體品質；即先要呈現製程品質，然後再呈現產品品質。

b. **同時控制**

第二種控制是**同時控制**（**Concurrent Control**），係設定「過程」項目為控制標的，又稱同步控制。此時個人或企業對於生產或銷售現場的流程管控重點，是確認每一個生產或銷售活動，是否業已達成既定目標，此時對於前段製程係要求能夠追根究柢，對於後段製程則要求能使顧客滿意。

c. **向後控制**

第三種控制是**向後控制**（**Feedback Control**），係設定「產出」項目為控制標的，又稱回饋控制。此時即藉由使用管制圖、魚骨圖和檢核表，進行事後檢核和診斷，重點在於確認該項生產或銷售活動，是否已達成既定目標。

(2) **控制三向度**

若依據組織階層觀念，更可將控制分為三個層次向度，即操作控制、管理控制及策略控制【14-2】，茲說明如下：

a. **操作控制**

操作控制（**Operation Control**）是個人或企業各項操作作業的核心，係採用個別會計或作業項目來控制，管理實際生產和銷售活動間的實施效益，例如，應收帳款、應付帳款、特定地區銷售、存貨數量與產品不良率等。

b. **管理控制**

管理控制（**Management Control**）是以個人或企業部門為單位的全面性控制，藉由責任中心制度和預算控制的理念來管控，其中責任中心制度包括三種制度，即成本中心制度、收入中心制度與利潤中心制度。首先是成本中心制度，係聚焦在「投入—過程」程序的控制，強調諸事皆需要具備成本概念，任何的生產和銷售活動，皆需要納入

成本或費用支出因素。再者是收入中心制度，則是聚焦在「產出─收入」程序的控制，強調產品產出和服務收入對應的可能性。最後是利潤中心制度，係聚焦在「投入─過程─產出─收入」完整程序的控制，強調各種投入活動需要能夠產生利潤，其全部內部流程皆需服膺利潤高低，作為資源分配標準的最高指導原則。

c. **策略控制**

策略控制（**Strategy Control**）是策略核心所在，係個人或企業管理者根據平衡計分卡的四大構面（即財務面、顧客面、內部流程面、學習與成長面），或是財務分析五力（即流動力、安定力、獲利力、生產力、成長力），藉以制定個人或企業成長的大致方向。

我們在此更針對衡量人生績效的困難度與個人控制的困難度，來檢視五大面向，包括生產、行銷、財務、人資與研發方面。由此可得知，**最容易控制的面向是生產面向的績效**；其次為行銷及財務面向的績效控制，因為其績效容易衡量但不易控制，故需要自我調整；再次為人資面向的績效控制，因為其容易控制績效，但績效衡量困難，故需要介入協調；最後則是研發面向的績效控制，其績效不易衡量且難以控制，是為最難以控制的面向。圖14-1指出控制系統與績效評估的關聯性內涵。

區分		管理者的控制程度	
		容易控制	難以控制
績效衡量難易程度	容易衡量	最容易控制區（如生產部門的績效控制）	可改進控制區（如行銷、財務部門的績效控制）
	難以衡量	需要協調區（如人資部門的績效控制）	最難以控制區（如研發部門的績效控制）

圖14-1　控制系統與績效評估的關聯性內涵

最容易控制的面向是生產面向的績效。

---

(3) 控制系統形式

至於控制系統的形式，廣義的控制系統可細分成產出、行為、文化及決策等四種控制系統供選擇，茲說明如下：

a. 產出控制系統

首先是產出控制系統（**Output Control System**），個人或企業係根據個人或其下屬單位的產出成果，所採行的控制系統。此時係基於「利潤中心」或「成本效益中心」理念，並輔以其獲利或虧損的業績，評估個人或單位的整體成效，並接受權責單位控管。此時個人或企業係依據各個單位上呈給管理者的檔案、成果和報告，例如行銷成果報告、研發技術報告、財務績效報告等，來進行評估和控制。

b. 行為控制系統

再者為行為控制系統（**Behavior Control System**），行為控制其係強調個人或企業內部員工的行為，必須就其日常的行動接受直接監督。此時個人或企業經常執行官僚控制，如查勤作業系統、會議出席紀錄等，藉以緊密控制對方的行動。

c. 文化控制系統

三為文化控制系統（**Culture Control System**），則是個人或企業管理者利用組織文化，來掌控他人的行為和工作態度。基於面對的環境日趨複雜，是以建立共同的價值體系，以抑制個人或企業各子部門成員間的利益衝突情形，從而強化雙方相互依賴、生死休戚與共的革命情感，來從事有效控制，如議題發言意見系統、特定活動出席管理等，文化控制是因應時勢的有效控制方式。

d. 決策控制系統

最後為決策控制系統（**Decision Control System**），其利用個人或企

業組織層級結構中，管理者所擁有決策權的層級高低來進行控制，此時控制係透過正式的獎懲權來進行。亦即個人或企業管理者係依據預算制度，設定財務開支的目標，並藉由各種統計報告，向管理者報告財務性和非財務性的成果資訊，最後是依循標準的作業程序，鑑別被認可的行為方式之規則和制度，以達成層層節制的嚴密控制目標。

(4) 控制程序內涵

最後論及控制程序的內涵，我們係依照自訂的績效標準來管理，此時的績效標準應是可以觀察，並且能夠加以衡量的具體目標。繼而實際衡量績效，此時的重點是績效必須能夠正確無誤的被衡量出來；並比較實際績效與目標標準，來分析實際績效與目標標準之間發生差異的成因。同時透過執行改善行動，並且依據目標改善後的實際情形，來確認上述改善行動是否產生效益。

以下例子說明控制程序內涵：

大衛是個善於察言觀色、善體人意的貼心小孩，有一次他打電話給他爸爸約瑟：「爸爸，我闖禍了，我闖下滔天大禍，媽媽要我先打電話來向你認錯悔改，以免你回到家中看到的時候大發脾氣。」

約瑟聽到電話，心想這件事情一定非比尋常，否則大衛不會事先打電話來示警。約瑟先假裝平靜的說：「好，現在告訴爸爸，你到底闖下了什麼樣的災禍？」

「你還記得我們家客廳電視機旁邊的那一大片玻璃嗎？」大衛小心翼翼的試探著。

「什麼？你打破了那一大塊玻璃！」約瑟幾乎是用吼叫的音量說。

「沒有，沒有啦！我只是打破那一大片玻璃旁邊那個小茶几上面的小茶壺啦！」大衛慢慢的說。

約瑟大大鬆了一口氣，心想這個問題還好，於是笑著對他說：「好，沒有關係，現在爸爸很忙，有什麼事回家後再說。」約瑟一派輕鬆的掛上電話。

2. 預警與偵測機制

我們人生在執行控制機制、落實回應目標的過程中，需要建立預警與偵測系統，隨時提醒我們偏離目標的程度，及早做出改善更正行動。更有甚者，若能妥善的從預警制度事前預防、偵測系統事中偵察、減壓機制事後控制的溝通守護者三個面向，來管理好我們的情緒和脾氣，我們自然就離美好人生不遠了。

要記得「別煩惱、要開心（Don't Worry, Be Happy）」，事情沒有我們想像的那麼糟，上帝會為我們開道路，成就我們愈管理愈幸福的心願。在事情臨到時，目標管理與情緒管理控制的預警系統十分重要，因為它可以使我們大事化小、小事化無。在目標管理與情緒控制自我管理中，我們需要擁有溝通守護者，透過事前運用「預警制度」、當下運用「偵測系統」、事後運用「減壓機制」的三個層面，做為目標管理與情緒自我管理控制的工具，如圖14-2所示，本節先說明預警與偵測機制如下：

圖14-2　情緒自我管制的三個階段

(1) 預警制度

a. 目標達成控制上

在目標達成控制上,自我管理者必須事前設定若干的檢核點,當做預警制度,以檢視目前的執行結果偏離目標的程度,進度是落後還是超前,藉以當做調整或改進的重要參考。例如,如要準備一年後的國考,在經過三個月時,即需檢核是否已經至少準備好四分之一的內容,當做事前預警。在此時,管理學上常用的甘特圖(Gantt Chart),即可成為優良的目標達成控制工具。甘特圖的橫軸為時間區間,縱軸為待完成的事項,各項事項便可分別標示應該完成的起始點與終結點。如此一來,管理者即可在某一特定時間中,檢視各項進度是否已經如期達成。

b. 情緒管理控制上

在事前階段,我們需運用**預警制度**(**Early Alerting System**),使用預警「線索(**Cue**)」察覺自我情緒的可能波動。即使用若干線索如疲累、飢餓、口渴、忙碌、壓迫、緊急、衝突等,預先提醒我們,自己的情緒已經達到滿水位,需要及時紓解以免爆發。預警制度是個有效的設計,能夠讓我們事先防範,力求避免發生情緒憾事。特別是面對突然來襲的風暴,站在第一線的我們需要一肩扛起重擔,此時需要預警制度給予保護與緩衝。

具體做法是雙方在同心氣氛下,共同回顧並找出衝突導火線,即哪些因素經常會引爆劇烈衝突;有哪些特定的個人、事物、說話、行動、習慣會使我們失去理智;在衝突前通常會出現哪些明顯徵兆,以利及時因應對策;這些徵兆包括提高說話分貝、拉出尖銳音調、臉紅氣喘脖子粗、說出某些固定用語等。

我們宜事先檢查自己情緒水位的高低,是否業已達到滿水位。若是身體已經十分疲憊,或今天已經開了一整天的會,回到家中,我們需要經過多次的訓練與學習,學會事前告知配偶或家人,今天我們的情緒

水庫已經滿載,隨時都有可能爆發,並請對方先行注意,小心防範,以免對方踩到我們的地雷,遭到情緒爆炸的無妄之災,委實冤枉。

我們需要在特別忙碌,或是明天有簡報會議的前夕先行告訴他人,現在壓力極大。我們正處在壓力鍋中,請對方特別留意,不要踩到紅線,引起不必要的爭吵。

當然,當時我們的臉上也會寫著:「不要來惹我」五個大字,這也告訴對方要提高警覺來對話,這是另一個預警系統。

最後,若有人突然冒失插入,打斷我們的工作流程或既定行程,如果此事無法避免時,**何不試著轉換心情,把被他人打斷當成是工作的一部分,讓它成為我們預警制度中的環節**。如此我們既不會想做其他事情而心焦如焚,甚至暴跳如雷,也不會因為受到挫折而心情低落。

> 何不試著轉換心情,把被他人打斷當成是工作的一部分,讓它成為我們預警制度中的環節。

(2) 偵測系統

a. 目標達成控制上

在目標達成控制上,自我管理者必須設定若干的偵測點,當做事中偵測系統,以檢視執行結果是否業已如期達成目標。而偵測系統通常係以績效指標來體現,而表現在當事人事先設定的關鍵績效指標(Key Performance Indicator, KPI)之上。

b. 情緒管理控制上

在當下階段,我們需運用**偵測系統**(**Detecting System**),使用「**記號**(**Sign**)」來檢測說話的內容訊號,即檢測我們和對方的對話內容,是否業已出現踩紅線的情況而不自知。這些記號包括,發生前述交流分析中的交錯式交流;或未使用尊重式溝通語言,話語中充斥評

斷、想法、指責、命令式語句；或溝通時的聽與說之間失去平衡等。

至於運用偵測系統，我們需經多次的調整和訓練，期能逐漸有能力偵測，分辨現在此時此刻的溝通品質高低。例如，我們可以問以下對話：

「現在的溝通對話，是否有嚴重的外界環境干擾？」

「對方說話的用語，是訴說事實，還是個人的主觀評斷？」

「雙方對話中，我們是說多於聽、聽多於說、聽說平衡，還是聽說都不足？」

「對方說話的口氣姿態，是使用父母、成人、孩童的角色，及對方是對父母、成人、孩童的身分來說話？」

「現在雙方對話內容，是在打招呼，還是談論他人的事情、談論自己的事情，訴說自己的感覺，還是高峰經驗？」

透過上述偵測系統，便能有效做好溝通情緒管理，及時掌握溝通現場狀況，做好因應對策。

若我們的自我偵測系統業已偵測到對方踩到我們的紅線，碰觸到我們的害怕核心區域，即我們的「地雷區」，使我們產生害怕、擔心、憤怒等情緒。此時我們需有以下認知：「我們要爲我們自己的懼怕核心區域，負起完全責任」【14-3】。此時絕非譴責對方的越線攻擊，也非用盡所有心力，防範對方可能的言語碰觸舉動。因爲我們是成熟的成人，需控制我們自己，我們不必任由他人決定我們的思想方向、回應方式。我們需學會控制我們可以控制的，而無需控制我們個人力量以外的事情。正如尼布爾說：「上帝啊！賜我恩典，讓我接受不能改變的事實；賜我勇氣，去改變我可以改變的；並賜我智慧，能夠分辨其中的不同。」

> **我們要爲我們自己的懼怕核心區域，負起完全的責任。**

劃清我們和他人中間的人際界線，是很重要的一件事，它可以保護我們不受傷害，也可以避免不必要的紛爭。此時有兩個「需要」和兩個「不需」，茲說明如下：

我們需要對自己的想法、感覺和行動，擔負完全的責任。

我們需要分辨這是自己的事情或責任，還是他人的事情或責任。

我們不需要對他人的想法、感覺和行動，擔負責任。

我們可以影響他人的想法、感覺和行動，但是我們不需要控制他人的想法、感覺或行動。

我們需要學習擔負自己的責任，學習不要將鏡頭的焦點放在對方的說話或行動上，而需要開始觀看我們這一方，把自己拍進照片裡。我們可以試著這樣和自己對話：

「啊，我們害怕核心區域（地雷區）被他人碰到，我通常會生氣、反擊，或是退縮、逃避，但是，這一次我會有不一樣的回應。」

「我們要真正解決這方面的問題，而不要再浪費時間退縮、逃避，或生氣、反擊對方，因為這樣做不能解決問題。」

「我們要為自己怎樣回應，負起責任，我們不要控制對方，硬逼著對方一定要照我高興的方式對待我們。」

「我們要先控制自己的想法，這樣便可以控制自己的回應方式。」

【智慧語錄】

如果你懂得使用，金錢是一個忠厚的奴僕；如果不懂得使用，它就會變成你的主人。　　　　　　　　　　——文學家，馬克吐溫（Mark Twain）

我不可能控制他人，但我可以掌握自己。我不能改變容貌，但我可以展現笑容。　　　　　　　　　　——哲學家，亞里士多德（Aristotle）

14.2 壓力管理

【管理亮點：潤泰尹衍樑總裁的浪子回頭】

潤泰集團尹衍樑總裁，1950年生於臺北市，他的父親是當時人稱「牛仔布大王」、「格子布專家」的紡織業鉅子：尹書田董事長。尹衍樑年少時頑梗叛逆、桀驁不馴，14歲時被送進感化院。16歲時在彰化進德中學「管訓班」時，涉及一樁校外打群架圍事案被人刺傷，由於管

訓班數學老師王金平的搭救療傷且隱匿案情，改變他的人生方向，能夠回到正路上。尹衍樑說：「我的個性好勇鬥狠，但後來王金平老師幫助我把爭鬥的方向，改變成誰對人類的貢獻比較多，這個觀念的轉變確實改變了我。」

後來尹衍樑發奮讀書，力爭上游，36歲時取得國立政治大學企業管理博士學位。同時他對於中華民族五千多年悠久歷史文化，以及亞洲各國的政經實力變化，有著重新的認知。

尹衍樑首先創業，經營重型機械鐵工廠和牛仔褲染料化工廠，但都宣告失敗破產。他的父親尹書田先生卻說：「衍樑，恭喜你，你獲得寶貴的失敗經驗。」他的父親不斥責罵他，也不再提起此事。這給尹衍樑勇氣，勇於再次嘗試，能夠東山再起，他再也不怕做錯事，只怕沒有勇氣再嘗試！

回顧尹衍樑總裁的事業，可知其實他所經營的，不僅是眾人皆知的大潤發量販店，更包括潤泰建設、潤泰紡織、光華投信、尹書田紀念醫院等事業群。在各事業領域皆精益求精、秉持勇氣、堅定不移，因而打造尹衍樑的潤泰王國。

試著放下自己的期望，或重新對此事給定不同的價值，如此一來，我們自己的壓力便會快速減輕，此是絕佳的減壓良方。

【問得好】你怎樣管理你的壓力？

在執行控制機制，落實回應目標的過程當中，更需要做好「壓力管理」，即設置減壓機制，避免人生的飛機失速墜毀，造成憾事。此時在事後階段，我們需運用壓力管理（**Pressure Management**），使用**減壓機制**（**Pressure Reduction Mechanism**）的危機演練方式，降低情緒發洩時，對周遭人士所造成的傷害，這包括言語和行為傷害在內。我們需做到在個人發洩情緒的過程中，盡量不傷害他人、不毀損物品、不傷人自尊、不說

出髒話、不做追悔莫及的事情等。此時，我們需要學會抗拒情緒的直接反應，即在壓力鍋下的反作用力。我們需減壓再減壓，控制自己的衝動。這時，暫時離開我們的座位，轉換一下空間位置，甚至是上個洗手間，皆是可行的方法。下一步，我們需化解對方的負面情緒，並營造輕鬆的對話氣氛。先暫停一下別搶著說話，要求中場休息，皆是可採用的技巧。因為這樣做可以空出時間和空間，調整思緒，做個深呼吸降低火氣，換個比較客觀的心情再重新面對。

因為人際溝通是雙向的，我們和對方皆有責任維繫溝通品質，在溝通過程中，不免會惹動情緒而滋生衝突，我們需學習如何克制情緒，化解衝突，創造雙贏，而非一味發洩情緒，爭鬧不休。即我們需學會快快地聽、慢慢地說，慢慢地生氣動怒【14-4】。

因為「壓力」基本上即是我們心中想要的期望，與真正發生的實際事情，兩者之間的落差，即壓力是「心想」和「事成」之間的差距。我們若愈加看重某件事情的期望，愈加給它價值，我們就會愈發感受到壓力。在此時，若事情的發展不如我們的期待，自然會產生壓力。至於壓力管理可分兩方面來討論：

1. 供給面管理

供給面管理（**Supply-side Management**）是由供給方減少壓力的來源。主要是強化壓力形成後，當事人的承受力。這也是許多坊間書籍常用的方式，具體操作方式包括四個層面。

(1) **釋放疲勞身心**：即使疲累的身體獲得休息，乏力的心靈獲得舒緩，重新得力再出發。例如，深呼吸、散步、泡溫泉湯、精油按摩、海灘度假、放輕鬆、慢步調旅遊等。

(2) **促進安睡入眠**：即使用各種方式使當事人能夠入睡。例如，改善寢室寢具、聽輕音樂、調暗燈光、喝牛奶、洗熱水澡、服鎮定藥物、睡前遠離電腦等。

(3) **強化身心機能**：即使當事人重整內心思維、認知態度或生活次序，從而增生內在能量。例如，適度運動、開懷大笑、學習身心課程、訓練心靈重建、重塑全人身心、進行情緒治療等。

(4) 訂定務實目標：專注重要事項、避免備多力分。例如：認定自我價值觀、排定優先次序、制定具體可行目標、排定任務項目、認定可能挑戰等。

2. 需求面管理

需求面管理（**Demand-side Management**）是由需求方減少壓力的來源。主要是從源頭來入手，減少形成壓力的事物。前面述及，壓力是「心想」和「事成」之間的差距，此時即是降低期望的「心想」，從而使內心想要的「心想」，盡可能與現實狀況的「事成」相符合。如此一來，壓力源即會大幅減少甚或消失，從而有效管理壓力。具體調整期望品質的方法有降低需求法、提高供給法、遞延期望法、重新部署法四種，茲說明如下：

(1) 降低需求法

降低需求法即是直接降低無益處的慾望，這是最常用的方法。即分辨這是個人生存的需要，還是個人的慾望與想要，乃至於被外界誘發刺激而生的需求。至於降低需求的做法，重點在於回復原狀，即恢復到原來的狀態。具體做法可將期望和承諾、經驗、口碑等對策工具相結合，即：

a. 承諾：承諾即某一方對另一方答應給予某些好處或條件，而有利於對方者。如此一來會使對方有所期待，期待在特定時間點，必然能獲得若干事物或好處。例如，101大樓宣布今年年底的煙火秀將有神祕創新，這便使得臺北市民產生看煙火秀的期待。而要降低需求即需降低承諾。

b. 經驗：經驗即前一次所擁有的某種經驗感受，自然會產生下一次也能獲得同樣的對待體驗，而對下一次的活動有所期待。例如，上一次的班級郊遊踏青，大家都玩得很盡興，於是大家便會期待下一次的班級郊遊活動。而要降低需求即需降低經驗。

c. 口碑：口碑即從周遭他人口中所傳達出來的推薦式意見，即會對未曾經體驗過的人，產生優質活動的遐想，進而對下一次同樣的活動

產生期待。例如,隔壁班的小林推薦台一冰店口味獨特、風味絕佳。這會使黃小妹產生對台一冰店食物美味的期待。而要降低需求即需降低口碑。

(2) 提高供給法

提高供給法是等到未來供應和生產量提升之時,再來提高期待,這是追尋理想狀態,至於現階段只有先緩一緩,靜待時機再說。

(3) 遞延期望法

遞延期望法即是防微杜漸,重點在能夠預先及時處理潛在性的問題。其又包括預防、誘因、治理三個子項目。即(a)在預防上轉成下一階段的期望,(b)在誘因上提出誘因來遞延至下一階段期望,(c)在治理上透過規範與印象,將期望加以延遲。

(4) 重新部署法

重新部署法係將期望轉換成具生產性的動力,綜觀全局,提出可大可久的大政方針。此時係將計畫展開,期望彈性化的重新分配。如生產、銷售、財務、創新計畫等。

文賢在碰到一些事情不如意的時候,例如,助理沒有照他的意思或時間內做完所交辦的事情;或是有不速之客突然插進來,打亂既定行程步調時。文賢會很不高興,並且不給對方好臉色。後來文賢開始學習先和自己對話:

「這一件事情不過是一件小事情,我何必為它抓狂生氣呢!」

「這些都是小事,如今也沒有什麼大事了!」

如此一來,文賢的生活壓力便大幅減輕,每天哼起小調歌唱的次數也自然增多了。

此外,當預知會有壓力衝突發生時,我們需訴諸更高層目標,來轉移焦點,化解對方的怒氣;或需要把餅做大,擴充可用資源,來降低資源不足所產生的焦慮;或訂下遊戲規則,並找高人居中協調,以免造成僵局,徒然使事端擴大【14-5】;或先行盤算發生最差的情況,心中有個底數,如此設下停損點,便不致有過大的焦慮。

更重要的是,透過適時道歉,真心請求對方原諒,永遠是化解衝

突、修復雙方關係的良方，這些都是做自己人生CEO的重要面向。

壓力是「心想」和「事成」之間的落差。

　　莎士比亞說：「一個驕傲的人，結果總是在驕傲裡毀滅了自己。」一個驕傲的人，往往會輕忽設置「事前預警制度」、「事中偵測系統」、「事後減壓機制」，結果就會在剎那間，傾倒整個事業或家庭。亞里斯多德說：「放縱自己的慾望是最大的禍害；談論別人的隱私是最大的罪惡；不知道自己過錯是最大的病痛。」這提醒我們做哪些事情容易自嚐苦果，更需要保護情緒自我管理機制，不過，最要緊的是能夠禁戒不做惡事。

　　立人在被他人惹毛之後，會怒氣全發，破口大罵，使得在他四周的人事物都遭殃，事後立人心想這實在是一樁不智的舉動。

　　後來，立人逐漸學會運用《聖經》中的話語：「要快快的聽，慢慢的說，慢慢的動怒。【14-6】」便開始練習在生氣發怒的當下，將說話的速度放慢，例如，立人會如此說：

　　「我─非─常─的─生─氣─，我───直─都─很─生─氣─。」或是，

　　「我─現─在─很─生─氣─，我─真─的─快─要─氣─炸─了─。」

　　很奇妙的，當立人這樣說話的時候，無形中怒火已經退一大半，立人發現這實在是一個控制怒氣發作的好方法，立人也一直都這樣做。

　　還有，當立人生氣不高興的時候，立人會先離開現場，找機會去沖個澡，讓那溫水的強大力量沖刷自己的身體，藉著強力水柱的沖刷，澆滅立人滿身的怒火。同時間，在隆隆震耳的沖水聲中，立人會「哦、哦、哦」的大叫；或是對著水柱揮舞著他的拳頭，刻意的打向水柱；或是用腳踢向水柱，濺起滿地的水花，口裡也發出陣陣吼叫聲。立人發現這樣一來，就能夠將他滿腔的怒火消去一大半，也可以免去更大的衝突。

　　當然，若是立人和對方意見不一致，甚至是快要爆發衝突時，立人便

提醒自己不要在盛怒下發出謾罵電郵，或留下負面情緒的字條，以免犯下「電郵戰爭」或「便條紙自殺」的錯誤，而是需要冷靜一下，獲得客觀思考的空間。

立人當然也需要補救修復雙方瀕臨破裂的關係。向對方道歉、認錯，永遠是第一步，也是最後一步要做的事情。首先立人學會需要為氣氛不佳道歉，如此一來便可以營造較佳的對話氣氛，為下一階段的實質內容道歉鋪路，這樣雙方都會有台階可以走下來。例如，有一次立人對妻子梅花說：

「親愛的，我向妳道歉，為了今天我沒有給妳一個美好的晚上，我道歉。」

「沒有關係，事實上我也有不對的地方。」梅花也退一步的說，

立人和梅花約法三章，誰擔任這個家的戶長，誰就要先道歉，而因為立人一直都擔任戶長，所以就都由立人先道歉。

「我們若認自己的罪，上帝是信實的，是公義的，必要赦免我們的罪，洗淨我們的不義。」《聖經》中如是說【14-7】。

有一天立人有感而發的說，化解衝突需要及時，千萬不要拖延時日，不要妄想要讓時間的流動去沖淡它。試想雙方一旦發生衝突，就是雙方關係發生不通暢的情況。這就有如大腸塞住不通暢的情況，需要及時疏通。

立人一直遵守著「今日事，今日畢」的生命原則，任何的爭吵和糾紛都力求能夠當日就解決，而不要留到明天，第二天會馬上去和對方道歉。就以立人和梅花的關係而言，他們已經結縭二十載，戀愛情感一直維持在高檔，這當中情緒管理實在扮演著相當重要的角色。

【智慧語錄】

　　爭吵是一種每個人都愛玩的遊戲。然而它是一種奇怪的遊戲，沒有任何一方曾經贏過。

　　　　　　　　──富蘭克林（Benjamin Franklin），科學家，發明電力

　　人生的價值，並不是用時間，而是用深度去衡量的。

　　　　　　　　　　　　　　　　　　　　　　　──托爾斯泰（Tolstoy）

　　一個人的價值，應該看他貢獻什麼，而不應當看他取得什麼。

　　　　　　　　　　　　　　　　　　　　　　　──愛因斯坦（Einstein）

14.3 時間管理

【管理亮點：施振榮總裁將宏碁一分為三】

　　創設宏碁（Acer）電子公司的施振榮總裁出身國立交通大學電子工程碩士，曾獲選為全國十大傑出青年。施振榮創設宏碁初期堅守兩大原則：「絕不做違法事情」和「絕不做超過自己能力所能承擔的投資」，在穩健踏實的經營理念下，遂使宏碁成長進步，頭角崢嶸。

　　施振榮總裁領導理念是透過儒家的仁義慈悲風範，堅持平實儉樸並腳踏實地，來樹立領導風範。施振榮總裁更長於運用各人專長，遂能創新研發出全球首支電子筆，以及臺灣首臺桌上型電子計算機。

　　施振榮總裁具有崇高的領導風範，領導高度異於常人。此展現在兩點「反向思考」之上，第一是透過落實充分授權，來享受「大權旁落」，而非一般的「大權在握」；第二是透過貫徹禪讓體制，來任用專業經理人的「傳賢不傳子」，而非一般家族企業的「家天下」。施振榮遂將宏碁集團切割成三個子集團，即宏碁、明碁及緯創企業，而分別委由王振堂、李焜耀與林憲銘三位專業經理人接棒，展現大公無私的企業家胸襟。

　　掌握時間的本質特性，便能有效管理時間，即把環境上的機會，轉換成工作實力，形成偶然力。

【問得好】我要怎樣做，才能善用時間、做時間的主人？我又要怎樣才能充分利用有限的時間？

管理時間實現目標，是本章控制回應目標的具體落實步驟，本節特別提出說明。

魯迅說：「時間，每天得到的都是二十四小時，可是一天的時間給勤勉的人帶來智慧和力量，給懶散的人只留下一片悔恨。」這說明上帝公平給每個人相同的時間，但是時間卻需要有效管理。

要有效管理時間，在大學中玩出好成績，第一步需要問自己是「時間管理」，還是「時間管你」。理由是我們需要愛惜光陰，才不會虛度一生。在此有兩個基本法則，即重要事情優先處理原則，與時間花費效率化原則，本節先說明重要事情優先處理原則。

時間管理的最高指導原則，即是重要事情優先處理原則，也就是要使最重要的事情，持續維持在最優先處理的位置上。這自然成為時間管理的ABC法則。

時間管理（**Time Management**）即是事前規劃時間的使用，並做好自我管理，改變個人生活作息，達成更高績效和效能。此時的**效率**（**Efficiency**）指能夠如期完成事情；**效能**（**Effectiveness**）則是能夠做好對的事情。若能妥善分辨此二者，並搭配挑選工作領域和區域，自然容易達成**藍海策略**（**Blue-sea Strategy**）【14-8】，即在稀少競爭的藍色深海區域施展所長，再創生命高峰。而非在競爭激烈的紅海區域，從事殺價競爭血流成河的熱戰。

> 時間管理的最高指導原則，即是要使最重要的事情，持續維持在最優先處理的位置上。

---

1. 事務分級管理法則

時間管理的具體作為之一是事務分級管理法則。即需以**專案管理**

（**Project Management, PM**）【14-9】態度，將最重要事務列入專案，俾確保優先處理，進而掌握時間管理的關鍵點。

此時，事務分級管理需要將事情依照「輕重緩急」，區分成「重要性」和「緊急性」兩類，再組合成「重要又緊急」、「重要但不緊急」、「不重要但緊急」、「不重要又不緊急」四種情形。在其中，所謂重要的事情是指和設定目標直接攸關的事情。例如，大學生畢業找工作、大學生考研究所、大學生考期末考、社會青年要結婚和生小孩等。至於緊急的事情指突然發生需要馬上處理的事情。例如，顧客的抱怨客訴、小孩感冒發燒、突然來訪的親朋好友、電話或手機響起、臨時起意的約會、安排假日聚餐或張羅生日派對等。

在生活周遭確實有很多事情是非常急迫的，例如，必須立刻趕赴約會、必須立刻聯絡對方、必須加入粉絲排隊等候朝見偶像明星、必須立刻進行搶購等。然而由於時間有限，有許多重要的事情亦需要花時間來處理。這使得我們經常在「緊急的事」和「重要的事」中掙扎抉擇，若是能夠探究事情輕重緩急，便能夠排列出先後優先順序，從而有效率安排時間，在既定時間內完成該做的事情。

例如，統一超商徐重仁總經理便是熟練於將複雜事情，進行簡單化工程的行家。徐重仁強調要集中焦點，做重點的事，至於其他不重要或是微不足道的事情，則可以將之略過，要隨時專注在最重要的事情上，如此便可明顯提高工作效率。他更藉由排定事情的優先順序，將重要的事情確保能夠優先完成，再來進行次要的事，據以降低時間的耗費，以達成工作目標。

2. 重要的事情優先處理法則

前已述及重要事情優先處理原則，即是要使最重要的事情，持續維持在最優先處理的位置上。此時的關鍵即需依序貫徹執行「重要又緊急」、「重要但不緊急」、「不重要但緊急」、「不重要又不緊急」四種事情。

首先，面對「重要又緊急」的事情，如父母親病危、家中發生火警、家人發生車禍等事務，此必列為第一優先處理的事務，因為若是有所耽延，可能會發生難以彌補的遺憾。

再者，面對「重要但不緊急」的事情，如三週後要交的期末報告、兩個月後的期末考、一年後要考的國家考試、三年後要面對的就業問題、五年後要面對的結婚成家問題等，應當隨時按部就班的推動，檢視執行進度，避免因平日不處理，等到期限臨到變成重要又緊急的事情。

三者，面對「不重要但緊急」的事情，如臨時來訪的朋友、臨時安排的會議或約會、電話響起朋友沒事的聊天邀請、緊急的網路活動等，則可以在前兩項事務皆已獲得妥善安排的情況下，適時間許可程度安插進行，唯需留意不要和重要事情相互衝突。

四者，面對「不重要也不緊急」的事情，如上網路臉書打卡、玩電動遊戲、看電視節目消遣娛樂、閒暇逛街血拼、打手機聊天說笑等，則應適可而止，唯有在前三項事務皆已完備時，適時適量的進行，但需留意勿養成不良習慣，破壞生理時鐘，戕害身心靈健康。

此外，基於相同時段對不同人的主觀價值並不相同，所產生的效能也不相同。因此，我們遂能依照自己的生理時鐘，將一天或一週中能夠提供學習和工作的時間，區分成最高效率的「金牌時段」、次高效率的「銀牌時段」、一般效率的「銅牌時段」、最低效率的「鐵牌時段」，再依照前述事務的輕重緩急，分配合適的時段。如此一來便能將「重要」和「緊急」的事情，經由個人時間價值分配，將重要事情優先處理如下：

(1) 第一優先：「重要」且「緊急」的事 ＋「金牌時段」。

(2) 第二優先：「重要」但「不緊急」的事 ＋「銀牌時段」。

(3) 第三優先：「不重要」但「緊急」的事 ＋「銅牌時段」。

(4) 第四優先：「不重要」且「不緊急」的事 ＋「鐵牌時段」。

至於事情重要性高低的認定，則可依照馬斯洛（Maslow）人類需求層級來認定【14-10】。我們若能依照事情重要性的高低，調整做事先後順序，必能明顯提升時間使用效能。此時，需要改變思維習慣，縱令該件事情難以達成，然因為它十分重要故決定優先完成，以成就高效能的價值成果，完成人生目標。其次，需要認定此事是我們想要去做，還是必須要去做，如此便能確認此件事情的絕對重要性。因為若花費過多時間在不重要事情上，久而久之必會使時間需求（**Time Demand**）大於時間供給，形

成時間短缺（**Time Shortage**）現象【14-11】。事實上，若是我們能夠敬畏上帝，遵行上帝所創造的時間，敬天愛人，遵守誡命，自然會有福氣。

在此時，我們需要留意時間運用上的兩個陷阱。第一個陷阱是錯誤的時間配置，當出現不合宜的時間分配時，通常需要耗費泰半的時間來因應處理危機，耗費甚高的時間成本。第二個陷阱是拖延，面對重要但不緊急的事情，我們通常不會很想去做，故會一再拖延，拖延的結果即會變成緊急的事情。

例如，台積電張忠謀董事長他一週的工作時數絕對不超過五十個小時，他同時也贊成台積電員工的工作不應超過此一時數，此舉展現出台積電具備高效能工作的實力。張忠謀更說明轉換心態的重要性，認為需要透過適時放假，來釋放工作壓力，避免產生彈性疲乏，他認為放假回來後的工作效率，定會顯著提升。

3. 時間管理具體方法

> 若是能努力善用工具、培養專心習慣、運用時間管理技巧等三個層面入手，來有效利用時間，即能明顯提升時間運用效率。

時間花費效率化原則即指你時間花得是否有效率，效率等於產出（成果）除以投入（時間）而得。例如，做完10個水餃需20分鐘，效率即為2分鐘完成1個水餃。此時，吾人可藉由以下三種方式，來提高時間利用效率（參見圖14-3）。

(1) 利用工具與習慣增加時間供給

首先係經由各種科技工具，如使用事務機具、通訊設施、運輸體系、軟體系統，來提升時間使用效率，基於工欲善其事，必先利其器之故，故熟練使用各項器具設備可以增加時間供給，進而提高時間管理效率，此為時間管理的初階技術。其中器具設備包括以下三類：

a. **通訊與事務機具**：如桌上型電腦、筆記型電腦、平板電腦、印表機、影印機、掃描機、錄放影機、攝影機、單槍投影機、無線電、傳真

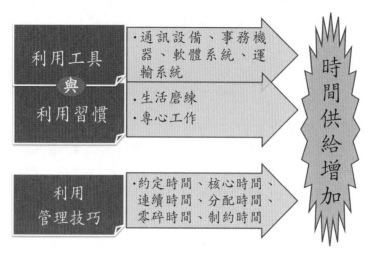

圖14-3　時間利用效率化的兩種方式

機、臉書、推特、電子信箱、手機上網、視訊會議電話、Skype、無
線電話等。

b. **運輸機具與系統**：如捷運系統、輕軌電車、高速公路、快速道路、高
鐵、鐵路、飛機、輪船、公共汽車、公車專用道、纜車、高速電梯
等。

c. **相關作業軟體系統**：如Word、Powerpoint、Excel、Office、Dreye、
SPSS、SAS、各種繪圖軟體等。

因此，我們若能妥善利用工具來增加**時間供給**（**Time Supply**），必
能提升時間利用效率。例如，尼希米要求從那日起，他的僕人一半作
工，拿適當工具及操作適當機具，另一半拿槍、拿盾牌、拿弓、拿鎧
甲，防範敵人破壞，官長都站在眾人的後邊。又如，大學生安安在面
對家中裝潢，而購買並組裝新家電和新家具後，所留下的一大堆保麗
龍、紙片、塑膠膜袋、雜物、包裝紙箱等垃圾，便到大樓管理委員會
處借用推車乙台，僅需一趟工夫即輕鬆清光所有垃圾。

此外，亦可經由各種個人生活習性，如專心、細心、用心，來建立良
好習慣，並提升時間使用效率。基於時間管理就是習慣管理，若是能
夠培養專心做事的習慣，便能夠無形中增加時間供給，從而提高時間

使用效率，此為時間管理的中階技術。

三毛說：「生活磨練這回事情，就如同風雪中的梅，愈冷愈開花。」此即如有人在場上比武，不按規矩，就很難獲勝得冠冕是一樣的道理。例如，承前例，尼希米修造城牆，城牆都聯絡整齊，進度快速，因為百姓專心作工，建立專心習慣，最後城牆修完了，總共才修造五十二天。又如，承前例，安安從新家具組裝工人處學習到，他們兩人在組裝櫥櫃家具時專心工作，心無旁鶩並不聽音樂、看電視或打電玩，也沒邊做邊聊天，在工作中，只有中場休息十分鐘喝杯水、抽根菸、聊天說笑一下，從而能在兩個半小時完成全部作業。

(2) **利用管理技術增加時間供給**

此時係藉由精進各種管理技巧。例如，底線時間原則、配置時間原則、連續時間原則、生理時間原則、零散時間原則、制約時間原則，來增加時間供給，進而提高時間管理效率，此為時間管理的高階技術【14-12】，茲說明如下：

a. **底線時間原則**

這時是和自己約會，約定某件事務，需要在某一特定時間底線完成。藉由清楚訂出目標時間完成底線，便可督責完成，因為目標是個有特定底線的夢想。如和自己約定在本月底前必須完成這份企劃案或報告書，或是和自己約定在未來兩年內一定要娶妻或是把自己嫁掉等。例如，尼希米欲修造城牆時，國王問尼希米說：「你此去需要多少的日子？幾時回來？」於是尼希米就和國王約定日期，國王歡喜差遣尼希米前去。又如，承前例，安安的父母親在面對家中裝潢時，和統包的木工藍先生約定全部裝潢工程，需於一個月內完成，此舉更能配合大樓管理委員會的相關規定。

b. **配置時間原則**

配置時間原則的要領是將一件大型的工作任務，或是重大的事務予以切割，細分成數個小部分，即藉由**分開克服**（**Divide and Conquer**）的原則，安排在不同時段，或是由多人來分別完成。如撰寫一本書需

要逐篇章完成、撰寫一篇論文需要逐段落完成、撰寫一份作業或報告需要逐章節完成。此時需要將每一個段落，分別制定出需要完成的時間，並進行進度管制。例如，尼希米修築城牆時，是使用分配時間原則，如將工作分配給各人進行，先是音麥的兒子撒督對著自己的房屋修造；其次是守東門由示迦尼的兒子示瑪雅修造等。又如，承前例，木工藍先生在進行木工作業時，他更利用週四和週五兩個上午的工作時段，專心處理木工裝潢中最困難的部分，即業主特殊要求需精心雕琢的特殊製品。

c. 連續時間原則

若是經由高速公路，開車一小時即能由臺北抵達新竹，然而若是塞在市區車陣中，走走停停只能由臺北西門町抵達內湖。至於高鐵列車則能在兩個多小時，即由臺北直達高雄左營。其祕訣在於能夠加快速度，時間不被他人中斷，即能運用連續時間原則，高效率的運用時間。如需要關閉手機、不接電話、不見訪客，甚至退到密室、會議室或圖書室工作。又如，尼希米修築城牆時，係利用連續時間原則，他們一半作工，一半拿兵器護衛，從天亮做到星宿出現時。例如，承前例，木工藍先生在進行木工作業時，他的三人工作團隊，自上午八時工作到晚間六時，中間僅中午休息吃飯一小時，整天八、九小時連續工作不停歇，遂能在五個工作天內，完成三房兩廳的木工裝潢作業。

d. 生理時間原則

生理時間原則即是生理時鐘原則，即**我們需要在一天當中，找出最具有生產力、最具有生產效率的時間區間**。每天僅需2～3個小時即足夠，看做工作的核心時間。再積極保護核心時間，不被其他事務占用，即為最佳的時間管理技巧。此時為了保護核心時間，必要時需要邀請師長、同事、上司、朋友來協助完成。例如，經選定每週二和每週五上午10至12時為生理時間後，則在此一時間坐在座位上，或走到

圖書館、咖啡廳專心做事（如閱讀或寫作等），並將手機關機或交給
朋友代為接聽。

我們需要在一天當中，找出最具有生產力、最具有生產效率的時間區
間。

---

e. 零散時間原則

拿破崙說：「利用零散時間，就能創造時間」，即已說明零散時間原
則的要旨，成功人士會自行創造時間。此時即是將行政事務集中處理
來節省時間。重點是愛惜零碎時間，從而不致浪費時間。例如，可先
同時將買麵包、買雞蛋、劃撥匯款、郵寄包裹、倒垃圾、領取郵件等
行政事務集中處理，甚至是在行車時間多方沉思、祈禱和閱讀，然仍
需留意應以安全和不傷害身體健康為底線，務請記得。又如，曾經在
蘋果、微軟和大陸谷歌等資訊科技企業擔任總裁等要職的李開復，現
任創新工場董事長兼執行長。李開復董事長會將每天一、兩小時的零
碎時間，進行整合、調配與有效利用，進而轉變成較諸他人更有效率
的能量，此舉使他得以領先群倫。再如，承前例，大學生安安於是學
會在晚上看電視節目時，同時洗碗、洗衣服或折衣服，也在電視廣告
時段掃地或倒垃圾，有些時候還會拖地或燙衣服來動一動身體。

f. 制約時間原則

制約時間原則即是透過工具制約【14-13】刺激，善用各種物質正面
強化工具，如獎品獎勵法，或精神正面強化工具，如自我打氣法，使
我們在某特定時間中，致力生產活動，發揮時間運用最高效益。

最後，有位李老先生，在他六十歲生日期許自己說：「我四十歲學日
文，五十歲學游泳，六十歲學彈琴。現在的我渾身是勁，如果上帝再給我
十年的時間，在七十歲時我將要開個畫展。」

　　在這位老先生的生活字典裡面，絕對沒有「老狗學不了新把戲」這樣的話，而是「每一天都是新的一天，都有新鮮事等著發生」。他已經決定要讓「寧可燒盡，不願意朽壞」的事情每天上演，這是這位老先生的時間利用哲學。

　　人生不就是應當如此精采嗎！讓我們愛惜光陰，把握每一個今天，使自己每天成長進步，更上層樓。

　　例如，歌德寫出世界文學瑰寶──詩歌劇《浮士德》，長達12111行。歌德為何能完成如此驚人的成就？部分原因在於歌德一生非常珍惜時間，他將時間看成是自己最大的財產。他在一首詩中曾如此寫道：「我的產業多麼美、多麼廣、多麼寬！時間是我的財產，我的田地是時間。」

　　歌德是如此說的，他也如此做而貫徹執行。他認為放棄時間的人，時間也將放棄他。故一定要抓緊時間。他一生中把一個鐘頭當60分鐘使用，視時間為生命，絕不浪費一分一秒。

【智慧語錄】

　　時間就是生命。　　　　　　──科學家，富蘭克林（Benjamin Franklin）

　　必須記住我們學習的時間是有限的，時間有限，不只由於人生短促，更由於人事紛繁，我們應該力求把我們所有的時間用來做最有益的事。

　　　　　　　　　　　　　　　　──哲學家，斯賓塞（Herbert Spencer）

【本章註釋】

14-1 控制包括前饋控制、同步控制、回饋控制的三個種類，請參見洪明洲著（1999），《管理：個案、理論、辯證》，臺北市：華彩軟體出版。

14-2 控制區分成策略控制、管理控制、及作業控制三個層次，請參見吳青松著（2002），《國際企業管理：理論與實務》（三版），臺北市：智勝文化出版。

14-3 為自己的懼怕核心區域負起責任，係出自趙燦華譯（民94），《關係DNA》（史邁利·蓋瑞著），加州：美國麥種傳道會出版。

14-4 「我親愛的弟兄們，這是你們所知道的。但你們各人要快快地聽，慢慢地說，慢慢地動怒」。原文出自《聖經·雅各書》1章19節。

14-5 衝突的形式與解決之道，出自Robbins, S. P. (2013), *Organization Behavior*, the fifteen edition, Prentice-Hall, Inc.

14-6 同註14-4。

14-7 「我們若認自己的罪，上帝是信實的，是公義的，必要赦免我們的罪，洗淨我們的不義」。原文出自《聖經·約翰壹書》1章9節。

14-8 「藍海策略」一詞，語出於知名經濟學家金偉燦（Chan Kim）和勒妮·莫博涅（Renée Mauborgne）所著的「新經濟學」一書。

14-9 專案管理，請參考Nicholas, J. M. (2001), Project management for Business and Technology: Principle and Practice, 2nd, ed., Upper saddle River, NJ: Prentice Hall.

14-10 馬斯洛（Maslow）的人類需求層級理論（Human Demand Hierarchy Theory），出自馬斯洛。Maslow, A. H. (1977), Motivation and Personality, 3rd. ed., New Jersey: Pearson Education, Inc.

14-11 時間短缺一如產品短缺，當需求大於供給，便會形成短缺（Shortage）的情形。

14-12 管理時間見成功者創造時間的論點，請參閱Urban, H. (1995), 20 Things I Want My Kids to Know, 伍爾本著，曹明星譯，黃金階梯，臺北市：宇宙光出版。以及陳澤義（2011），《美好人生是管理出來的》，臺北市：聯經出版。

14-13 工具制約，或稱操作制約，出自Robbins, S. P. (2006), Organization Behavior, the eleventh edition, Prentice-Hall, Inc.

【課後學習單】

表14-1 「控制回應目標」單元課程學習單——情緒控制學習單

課程名稱： 授課教師：	
系級： 姓名： 學號：	
1. 請扼要說明某一特定事件的始末	
2. 這整個特定事件中，你做哪些**溝通**？你在溝通過程中，發現哪些事、接觸到哪些問題？	
3. 在這整個特定事件溝通中，你運用哪些可用的**事前預防、事中偵測**機制？這對你有何幫助？	
4. 這整個特定事件的溝通經驗，你運用哪些可用的**事後減壓**措施？你覺得效果如何？	
5. 在這個特定事件溝通中，讓你有哪些成長？你對人事物的看法有哪些改變？	
6. 在這個特定事件溝通中，你要怎樣應用到個人日後生活中？	
7. 在溝通過程中，有沒有**意想不到的插曲**（意外事件或遭遇難題等）？	
8. 你的其他意見	
導師（或助教）評語	

表14-2 「控制回應目標」單元課程學習單──控制力學習單

課程名稱：	授課教師：
系級： 姓名：	學號：
1. 當你在工作上進行一項專案時，你如何確保該專案業務工作或活動能夠如期完成，請就「**控制程序內涵和控制種類**」來分析？（可舉例說明）	
2. 同上題，此時本章的三個「**控制層次**」和「**控制系統的選擇**」爲何？如何應用在你自己身上？（可舉例說明）	
3. 同上題，請說明若你要進行控制時，「**控制內涵與績效**」的關聯性爲何？你會如何因應之？（可舉例說明）	
4. 具體言之，面對同學、同事或他人的優秀表現，你需要有「**認知公平**」上的免疫系統爲何？在你身上，你會如何調整之？（可舉例說明）	
5. 實務上，若是你想要利用「**社會判斷理論**」來面對同事或同學的績效表現時，你會如何留心心情上的微妙改變？（可舉例說明）	
6. 續上題，請說明你在面對自我成績退步時，「**變革管理模式**」如何扮演其角色？這如何啟發你？（可舉例說明）	
7. 此時，本章「**控制力**」的內容，在你身上有哪些應用呢？（請舉例說明）	
老師與助教評語	

第十五章　人生指南針

【三國啟思：孔明草船借箭十萬支】

　　在吳蜀聯軍對峙曹軍的赤壁之役中，**周瑜嫉妒諸葛亮**，為難孔明要在三日內製造取得十萬支箭。**孔明**預測天象，預知三日之後水氣將會衰弱，天氣將會放晴，從而長江之上通常會有大霧。孔明遂要魯肅準備二十艘戰船，每艘船上設置一百個稻草人，並且在第三天長江起大霧之時，將戰船開往曹軍營寨。

　　曹軍在遭逢大霧、視線不清的惡劣情形下，只得下令弓箭手射箭，孔明便下令戰船前進受箭，並且掉轉船面以使雙面受箭，因此每艘船隻獲得五千支箭，總共有十萬支箭，是為孔明草船借箭。

　　孔明應變得宜，向曹操借得十萬支箭，並且向曹軍營寨大聲喊叫：「多謝曹丞相的箭」，然後返回吳蜀營寨，此事使得周瑜十分佩服。

15.1 人生目標與價值

【管理開場：臺灣阿嬤陳樹菊追求最大貢獻，全力貢獻社會】

　　「臺灣阿嬤」陳樹菊學歷僅有國小畢業，一生未婚，十三歲起賣菜，是臺東市中央市場的賣菜婦女。

　　因小時候母親無法繳交醫療保證金而病故，三弟亦罹疾病危無法繳交醫療保證金，校方發動緊急募款方得住院，雖然三弟依然病故，然校方募款義行，卻讓陳樹菊一生感激。因此她努力賣菜賺錢，不為自己生活，而是用金錢來行善。她說：「錢，要給需要的人才會有用。」在她近五十載的賣菜生涯中，陳樹菊總共捐獻近一千萬元來幫助各處的兒童、孤兒與建立圖書館等慈善基金。陳樹菊十分滿意自己的人生，她說：「我每天晚上只要想到受到幫助人的笑容，就感到對社會有貢獻而心滿意足。」

因慈善義舉，《富比士》雜誌和美國《時代》雜誌分別將她選入了2010年亞洲慈善英雄，以及最具影響力的時代英雄人物。2012年更被菲律賓選為麥格塞賽獎的得主，她將自傳出版為《陳樹菊——不凡的慷慨》一書傳世。

我們需要回想日後他人會如何思念你，人生需要對社會產生貢獻，千萬不要窮得只剩下金錢。

【問得好】在你離開崗位以後，你期望他人如何懷念你？

在透過優勢槓桿，運用黃金管理法則和績效建立法則，達成工作事業目標時，需要思想為何而工作，為何而努力，是為名位、利益、金錢、權力，還是為家庭、為生活。這時個人內心出發點，即會決定工作或生活的價值。此時採行何種思維模式，包括利潤最大化或貢獻最大化，即會造成莫大的差別，茲說明如下：

1. 追求最大利潤

經濟學為社會科學之母，經濟模型的基本設定是在**追求最大利潤**（**Profit Maximation**），此時即先行假設人類決策行為為有限度的理性，在人類受侷限的邏輯思維下，經由個人的自利動機，必然會謀求自己的最大利潤。亦即在人力、財力、物力與時間資源受限的情形下，來追求最大利潤目標〔即Max π（利潤）〕【15-1】。此時即使有後來的追求最大銷售數量的目標〔即Max Q（數量）〕，或追求最大市場占有率的目標〔即Max S（市場占有率）〕等，皆可歸在利潤最大化的行列。

然而，果真追求利潤目標會得到美滿結果？答案恐怕是負的。因為個人或企業是單一的子系統，存在於全體社會大系統中，個人或企業明顯受到全體社會的衝擊波及。即我們努力追求最大利潤的同時，自然會追求最大銷售或最低成本，前者會藉由大量行銷廣告、推銷技巧、促銷活動來吸引消費者，製造很多資源無效率的浪費，也增加環境負荷；後者會刻意壓

低成本，將大量的汙水、廢棄物等副產品，經由低廉的處理成本，傾倒至社會環境中，毀壞自然環境品質，從而反撲至個人或企業中，毀壞威脅其生存，形成惡性循環的共通性悲劇（**Target of Commons**）【15-2】。

2. 追求最大貢獻

若是追求最大貢獻（**Contribution Maximization**）〔即Max C（貢獻）〕，即成為社會學或福利學者所指稱的追求最大福利（**Welfare Maximization**）〔即Max W（福利）〕。其立論基礎是由於個人是整體的一部分，我們是全體社會的一個環節，我們直接受益或受害於整體社會功能運作的結果，社會與個人之間的關係猶如皮上的毛、嘴唇中的牙齒。基於「皮之不存，毛將焉附」的原理，唇亡則齒寒，沒有國哪有家，是以我們應當追求對整體社會的最大貢獻。又社會若能得到最大貢獻，提升社會福利水準或服務品質，進而回饋到個人或企業中，繼而使個人或企業的基礎更形穩健，再孕育出未來更佳的生活素質，即成就良性循環。

我們生命的意義在於和整體社會的連結，也就是「成功在於做，而不在於得」。 當我們發揮最大潛力，對社會做出貢獻，便是成功。因為生命並未強求我們要建立豐功偉業，而是呼喚我們在各個階段的人生經歷裡，做你自己，竭盡全力發展自我，貢獻社會，這是生命每日對我們所發出的挑戰，好讓我們每個人皆有機會實現上帝在我們身上的計畫，以攀登人生的至高頂峰。

> 我們生命的意義在於和整體社會的連結，也就是「成功在於做，而不在於得」。

我們希望別人怎樣對待我們，我們就要怎樣對待人【15-3】。我們的價值不是我們擁有了什麼，而是我們為別人做了些什麼。而是希望使周圍所有人的愛心，在知識和各樣見識上，能夠多而又多。

我們一生所追求的目標應該是在過程中盡心竭力，了無遺憾，而非只追求榮譽、聲名、權位、財富的本身。因為我們每個人都早已經成為一齣

戲，給世人和天使們觀看。

　　若是我們能下定決心全力以赴，則我們生命中最棒的時刻便會來臨。理由是我們個人的潛能，絕大部分並未被接觸、開發。一旦我們能夠追求最大貢獻，個人即會獲得內心平靜和自我肯定的平安，享受生命所帶來的自由自在。

【智慧語錄】

　　一個人的價值，應當看他貢獻了什麼，而不是看他拿到了什麼。

── 發明家，愛迪生（Thomas A. Edison）

　　當我們個人遵守規則時，就是為整個社會的福利做出了貢獻。間接的，我們是在幫助我們的朋友提升幸福。

── 哲學家，亞里斯多德（Aristotle）

15.2 正直的真諦

【管理亮點：台塑王永慶堅持童叟無欺的正直精神】

　　台塑集團創辦人兼總裁王永慶素常勤勞樸實，且凡事追根究柢，他倡導的「實事求是」和「童叟無欺」，即成為台塑的核心文化。

　　1932年，王永慶向父親王長庚取得200元本金，創立米店經營。王永慶堅持在送米的時候，要費心費力的先將顧客米缸中的餘米先行倒出，再行倒入新米。意思是為顧客著想，不希望顧客浪費餘米，一直落在米缸底部而未能食用。此外，王永慶在送米的時候，都會先將米袋中的碎石、沙粒、木屑等雜質先行挑出來丟棄，再銷售純米給對方，如此一來即使米袋的重量因而減輕，收益因而減少，然而王永慶仍然不以為意，他堅持童叟無欺是做生意的基本原則。

　　王永慶藉由主動服務顧客的負責態度，更加上守信用、童叟無欺的正直作風，贏得消費者信任，獲致創業成功，更為日後台塑的事業經營樹立不朽的典範。

　　所有的決策皆是幫助人往上爬，唯有道德決策是避免人往下掉。

【問得好】你怎麼去看待「成功」？你會怎樣去追求成功？

　　在本書的前面各章節，皆是幫助讀者往上爬升，邁向成功之路，同時擁有幸福快樂的美好人生，都是正向「向上」的意圖。唯獨本節則是要保護你，不至於「向下」，從高處跌落，在高空中墜毀，明顯是一種保護的機制。因為許多王公貴族之流，以及飛黃騰達之士，多有因私德不佳或某一惡事東窗事發，而使事業和家庭毀於一旦。另有多位販夫走卒，汲汲於營利而鋌而走險，進而事跡敗露，瞬間崩毀，甚至淪為階下囚。因此，本書特闢專節，闡述道德管理的內涵，作為《管理與人生》的結束。

　　星星、月亮和太陽之所以能夠得到人們的崇敬，在於它們一直維持著一定的高度。同樣的，我們也需要維持自己的道德高度，在高的水準，切不可同流合汙，也不宜僅以符合法律條文為滿足。

　　管理人生除需面對策略規劃、領導溝通、理性決策與目標控制外，尚有道德管理，需面對道德決策（**Moral Decision**），其為影響我們是否符合社會道德規範的行為決定。道德決策指我們在做決定的當時，個人面對兩種或兩種以上價值觀的選擇。例如，究竟是要選擇賺取利益，抑或是兼顧平等人權，甚至是捍衛社會公義。基本上，上述價值觀中間，係互相排斥而需要取捨選擇。例如，我們在處理招標案件或是決定人事案件之際，究竟是要公平審查投標人或應徵人，還是透過請託關說或金錢賄賂，這是典型的道德決策問題。此時道德決策的影響遂十分重大，甚至會使父母蒙羞或家門受辱，其乃一念之間的事。誠如所羅門王說過：「智慧之子使父親歡樂，愚昧之子使母親擔憂」【15-4】。因為縱令有滿腹的倫理道德學理，卻無法執行出來，是沒有任何用處的。

　　此時我們怎樣做出合於倫理道德規範的決定，在實際執行上，有三道安全鎖來保護當事人，其分別是事前的道德意圖、當時的道德知覺，以及內心的倫理道德評估，即為瓊斯（Jones）於1991年所提出的道德決策模式（**Moral Decision Model**）【15-5】。如圖15-1所示，茲說明如下：

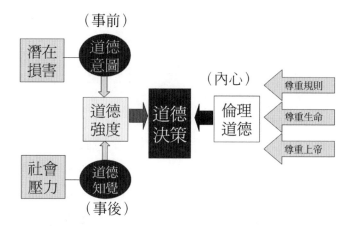

資料來源：修改自 Jones (1991)。

圖15-1　道德決策模式的說明

1. 事前的道德意圖

　　第一道安全鎖是事前的**道德意圖**（**Moral Intention**），係指決策前的道德壓力而言，其包括社會共識和親近程度兩者。首先在社會共識方面，是指社會上他人給予的群眾制裁壓力。例如，前述的社會各界人士並不會譴責關說或請託行動，從而在此方面缺乏社會共識，故無法形成道德意圖制約力量。

　　再者在親近程度方面，是指決策後的加害人與受害人之間，基於關係親近而生成的情感制裁壓力。例如，前述的請託或關說獲利方為有心人士，受害人則廣泛散布各方，包括各地來的投標人或應徵人，係屬於間接性受害，傷害程度較不直接，因此較難藉此約束，不做出不當決策。

　　例如，「國民黨祕書長林益世涉入的索賄關說中鋼公司下腳廢料案」，林益世貴為黨祕書長之尊，更是間接代表著黨團的司法機構，但是林益世卻利用祕書長的權力與威望從事不法行為。雖然在臺灣當前的社會風氣，民意代表關說事件屢有所聞，然而若是違反法律，即應接受法律制裁。

2. 當時的道德知覺

　　第二道安全鎖是道德知覺（**Moral Perception**），即計算決策後結果

的嚴重性，和結果被揭發的機率。首先是決策後結果的嚴重性，即指被揭發後的處罰嚴重程度。例如，前述的投標人或應徵人，若認爲找人請託關說或金錢賄賂會影響其社會聲望，甚至降低工作的榮譽感，則會選擇公平競爭。至於管理當局若認爲接受請託關說或金錢賄賂，一旦被揭發會名譽掃地，甚至有牢獄之災，則會選擇公平選才。

再者，在結果發生機率方面，則是指被揭發的可能性高低程度。例如，前述的關說請託或金錢賄賂後，是否容易被他人發現。若是投標人或應徵人認爲不容易被他人發現，自然會鋌而走險，進行請託關說行爲，而不走公平競爭道路。至於管理當局若是認爲接受關說請託或金錢賄賂後，不容易被他人發現，自然會食髓知味繼續需索，故此對於個人是否做出合宜的道德決策，影響甚爲深遠。

例如，「中華職業棒球員打假球案」，中華職棒自從1990年開打至今，經歷多次風風雨雨的球員打假球案，甚至是教練與球隊集體舞弊。此時，除提升球員薪資外，更要嚴加監控，提高被揭發的機率，並加重相關民事與刑事處罰制裁，期能提高打假球所需要支付的相對成本，以對應不法簽賭集團從中所施加的龐大金錢誘因。因而中華職棒球員的打假球問題，需要從經濟面來阻斷膽敢嘗試的意圖。

3. 內心的倫理道德評估

第三道安全鎖是心中的倫理道德評估，即當事人會觀照自己內心的倫理道德規範來做出決策。即會考量西方倫理的「自由、平等、博愛」三大支柱，或東方倫理四維的「禮、義、廉、恥」四大支柱來進行評估。茲說明如下：

事實上，西方倫理中「自由、平等、博愛」的三個尊重，即「尊重規則、尊重生命、尊重上帝」（如圖15-2），正與東方倫理中的「禮義廉恥」相互輝映【15-6】，茲說明如下：

西方倫理中「自由、平等、博愛」的三個尊重，即「尊重規則、尊重生命、尊重上帝」，正與東方倫理中的「禮義廉恥」相互輝映。

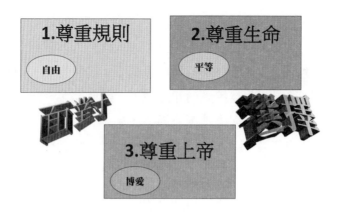

圖15-2　西方倫理的三個尊重

(1) 自由即是尊重規則

尊重規則意指尊重各種的規章制度，從而遵守法令規章與行政程序，不會衝撞破壞制度規則與交易秩序。此時即認定當事人的個人「自由」，乃是以不侵犯破壞他人的自由為前提。若是對於任何規章制度有執行上的困難時，即會依循體制內程序研議解決。從而在生活行動上，不會進行請託關說、不會闖紅燈、不插隊、不作假、不說謊話，當然更不會使用盜版軟體。

至於四維中的「禮」，是「規規矩矩的態度」，即尊重各種規章制度，遵守規則，而「非禮」即是破壞規矩，侵犯逾越到他人的自主領域，此與尊重規則，實乃異曲同工。

例如，亞都麗緻飯店**嚴長壽**總裁，年輕時曾任美國運通旅行部門職員，有一次嚴長壽專責採購辦公室設備，並與貿易商會談完成議約，然而臨走時，貿易商遞給嚴長壽一個信封袋，內有現鈔八千元整，這相當於嚴長壽的兩個月薪水。嚴長壽立即將此信封袋交給總經理，總經理則將此筆金錢交給公司的員工福利委員會。後來嚴長壽查驗貨品發現商品出現嚴重瑕疵，進而要求退貨，貿易商很不高興並對總經理打小報告，總經理則回答對方：「這件事情的來龍去脈我早已掌握，你送的八千元正在我這裡，你可以馬上領回去，不然這筆錢便會轉成員工福利金。」

(2) 平等即是尊重生命

尊重生命意指尊重上帝所創造的每一個生命體，即尊重每個人的基本人權，進而「平等」的對待世界上的每一個民族。準此，在政治行為上，遵守一人一票，各票等值的公平選舉；在日常生活上，不會歧視有色人種、不會欺壓弱勢、不會壓榨弱勢團體或員工、不會性騷擾或性侵犯等。因為此時係尊重每個人都是父母養育成人的個體，都是父母親心目中的可愛寶貝。

至於四維中的「義」是「正正當當的行為」，即尊重每個人的生命，做對的事情，恪守公義與公平，而「不義」即是踐踏公平，侵犯迫害到他人的基本人權，此與尊重生命，實乃同一旨趣。

例如，在1956年的馬丁・金恩牧師，勇敢率領蒙哥馬利城的五萬名黑人，抵制當地公共汽車業者的歧視黑人惡行。他帶領全城黑人拒搭當地公共汽車，且持續鬥爭達一年之久，後來美國最高法院宣布不得在交通工具上歧視隔離其他種族。在1963年8月，馬丁・金恩牧師更發動「自由進軍」運動，發表〈我有一個夢想〉知名演說，率領二十餘萬名黑人進軍首都華盛頓，成功爭取美國黑人的基本人權。

(3) 博愛即是尊重上帝

尊重上帝意指尊重上帝所創造的地球世界，乃至於日月星辰，此為西方倫理的信仰核心。在尊重上帝的前提下，自然不會汙染與破壞自然環境，反而會「博愛」的善待這唯一的地球，乃至於其中的每個生命。因此，在日常生活上，便會仁民愛物，愛護地球生態；不會汙染環境、不會亂丟紙屑、不會亂排汙水、不會恣意使用有毒化學物品等。

至於四維中的「廉」與「恥」，分別是「清清白白的辨別」和「切切實實的覺悟」，即強調君子雖愛財，取之卻有道，清廉自持不貪非分之財；若是犯錯則會勇於認錯，成就知錯能改、善莫大焉的氣度【15-7】。而「寡廉鮮恥」即是貪得無厭、罪惡深重且良心蒙蔽的光景，亟需尊重上帝來洗淨良知虧欠，故與尊重上帝有殊途同歸之處。因為作者深信耶穌已經為世人的罪惡，甘願被釘死在十字架上，流出

鮮血來清洗乾淨世人的罪惡，而耶穌在三天後更從死裡復活，戰勝死亡的權勢，透過耶穌的復活生命，要帶給世人永遠的生命【15-8】。

【智慧語錄】

最要緊的是，要真誠地對待你自己，而且要繼續下去，夜晚和白天，你不能對任何人虛假。　　　　　——文學家，莎士比亞（William Shakespeare）

一個人如能在心中充滿對人類的博愛，行為遵循崇高的道德標準，永遠圍繞著真理的樞軸而轉動，那麼他雖在人間也就等於生活在天堂中了。

——文學家，培根（Nicholas Bacon）

【本章註釋】

15-1 利潤最大化的目標，Max π（Profit），出自亞當斯密的國富論。Adam Smith (1776), *The Theory of Nation Wealth*, London: The Free Press。然而，亞當斯密更在其另一本著作《忠誠論》（*The Theory of Loyalty*）中提及，利潤最大化的前提是，每個人對此一系統忠誠，不能對系統中的任何人事物進行破壞、謊言、殺害等不忠誠的舉動。

15-2 有關共通性悲劇方面，詳細內容請參閱陳澤義著（2019），《服務管理》（第六版），臺北市：華泰文化出版，第十六章「服務倫理」中，第二節「過度產銷活動對消費者的不利影響」的說明。

15-3 「所以，無論何事，你們願意人怎樣待你們，你們也要怎樣待人，因為這就是律法和先知的道理」，原文出自《聖經・馬太福音》7章12節。

15-4 「智慧之子使父親歡樂，愚昧之子使母親擔憂」，原文出自〈所羅門王箴言〉10章1節。

15-5 道德決策（Moral Decision）的內涵，出自瓊斯（Jones, 1991）。請參見Jones, Thomas M. (1991), "Ethical Decision Making by Individuals in Organizations: An Issue-contingent Model," *Academy of Management Review*, 16: 366-395.

15-6 「禮、義、廉、恥，國之四維，四維不張，國乃滅亡」，出自管仲《管子・牧民篇》及顧炎武《廉恥》。

15-7 「知錯能改，善莫大焉」，出自春秋《左傳・宣公二年》。齊靈公濫殺廚師（因烹煮熊掌未煮熟），後來臣子士季進諫，齊靈公悔悟，士季遂語出此言。

15-8 此即如《聖經・約翰福音》3章16節所述：「上帝愛世人，甚至將祂的獨生子賜給他們，叫一切信祂的，不致滅亡，反得永生。」

【課後學習單】

表15-1 「人生指南針」單元課程學習單 —— 特定事件管理學習單

課程名稱：	授課教師：	
系級：	姓名：	學號：
特定事件主題		
特定事件內容		
1. 經過這些日子的某特定事件，你個人做了哪些事情？		
2. 在此件事中，你看見、聽見或發現哪些事情？接觸到哪些問題？		
3. 在前些日子的特定事件中，你心裡有哪些**感動**或**感想**？		
4. 你做哪些**改變**或**學習**到哪些事情？（例如，體會到工作的神聖、溝通技巧重要、了解自己個性等），這些對你自己有哪些幫助或意義？		
5. 這些日子的特定事件經驗，讓你自己有哪些**成長**？		
6. 你對人事物的看法有哪些**改變**？你要怎樣應用到個人的日後生活中？		
7. 你的其他反思意見		
導師（或教練）的評語		

表15-2　「人生指南針」單元課程學習單——道德決策學習單

課程名稱：	授課教師：	
系級：	姓名：	學號：
1. 請說明某一事件的內容		
2. 你主要的決策「方案」有哪些？		
3. 你有沒有發現，決策方案中有哪些「**互相衝突的價值**」？		
4. 這裡的「**社會共識**和親近程度」情況如何？		
5. 這裡的「考量結果的**嚴重性**和結果發生**機率**」情況如何？		
6. 這裡的「**倫理道德評估**」情況如何？		
7. 這個時候，你會想要做哪個「**決定方案**」呢？		
8. 這個時候，從你心中產生的「**良心感受**」如何？		
老師與助教評語		

中文參考文獻

山田淑敏譯（民99），《10倍速實現夢想：5×5法則》（內方惠一朗著），臺北市：天下遠見出版。

王文華編著（民99），《中學生晨讀10分鐘：人物故事集》，臺北市：天下文化出版。

王培潔譯（民99），《6A的力量》（麥道衛、戴伊著），臺北市：綠洲出版。

朱文儀、陳建男譯（民96），《策略管理》（第七版）（希爾、瓊斯合著），臺北市：華泰文化出版。

沈葳編著（民94），《成功人士，本身就耐人尋味》，臺北市：新潮社文化事業出版。

李明、周宜芳、胡瑋珊、楊美齡譯（民98），《長尾理論》（克里斯·安德森著），臺北市：天下文化出版。

李家同著（民84），《讓高牆倒下吧》，臺北市：聯經出版。

李偉麟著（民94），《幸福力》，臺北市：天下遠見文化事業出版。

吳信如譯（民97），《領導就是喚醒生命》（古倫神父著），臺北市：南與北文化。

吳信如譯（民99），《遇見心靈365》（古倫神父著），臺北市：南與北文化。

吳青松著（民91），《國際企業管理：理論與實務》（三版），臺北市：智勝文化出版。

吳家恆、方祖芳譯（民95），《柔性權力》（約瑟夫、奈伊著），臺北市：遠流出版。

吳瑞誠、張聖佳譯（民84），《引爆學習Very Match》（李菲兒著），臺北市：中國主日協會出版。

吳蔓玲譯（民92），《影響力的特質：開創你的人際影響力》（約翰·麥斯威爾、吉姆·朵南著），美國加州：基石文化出版。

林徽因（民95），《林徽因詩文集·林徽因的39段美文》，上海：上海三聯書

店出版。

洪明洲著（民88），《管理：個案、理論、辯證》，臺北市：華彩軟體出版。

屈貝琴譯（民98），《面對心中的巨人》（路卡杜著），臺北市：校園書房。

殷文譯（民94），《第八個習慣》（史蒂芬‧柯維著），臺北市：天下文化出版。

施以諾著（民92），《態度決定了你的高度》，臺北市：橄欖文化出版。

施以諾著（民94），《氣質是最好的名牌》，臺北市：橄欖文化出版。

施以諾著（民94），《因為單純所以傑出》，臺北市：橄欖文化出版。

姜雪影譯（民98），《10、10、10：改變你生命的決策工具》（蘇西‧威爾許著），臺北市：天下遠見出版。

殷允芃、蕭錦綿編著（民98），《勇敢走自己的路：天下雜誌400期特刊》，臺北市：天下文化出版。

許志義著（民89），《多目標決策》，臺北市：三民書局出版。

陳真譯、黑幼龍主編（民86），《新世紀領導人》（史都‧雷文、麥可‧柯朗著），臺北市：龍齡出版。

陳恩惠、吳蔓玲譯（民95），《態度：你的致勝關鍵》（約翰‧麥斯威爾著），美國加州：基石文化出版。

陳澤義（民110），《職場軟實力》，臺北市：五南出版。

陳澤義（民108），《幸福學：學幸福（三版）》，臺北市：五南出版。

陳澤義（民108），《生涯規劃（三版二刷）》，臺北市：五南出版。

陳澤義（民108），服務管理（六版），臺北市：華泰文化出版。

陳澤義（民107），《現代管理學：數位趨勢下的管理藝術（三版）》，臺北市：普林斯頓出版。

陳澤義（民105），《解決問題的能力》，臺北市：印刻出版。

陳澤義（民104），《溝通管理》，臺北市：五南出版。

陳澤義（民101），《影響力是通往世界的窗戶》，臺北市：聯經出版。此書2014年發行簡體字版，深圳市：海天出版。

陳澤義（民100），《美好人生是管理出來的》，臺北市：聯經出版。此書2014年發行簡體字版，深圳市：海天出版。

陳鵬飛編著（民98），《關於管理學的100個故事》，臺北市：宇柯文化出版。

黃賀著（民98），《組織行為：影響力的形成與發揮》，臺北市：前程出版。

曹明星譯（民99），《黃金階梯：人生最重要的二十件事》（伍爾本著）（三版），臺北市：宇宙光出版。

馮克芸譯（民98），《會問問題才會帶人》（克莉絲·艾普斯坦著），臺北市：大塊文化出版。

國立臺北大學通識教育中心（民102），《臺北大學通識教育課程學習保證AOL作業手冊》，新北市：國立臺北大學出版。

葛幼君譯（民96），《牧羊人領導：聖經詩篇中的領導智慧》（麥考米克和戴文波合著），臺北市：啟示出版。

詹麗茹譯（民84），《成熟亮麗的人生》（桃絲·卡內基著），臺北市：龍齡出版。

楊政學（民99），《領導理論與實務：品格教育與倫理教育》，新北市：新文京開發出版。

趙燦華譯（民94），《關係DNA》（史邁利·蓋瑞著），加州：美國麥種傳道會出版。

鄭玉英譯（2014），《克服衝突心境界》（安瑟蘭·古倫著），臺北市：南與北文化出版。

謝凱蒂譯（民98），《讓天賦自由》（肯·羅賓森和盧·亞諾尼卡合著），臺北市：天下文化出版。

簡宛譯（民72），《愛、生活與學習》（巴士卡力著），臺北市：洪建全文化基金會出版。

蔡璧如譯（民94），《雙贏領導101》（約翰·麥斯威爾著），臺北市：智庫文化出版。

魏郁如、王潔、陳佳慧譯（民98），《我的人生思考》（詹姆士·艾倫著），臺北市：立村文化出版。

蕭欣忠、林靜儀譯（民89），《領導贏家：領導力21法則》（約翰·麥斯威爾著），美國加州：基石文化出版。

顧華德譯（民98），《成功絕非偶然：啟動成功的七堂課》（湯米·紐巴瑞

著），臺北市：中國主日協會出版。

顧華德譯（民94），《生命造型師》（路卡杜著），臺北市：聖經資源中心出
　　版。

嚴長壽著（民98），《做自己與別人生命中的天使》，臺北市：寶瓶文化出
　　版。

嚴長壽著（民99），《總裁獅子心》（四版），臺北市：平安文化出版。

蘇拾瑩著（民95），《一念之間：100個心靈故事》，臺北市：啟示出版。

附錄：工作選擇問卷兩份

一、工作部門選擇問卷

（一）請就以下個性傾向敘述，圈選符合你個性內涵的程度，並給定分
　　　數：（本小題共有18題）

1. 穩定、實際。

　　(1)很不符合　(2)不符合　(3)尚符合　(4)符合　(5)很符合。

2. 精確、理性。

　　(1)很不符合　(2)不符合　(3)尚符合　(4)符合　(5)很符合。

3. 理想化、夢想。

　　(1)很不符合　(2)不符合　(3)尚符合　(4)符合　(5)很符合。

4. 友善、合作。

　　(1)很不符合　(2)不符合　(3)尚符合　(4)符合　(5)很符合。

5. 辯論、說服。

　　(1)很不符合　(2)不符合　(3)尚符合　(4)符合　(5)很符合。

6. 謹慎、整齊。

　　(1)很不符合　(2)不符合　(3)尚符合　(4)符合　(5)很符合。

7. 看重物質。

　　(1)很不符合　(2)不符合　(3)尚符合　(4)符合　(5)很符合。

8. 保守、被動。

　　(1)很不符合　(2)不符合　(3)尚符合　(4)符合　(5)很符合。

9. 有創意、直覺。

　　(1)很不符合　(2)不符合　(3)尚符合　(4)符合　(5)很符合。

10.幫助、憐恤人。

　　(1)很不符合　(2)不符合　(3)尚符合　(4)符合　(5)很符合。

11.有野心、衝勁。

(1)很不符合　(2)不符合　(3)尚符合　(4)符合　(5)很符合。

12.耐心足、自覺。

(1)很不符合　(2)不符合　(3)尚符合　(4)符合　(5)很符合。

13.坦白、自信。

(1)很不符合　(2)不符合　(3)尚符合　(4)符合　(5)很符合。

14.愛分析、獨立。

(1)很不符合　(2)不符合　(3)尚符合　(4)符合　(5)很符合。

15.喜愛自我表達。

(1)很不符合　(2)不符合　(3)尚符合　(4)符合　(5)很符合。

16.喜歡社交活動。

(1)很不符合　(2)不符合　(3)尚符合　(4)符合　(5)很符合。

17.樂觀、活潑。

(1)很不符合　(2)不符合　(3)尚符合　(4)符合　(5)很符合。

18.踏實、有效率。

(1)很不符合　(2)不符合　(3)尚符合　(4)符合　(5)很符合。

（二）若不考慮你在該方面的能力，請由以下24個選項中，選出8個最能
　　　說明你的興趣偏好的選項：

1. 修理汽車、修家電。　　　　2. 打電動遊戲。

3. 玩象棋、橋牌。　　　　　　4. 算命、觀看星座。

5. 玩樂器、演戲劇。　　　　　6. 撰寫文章投稿。

7. 做社區服務志工。　　　　　8. 和陌生人聊天。

9. 討論政治議題。　　　　　　10. 投資股票期貨。

11.將房間收拾整齊。　　　　　12. 將資料編輯分類。

13.自行組裝電腦。　　　　　　14. 看機械展、看科技展。

15.看電腦展、書展。　　　　　16. 參加各種企業競賽。

17.看電影、藝術展。　　　　　18. 做美工設計、動畫、影片。

19.探訪孤兒、老人。　　　　　20. 當社團（學生）領袖、幹部。

21.逛街血拚、殺價。　　　　　22. 閱讀商業、管理雜誌。

23.記帳收錢、文書。　　24. 將各種資料分類建立表格。

（三）若考慮你在該方面的能力在內，請由以下36個選項中，選出12個最
　　　能說明你想要做的事情的選項：

1. 建築土木。　　2. 駕駛車輛、船隻或飛機。

3. 市場分析。　　4. 醫療護理。

5. 產品或廣告設計。　　6. 雜誌編輯。

7. 社會弱勢照顧。　　8. 心理諮商輔導。

9. 推銷、仲介產品。　　10. 領導與管理。

11.祕書、行政。　　12. 商業文書管理。

13.五金、機械。　　14. 電機、電子。

15.電腦程式設計。　　16. 經濟分析。

17.服裝設計。　　18. 室內裝潢設計。

19.教育青少年與兒童。　　20. 教練、教官。

21.企業管理顧問。　　22. 公共關係。

23.會計與出納。　　24. 建立行政作業流程。

25.食品製造。　　26. 警察消防與保全。

27.科學探索。　　28. 學術理論研究。

29.美術、攝影。　　30. 音樂、文學寫作。

31.牧師、傳道。　　32. 招待、接待他人。

33.股票、經紀人。　　34. 代理、委託業務。

35.圖書資訊分類。　　36. 資料整理、處理。

工作部門選擇問卷：答案卡

學校＿＿＿＿＿＿課程＿＿＿＿＿＿

姓名＿＿＿＿＿＿學號＿＿＿＿＿系級＿＿＿＿＿＿

個性傾向（填選1至5分）

題號	1	2	3	4	5	6
分數						

題號	7	8	9	10	11	12
分數						
題號	13	14	15	16	17	18
分數						

興趣偏好（填下8個題號）

選出	1	2	3	4
題號				
選出	5	6	7	8
題號				

想要做的事（填下12個題號）

選出	1	2	3	4	5	6
題號						
選出	7	8	9	10	11	12
題號						

工作部門選擇問卷計分卡

區分	個性傾向（原始）	性格得分（×1）	興趣偏好（原始）	興趣得分（×3）	想做的事（原始）	想做得分（×3）	總計
企業人							
社會人							
實體人							
行政人							
研究人							
藝術人							

你的工作部門選擇結果：＿＿＿＿人，適合＿＿＿＿部門。

二、工作行業選擇問卷

（一）請就以下各家商店，就你下班後或週末放假時，和朋友在一起逛街時，你最想做的事情（偏好程度），給定分數：（本小題共有16題）

1. 到個性咖啡店（如星巴克或Brown咖啡）品嘗咖啡與茶。
   (1)很不喜歡　(2)不喜歡　(3)還可以　(4)喜歡　(5)很喜歡。
2. 到百貨公司服裝部門或服飾專賣店（如Zara）品味服飾。
   (1)很不喜歡　(2)不喜歡　(3)還可以　(4)喜歡　(5)很喜歡。
3. 到百貨公司家居部門或家飾店（如IKEA）品味家居裝潢。
   (1)很不喜歡　(2)不喜歡　(3)還可以　(4)喜歡　(5)很喜歡。
4. 到汽機車或腳踏車展示場（如BMW或捷安特）品味名車。
   (1)很不喜歡　(2)不喜歡　(3)還可以　(4)喜歡　(5)很喜歡。
5. 到大學校園或中小學校園散步並欣賞校園風光。
   (1)很不喜歡　(2)不喜歡　(3)還可以　(4)喜歡　(5)很喜歡。
6. 到百貨公司遊樂館或電影街遊蕩並品味遊樂新趨勢。
   (1)很不喜歡　(2)不喜歡　(3)還可以　(4)喜歡　(5)很喜歡。
7. 到手機或筆電的展示場館（如Apple）品味新機種。
   (1)很不喜歡　(2)不喜歡　(3)還可以　(4)喜歡　(5)很喜歡。
8. 到農村、養殖場或漁村（如嘉義與臺南）體驗農作物或魚類的生長與養殖過程。
   (1)很不喜歡　(2)不喜歡　(3)還可以　(4)喜歡　(5)很喜歡。
9. 到異國料理店或餐館（如韓國或印度館）品味異國料理。
   (1)很不喜歡　(2)不喜歡　(3)還可以　(4)喜歡　(5)很喜歡。
10. 到百貨公司化妝品部門或專賣店（如Adam）品味化妝。
    (1)很不喜歡　(2)不喜歡　(3)還可以　(4)喜歡　(5)很喜歡。
11. 到園藝或DIY家飾店（如特力屋、Hola）品味DIY裝潢。
    (1)很不喜歡　(2)不喜歡　(3)還可以　(4)喜歡　(5)很喜歡。
12. 到鐵道或航空館展示（如臺鐵或華航）品味飛機或火車。
    (1)很不喜歡　(2)不喜歡　(3)還可以　(4)喜歡　(5)很喜歡。

13.到親子教育館或成人教育中心考察各種教育內涵。

(1)很不喜歡 (2)不喜歡 (3)還可以 (4)喜歡 (5)很喜歡。

14.到電動遊樂場館（如劍湖山）體驗新機具。

(1)很不喜歡 (2)不喜歡 (3)還可以 (4)喜歡 (5)很喜歡。

15.到3C資訊展場（如三星）體驗新型手機與APP。

(1)很不喜歡 (2)不喜歡 (3)還可以 (4)喜歡 (5)很喜歡。

16.到農漁業、礦業展場或林場所體驗傳統文化。

(1)很不喜歡 (2)不喜歡 (3)還可以 (4)喜歡 (5)很喜歡。

（二）請就以下各家話題，就你下班後或週末放假時，和朋友在一起閒聊
　　　時，你最喜歡聊的話題偏好程度，給定分數：（本小題共有24題）

1. 談論各家美食的食材和製作技術。

(1)很不喜歡 (2)不喜歡 (3)還可以 (4)喜歡 (5)很喜歡。

2. 談論異國料理的品味和烹調技術。

(1)很不喜歡 (2)不喜歡 (3)還可以 (4)喜歡 (5)很喜歡。

3. 談論各家餐廳的等級和美食評論家的評語。

(1)很不喜歡 (2)不喜歡 (3)還可以 (4)喜歡 (5)很喜歡。

4. 談論時尚服飾的流行趨勢和外觀風格。

(1)很不喜歡 (2)不喜歡 (3)還可以 (4)喜歡 (5)很喜歡。

5. 談論異國服飾的特色和特種編織技巧。

(1)很不喜歡 (2)不喜歡 (3)還可以 (4)喜歡 (5)很喜歡。

6. 談論各家設計師的服飾取材用色和服飾雜誌評論。

(1)很不喜歡 (2)不喜歡 (3)還可以 (4)喜歡 (5)很喜歡。

7. 談論居家擺飾的品味和裝潢風格。

(1)很不喜歡 (2)不喜歡 (3)還可以 (4)喜歡 (5)很喜歡。

8. 談論居家DIY方式管道和增能技巧。

(1)很不喜歡 (2)不喜歡 (3)還可以 (4)喜歡 (5)很喜歡。

9. 談論各裝潢名家設計品味和藝術內涵。

(1)很不喜歡 (2)不喜歡 (3)還可以 (4)喜歡 (5)很喜歡。

10.談論各種車輛、遊船或飛機的材質和操作技術。

(1)很不喜歡　(2)不喜歡　(3)還可以　(4)喜歡　(5)很喜歡。

11.談論各國名家車輛、遊船或飛機的機種和設計風格。

(1)很不喜歡　(2)不喜歡　(3)還可以　(4)喜歡　(5)很喜歡。

12.談論收藏各國名家車船或飛機模型的樂趣和趣聞。

(1)很不喜歡　(2)不喜歡　(3)還可以　(4)喜歡　(5)很喜歡。

13.談論紙本書、電子書或教育媒體的內容和管理技能。

(1)很不喜歡　(2)不喜歡　(3)還可以　(4)喜歡　(5)很喜歡。

14.談論各種知識蒐集、管理或教育的方式和操作技術。

(1)很不喜歡　(2)不喜歡　(3)還可以　(4)喜歡　(5)很喜歡。

15.談論各大學、圖書館或教育場館的理念內涵和藏書。

(1)很不喜歡　(2)不喜歡　(3)還可以　(4)喜歡　(5)很喜歡。

16.談論各國音樂、舞蹈、戲劇或藝術的內容和文創發展。

(1)很不喜歡　(2)不喜歡　(3)還可以　(4)喜歡　(5)很喜歡。

17.談論各種娛樂方式、劇場管理或傳播方式和升級技術。

(1)很不喜歡　(2)不喜歡　(3)還可以　(4)喜歡　(5)很喜歡。

18.談論各種調酒方式、賭博賽馬管理或風流花邊新聞。

(1)很不喜歡　(2)不喜歡　(3)還可以　(4)喜歡　(5)很喜歡。

19.談論智慧型手機、平板、筆電的操作方式和升級技術。

(1)很不喜歡　(2)不喜歡　(3)還可以　(4)喜歡　(5)很喜歡。

20.談論新型APP軟體使用方式、網路平臺或翻牆行為。

(1)很不喜歡　(2)不喜歡　(3)還可以　(4)喜歡　(5)很喜歡。

21.談論物聯網、大數據最新動向、網購與網際網路新趨勢。

(1)很不喜歡　(2)不喜歡　(3)還可以　(4)喜歡　(5)很喜歡。

22.談論農村、漁村的風土民情、文化故事或人物軼事。

(1)很不喜歡　(2)不喜歡　(3)還可以　(4)喜歡　(5)很喜歡。

23.談論各地鄉野的自助旅遊經驗、文化象徵或信仰傳說。

(1)很不喜歡　(2)不喜歡　(3)還可以　(4)喜歡　(5)很喜歡。

24.談論採礦人、林場人、牧場人的日常生活與鄉居歲月。

　　(1)很不喜歡　(2)不喜歡　(3)還可以　(4)喜歡　(5)很喜歡。

（三）若是現在有個展覽，請指出你最想去的展覽，請用數字的1、2、

　　　3、4來標示前四名。

(A)3C資訊展、(B)電動漫畫展、(C)教育展、(D)房車展、(E)家居裝潢展、

(F)流行服飾展、(G)美食展、(H)農林漁牧礦業展。

工作行業選擇問卷：答案卡

學校＿＿＿＿＿＿　課程＿＿＿＿＿＿

姓名＿＿＿＿＿＿　學號＿＿＿＿＿　系級＿＿＿＿＿

（一）最想做的事情（填選1至5分）

題號	1	2	3	4	5	6	7	8
分數								
題號	9	10	11	12	13	14	15	16
分數								

（二）談論話題（填選1至5分）

題號	1	2	3	4	5	6	7	8
分數								
題號	9	10	11	12	13	14	15	16
分數								
題號	17	18	19	20	21	22	23	24
分數								

（三）想看的展覽（填選A至H選項）

區分	第一順位	第二順位	第三順位	第四順位
選項				
分數	10	8	6	4

（四）行業傾向計分卡

代碼	食	衣	住	行	育	樂	資	農
行業內容	食品飲料	服飾化妝	建築家飾	車船飛機	教育知識	影視娛樂	資訊電子	農林漁牧
想做的事								
@								
@								
談論話題								
@								
@								
@								
展覽選擇								
@								
加總								

你的行業傾向結果：＿＿＿＿業。

三、兩份問卷的解說提示

一、工作部門選擇：解說提示

（一）個性傾向（每一題得1至5分）

題號	1	2	3	4	5	6
計分	實體	研究	藝術	社會	企業	行政
題號	7	8	9	10	11	12
計分	實體	研究	藝術	社會	企業	行政
題號	13	14	15	16	17	18
計分	實體	研究	藝術	社會	企業	行政

（二）興趣偏好 （每一題得3分）

題號	1	2	3	4	5	6
勾選	實體	實體	研究	研究	藝術	藝術
題號	7	8	9	10	11	12
勾選	社會	社會	企業	企業	行政	行政
題號	13	14	15	16	17	18
勾選	實體	實體	研究	研究	藝術	藝術
題號	19	20	21	22	23	24
勾選	社會	社會	企業	企業	行政	行政

（三）想要做的事 （每一題得3分）

題號	1	2	3	4	5	6
勾選	實體	實體	研究	研究	藝術	藝術
題號	7	8	9	10	11	12
勾選	社會	社會	企業	企業	行政	行政
題號	13	14	15	16	17	18
勾選	實體	實體	研究	研究	藝術	藝術
題號	19	20	21	22	23	24
勾選	社會	社會	企業	企業	行政	行政
題號	25	26	27	28	29	30
勾選	實體	實體	研究	研究	藝術	藝術
題號	31	32	33	34	35	36
勾選	社會	社會	企業	企業	行政	行政

二、工作行業選擇：解說提示

（一）最想做的事情

題號	1	2	3	4	5	6	7	8
計分	食	衣	住	行	育	樂	資訊	農林
題號	9	10	11	12	13	14	15	16
計分	食	衣	住	行	育	樂	資訊	農林

（二）談論話題

題號	1	2	3	4	5	6	7	8
計分	食	食	食	衣	衣	衣	住	住
題號	9	10	11	12	13	14	15	16
計分	住	行	行	行	育	育	育	樂
題號	17	18	19	20	21	22	23	24
計分	樂	樂	資訊	資訊	資訊	農林	農林	農林

（三）想看的展覽

區分	第一、二、三、四順位
選項	(A)資訊、(B)娛樂、(C)育、(D)行、(E)住、(F)衣、(G)食、(H)農林。（第一、二、三、四順位分別為10、8、6、4分）

主題人物索引：依朝代與地區別

中文專有名詞索引

國家圖書館出版品預行編目資料

管理與人生／陳澤義著. -- 四版. -- 臺北
市：五南圖書出版股份有限公司, 2022.09
面；　公分
ISBN 978-626-343-270-3（平裝）

1.CST: 管理科學　2.CST: 生活指導

494　　　　　　　　　111013392

1FT5

管理與人生

作　　　者 ― 陳澤義（246.7）

發 行 人 ― 楊榮川

總 經 理 ― 楊士清

總 編 輯 ― 楊秀麗

副總編輯 ― 王俐文

責任編輯 ― 金明芬

封面設計 ― 姚孝慈

出 版 者 ― 五南圖書出版股份有限公司

地　　　址：106臺北市大安區和平東路二段339號4樓

電　　　話：(02)2705-5066　　傳　　真：(02)2706-6100

網　　　址：https://www.wunan.com.tw

電子郵件：wunan@wunan.com.tw

劃撥帳號：01068953

戶　　　名：五南圖書出版股份有限公司

法律顧問　林勝安律師事務所　林勝安律師

出版日期　2014年2月初版一刷
　　　　　2016年3月二版一刷
　　　　　2019年8月三版一刷
　　　　　2022年9月四版一刷

定　　　價　新臺幣550元

經典永恆・名著常在

五十週年的獻禮——經典名著文庫

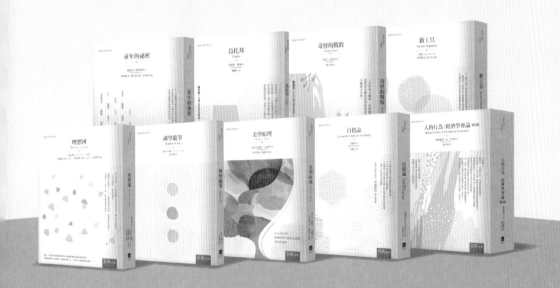

五南，五十年了，半個世紀，人生旅程的一大半，走過來了。

思索著，邁向百年的未來歷程，能為知識界、文化學術界作些什麼？

在速食文化的生態下，有什麼值得讓人雋永品味的？

歷代經典・當今名著，經過時間的洗禮，千錘百鍊，流傳至今，光芒耀人；

不僅使我們能領悟前人的智慧，同時也增深加廣我們思考的深度與視野。

我們決心投入巨資，有計畫的系統梳選，成立「經典名著文庫」，

希望收入古今中外思想性的、充滿睿智與獨見的經典、名著。

這是一項理想性的、永續性的巨大出版工程。

不在意讀者的眾寡，只考慮它的學術價值，力求完整展現先哲思想的軌跡；

為知識界開啟一片智慧之窗，營造一座百花綻放的世界文明公園，

任君遨遊、取菁吸蜜、嘉惠學子！